职业教育专业教材

分析化学

FENXI
HUAXUE

李晓莉　主编

中国轻工业出版社

图书在版编目（CIP）数据

分析化学 / 李晓莉主编．—北京：中国轻工业出版社，2025.1
全国职业教育“十三五”规划教材
ISBN 978-7-5184-0885-6

Ⅰ．①分…　Ⅱ．①李…　Ⅲ．①分析化学—中等专业学校—教材　Ⅳ．①O65

中国版本图书馆CIP数据核字（2016）第063099号

责任编辑：张　靓　　责任终审：唐是雯　　整体设计：锋尚设计
文字编辑：王　婕　　责任校对：朱燕春　　责任监印：张京华

出版发行：中国轻工业出版社（北京鲁谷东街5号，邮编：100040）
印　　刷：三河市万龙印装有限公司
经　　销：各地新华书店
版　　次：2025年1月第1版第8次印刷
开　　本：787×1092　1/16　印张：18.5
字　　数：430千字
书　　号：ISBN 978-7-5184-0885-6　定价：42.00元
邮购电话：010-85119873
发行电话：010-85119832　010-85119912
网　　址：http://www.chlip.com.cn
Email：club@chlip.com.cn

250101J3C108ZBW

本书编写人员

主　编　李晓莉　广东省海洋工程职业技术学校

副主编　张金彩　天津市第一轻工业学校

参　编　顾金兰　天津市第一轻工业学校

王玉俊　广东省海洋工程职业技术学校

骆　东　广州市医药职业学校

黄小璇　广州市医药职业学校

张惠芬　武汉市东西湖区职业技术学校

前 言

分析化学是食品、生物、环境、化工、医药等专业的一门重要专业基础课程。为适应职业教育培养高素质劳动者和分析检验技能人才的需要，根据分析化学学科发展和职业院校相关专业对分析化学课程的要求，以培养学生在分析检验岗位上的职业能力和满足后续专业课程对知识、技能、素质的要求为目的，编者编写了本教材。

为了充分体现中等职业教育的特色，在选择教材内容时，注重内容的针对性、适用性以及实用性，理论知识在保证科学性的前提下以“够用”“实用”为度，实验部分坚持以能力为核心，强化实训操作技能，注重培养学生的综合应用能力；在确定编写体例时，将理论基础知识和实操项目协调整合成模块，主体内容包括“必备知识”、“思考练习”、“阅读与拓展”、“实训操作”四个板块，呈现了课程综合化的特点。本教材编写结构新颖合理，内容通俗易懂。

本教材共有九部分，内容包括绪论、分析化学实验基础知识、滴定分析概论、酸碱滴定法、配位滴定法、氧化还原滴定法、沉淀滴定法、重量分析法、定量分析的一般步骤等模块。本教材有以下特点：

（1）每个模块将理论知识与实训操作内容相互配套，适用于理论和实验教学一体化的教学模式。强调理论知识与技能的互相衔接与融通，注重培养学生的综合职业能力。

（2）理论知识遵循“实用为主，够用为度”的原则，适当降低难度，在“必备知识”中分解成若干知识点进行介绍，使其符合学生的知识和能力水平；“实训操作”内容包括基本技能训练、单项实验技术、综合实训三种不同层次的训练，由浅入深、由简单到复杂，循序渐进，有利于培养学生的技能；“阅读与拓展”介绍相关的化学史及新知识、新技术，拓宽学生的知识视野，激发学生的学习兴趣。

（3）教学内容密切联系行业实际情况，尽量采用现行国家标准和各类企业标准，密切联系行业实际情况，融入了较多与实际分析检验岗位相结合的内容，侧重培养学生上岗就业的实际操作能力。

教材充分体现职业教育的针对性、职业性和目标性的特点。

全书由广东省海洋工程职业技术学校李晓莉任主编，天津市第一轻工业学校张金彩为副主编。绪论、模块三、模块八由李晓莉编写，模块一由天津市第一轻工业学校顾金兰编写，模块二由天津市第一轻工业学校张金彩编写，模块四由广州市医药职业学校骆东编写，模块五由广东省海洋工程职业技术学校王玉俊编写，模块六由广州市医药职业学校黄小璇编写，模块七由武汉市东西湖区职业技术学校张惠芬编写。

本书可作为职业院校食品、生物、环境、化工、医药等相关专业的教材或参考书，还可作为化学分析、检验工作者的参考用书。

参编人员所在学校的有关领导对教材的编写给予了大力支持，中国轻工业出版社对本书的编写工作给予了热情的指导和帮助，编者在此致以深切的谢意。

由于编者水平有限，书中难免出现疏漏，恳请专家和读者批评指正。

编者

目 录

绪　论

学习目标

1. 了解分析化学的定义、任务和作用。
2. 明确分析化学课程的任务和要求。
3. 理解分析方法的分类和特点。
4. 掌握误差的分类及产生的原因。
5. 理解准确度、精密度的概念以及准确度与精密度之间的关系。
6. 掌握误差和偏差的计算方法。
7. 掌握有效数字的概念及运算规则。
8. 能够运用 Q 检验法进行可疑值的取舍。

必备知识

知识点一　分析化学的任务和作用

一、分析化学的任务和作用

分析化学是研究物质的组成、含量、结构和形态等化学信息的分析方法及相关理论的一门科学，是化学的一个重要分支。

分析化学的主要任务是鉴定物质的化学组成、测定各组分的含量、表征物质的结构和形态，即它所要解决的问题是物质是由哪些组分组成的，这些组分在物质中是如何存在的，以及各组分的含量有多少。

分析化学是一门重要的工具学科。其基本理论、实验方法、分析测试技术不仅为化学科学的发展奠定了重要的基础，而且对与化学相关的其他领域也起着十分重要的作用。例如，在工业方面，从工业原料的选择、流程控制、新产品试制直至成品检验；在农业方面，从土壤成分及性质的测定，化肥、农药的分析到作物生长过程的研究；在国防建设方面，国防核武器和航天材料的生产和研制，核污染和生化污染的预警与防范，进出口贸易的原料、成品的质量检验，无不依赖分析化学的配合。此外，分析化学在生命科学、材料科学、能源科学、环境科学、生物学等科学技术方面，起着不可取代的作用。如：病理诊断的化验、药品规格的检测、环境的监控等都需要分析化学的技术。

分析化学在工业、农业、国防建设和科学技术现代化进程中发挥着极其重要的作用，它是人类认识物质世界的“眼睛”，改造物质世界的“参谋”。

二、分析化学课程的任务和要求

分析化学作为食品、生物、环境、化工、医药等专业的重要专业基础课程，其主要任务是学习定量分析方法。通过本门课程的学习，应掌握分析化学的基本理论、基本知识和基本技能；养成严谨求实的工作作风，树立准确的“量”的概念；形成较强的安全、节约和环保意识，坚持规范操作；了解分析化学新技术、新方法在相关专业领域中的应用，培养和形成良好的职业素质和解决相关问题的能力，为学习后继课程及胜任未来的工作奠定良好的基础。

三、分析方法的分类

分析化学根据分析任务、分析对象、测定原理、操作方法、试样用量、工作性质的不同，分为多种类型。

（一）按分析化学的任务分类

分为定性分析、定量分析和结构分析。

（1）定性分析　其任务是检测物质由哪些组分（元素、离子、基团或化合物）所组成。

（2）定量分析　其任务是确定组成物质的各个组分的含量。

（3）结构分析　其任务是研究物质的分子结构或晶体结构。

（二）按分析对象分类

分为无机分析和有机分析。

（1）无机分析　指分析对象是无机物的分析方法。组成无机物的元素种类较多，通常要求鉴定试样是由哪些元素、离子、原子团或化合物组成，以及各组分的含量。

（2）有机分析　指分析对象是有机物的分析方法。组成有机物的元素种类不多，主要是碳、氢、氧、氮、硫和卤素等，但有机物的分子结构很复杂，因此有机分析的重点是官能团分析和结构分析。

（三）按测定原理和操作方法分类

分为化学分析法和仪器分析法。

1. 化学分析法

以物质的化学反应为基础的分析方法称为化学分析法。化学分析法是分析化学的基础，历史悠久，又称经典分析法，主要分为滴定分析法和重量分析法。

（1）滴定分析法　将一种已知准确浓度的标准溶液，滴加到被测溶液中，直到所加的标准溶液与被测物质按化学计量关系定量反应为止。根据标准溶液的浓度和所消耗的体积，计算出待测物质的含量。这种定量分析的方法称为滴定分析法，在常量分析中有较高的准确度。

（2）重量分析法　通过化学反应及一系列操作步骤使试样中的待测组分转化为另一种组成恒定的化合物，再称量该化合物的质量，从而计算出待测组分的含量，这种方法称为重量分析法。

化学分析法的特点是仪器简单、操作方便、结果准确度高、应用范围广，常用于常量组分的测定。

2. 仪器分析法

以物质的物理和物理化学性质为基础的分析方法。这类方法通常需要较特殊的仪器，故又称为仪器分析法。它包括光学分析法、电化学分析法、色谱分析法、质谱分析法等，随着科学的发展，不断有新的分析方法出现，使仪器分析内容日益丰富。

仪器分析的特点是操作简便、分析速度快、灵敏度高，适用于微量组分、痕量组分的测定。

（四）按试样用量分类

分为常量分析、半微量分析、微量分析和超微量分析。

各种分析方法的试样用量见表0–1。

表0–1　各种分析方法的试样用量

分析方法	试样质量/mg	试液体积/mL
常量分析	>100	>10
半微量分析	10～100	1～10
微量分析	0.1～10	0.01～1
超微量分析	<0.1	<0.01

（五）按试样中被测组分的含量分类

分为常量组分分析、微量组分分析和痕量组分分析等，见表0–2。

表0-2 分析方法按被测组分含量分类

分析方法	待测组分含量/%
常量组分分析	>1
微量组分分析	0.01~1
痕量组分分析	<0.01

（六）按分析工作性质分类

分为例行分析、快速分析和仲裁分析三类。

1. 例行分析

指一般实验室对日常生产中的原料、半成品和产品所进行的分析，又称常规分析。例如工厂化验室的日常分析等。

2. 快速分析

指一些简易、能在短时间内获得结果的分析。如土壤速测、炼钢厂炉前分析等。

3. 仲裁分析

指不同单位对某一产品的分析结果有争议时，要求权威的机构用公认的标准方法进行准确的分析，以判断原分析结果的准确性。

知识点二 定量分析中的误差

定量分析的任务是准确测定试样中组分的含量，要求测定结果必须达到一定的准确度，否则会导致生产上的损失、资源的浪费、科学上的错误结论。

然而在实际工作中，由于受分析方法、测量仪器、所用试剂和分析工作者熟练程度等主、客观条件的限制，测定结果和真实值不可能完全一致；即使是技术很熟练的人，用最完善的分析方法和最精密的仪器，对同一样品进行多次测定，其结果也不会完全一样。这说明分析过程中客观上存在难以避免的误差，测定的结果只是趋近于被测组分的真实含量，而不是被测组分的真实含量。所以，分析工作者应该了解分析过程中产生误差的原因及误差出现的规律，并采取相应的措施来减小误差，提高分析结果的准确程度。

一、误差的分类及产生的原因

测量值与真实值之间的差值称为误差。测量值大于真实值，误差为正；测量值小于真实值，误差为负。

根据误差的性质和产生的原因，误差可分为系统误差及随机误差两类。

1. 系统误差

系统误差是指由某种固定的原因造成的分析误差。它具有单向性，即正负、大小都有一定的规律性，当重复进行测定时系统误差会重复出现。若能找出原因，并设法加以校正，系统误差可以消除，因此也称为可测误差。

系统误差按其产生的原因分为以下几种。

（1）方法误差　由于分析方法本身不够完善所造成的误差。这种误差与方法本身固有的特性有关，与分析者的操作技术无关。例如：滴定分析中，反应的不完全、副反应的发生及指示剂误差；重量分析中，选择的沉淀形式溶解度较大或称量形式不稳定等，都会引起系统误差。

（2）仪器误差　由于仪器本身不够准确或未经校准所引起的误差。如砝码质量未经校正，滴定管、容量瓶及移液管刻度不准等产生的误差。

（3）试剂误差　由于试剂不纯或蒸馏水中含有微量待测组分等引起的误差。

（4）操作误差　由于操作人员的主观偏见或视觉辨别力差，以及操作不当或技术不熟练造成的误差。例如，滴定管读数偏高或偏低，滴定终点颜色辨别偏深或偏浅等。

2. 随机误差

随机误差是由于某些偶然和意外的原因产生的分析误差，也称偶然误差。如测定时环境的温度、湿度和气压的微小波动，仪器性能的微小变化，分析人员操作的细小变化等，都会引起测量数据的波动，使测量结果有时偏高，有时偏低。随机误差是非单向性的，其大小、正负不定，故又称为不可测误差。它是客观存在的，不能通过校正的方法来减小或避免。

随机误差似乎没有规律性，但如果进行多次测定，则可发现随机误差的分布符合一般的统计规律，即：①大小相近的正、负误差出现的机会相等；②小误差出现的机会多，大误差出现的机会少，个别特别大的误差出现的机会极少。此规律可用误差正态分布曲线表示，见图0–1。

图0–1中，横坐标 x 代表误差的大小，纵坐标 y 代表误差发生的相对频率。在消除系统误差的前提下，操作细心，增加平行测定的次数，则大小相等的正负误差可以相互抵消，平均值就接近真实值。因此，可以通过适当增加平行测定次数取其平均值，减小随机误差。

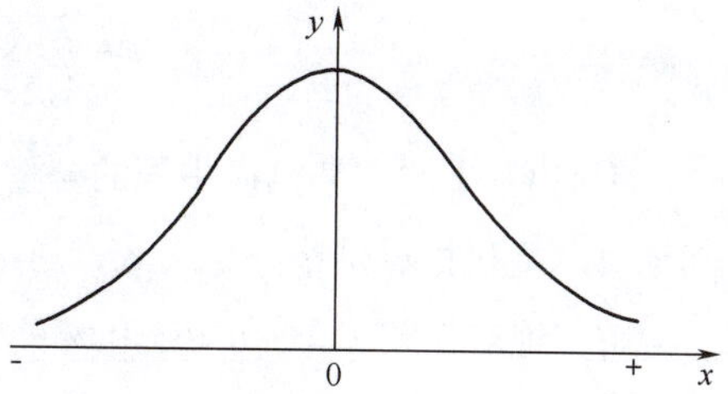

图0–1　误差的正态分布曲线

除以上两类误差外，还有一种误差称为“过失误差”，是由于分析人员粗心大意或违反操作规程而造成的。例如，未洗净器皿、加错试剂、看错砝码、记录错误、溅失溶液等，皆可引起较大的误差。在处理所得数据时，如发现由于过失引起的误差，应该把该次测定所得的数据弃去。绝不允许把过失误差当随机误差。只要操作者工作认真、操作正确，过失误差是完全可以避免的。

二、误差和偏差的表示方法

（一）真实值与平均值

1. 真实值

物质中各组分的实际含量称为真实值，它是客观存在的，但不可能准确知道。真实值用 μ 表示。

2. 平均值

对样品进行多次平行测定时，常采用各次测定值的平均值来表示测定结果。各次测定值用 x 表示，平均值用 $\bar{x}$ 表示，则：

$$\bar{x} = \frac{x_1 + x_2 + x_3 + \cdots + x_n}{n} = \frac{1}{n}\sum_{i=1}^{n} x_i \qquad (0-1)$$

为了简化起见，在下文中一般均以 $\sum x$ 代替 $\sum_{i=1}^{n} x_i$。

（二）准确度与误差

1. 准确度

准确度是指测定值与真实值相接近的程度。准确度的高低用误差的大小来衡量。误差表示测定值与真实值的差异。差值越小，误差就越小，即分析结果的准确度越高。反之，差值越大，准确度越低。

2. 误差

误差是指测定值和真实值之间的差值。误差有正负之分，当误差为正值时，表示测定值偏高；误差为负值时，表示测定值偏低。误差可用绝对误差（E）和相对误差（E_r）表示。

（1）绝对误差（E） 是指测定值 x 与真实值 μ 之间的差值，即：

$$E = x - \mu \qquad (0-2)$$

（2）相对误差（E_r） 是指绝对误差 E 在真实值 μ 中所占的百分率，即：

$$E_r = \frac{E}{\mu} \times 100\% \qquad (0-3)$$

【例0-1】测定某铜矿中铜的含量为53.35%，若其真实含量为53.44%，求其绝对误差和相对误差。

解：绝对误差 $E = x - \mu = 53.35\% - 53.44\% = -0.09\%$

$$相对误差\ E_r = \frac{E}{\mu} \times 100\% = \frac{-0.09\%}{53.44\%} \times 100\% = -0.17\%$$

由于相对误差能反映误差在真实值中所占的比例，故常用相对误差来表示或比较各种情况下测定结果的准确度。

（三）精密度与偏差

在实际分析中，被测组分的真实值往往是不知道的，无法用准确度与误差来评价分析数据的可靠性，而只能采用精密度和偏差来判断分析结果的好坏。

1. 精密度

精密度是指在相同条件下，一组平行测定结果之间相互接近的程度。它体现测定结果的重现性。精密度的高低常用偏差来表示，偏差大，说明测定值的精密度低；偏差小，说明测定值的精密度高。

2. 偏差

偏差是指各次测定值与平均值之差。偏差可用绝对偏差（d_i）和相对偏差（d_r）表示。

（1）绝对偏差（d_i）　是指个别测定值 x_i 与平均值 $\bar{x}$ 之差，即：

$$d_i = x_i - \bar{x} \tag{0-4}$$

（2）相对偏差（d_r）　是指个别测定值的绝对偏差 d_i 在平均值 $\bar{x}$ 中所占的百分率，即：

$$d_r = \frac{d_i}{\bar{x}} \times 100\% \tag{0-5}$$

绝对偏差和相对偏差都有正、负之分。它只能表示单次测定值与平均值的偏离程度，不能表示一组测定值中各测定值之间数据的分散程度，即不能表示精密度。对多次测定数据的精密度通常用平均偏差（$\bar{d}$）与相对平均偏差（$\bar{d}_r$）表示。

（3）平均偏差（$\bar{d}$）　是指各次测定值的绝对偏差的绝对值之和的平均数，即

$$\bar{d} = \frac{|d_1| + |d_2| + |d_3| + \cdots + |d_n|}{n} = \frac{1}{n}\sum |d_i| \tag{0-6}$$

（4）相对平均偏差（$\bar{d}_r$）　是指平均偏差值 $\bar{d}$ 在平均值中所占的百分率，即：

$$\bar{d}_r = \frac{\bar{d}}{\bar{x}} \times 100\% \tag{0-7}$$

当测定所得数据的分散程度较大时，计算其平均偏差还不能看出精密度的好坏，用标准偏差（S）和相对标准偏差（也称变异系数，用 CV 表示）来衡量精密度更有意义。

（5）标准偏差（S）　用来描述有限次测定数据的分散程度。在一般分析工作中，当测定次数不多（$n \leqslant 20$）时，标准偏差 S 表达式为：

$$S = \sqrt{\frac{\sum d_i^2}{n-1}} \tag{0-8}$$

（6）相对标准偏差（CV） 是指标准偏差占平均值的百分率，相对标准偏差又称为变异系数，用CV表示，即：

$$CV = \frac{S}{\bar{x}} \times 100\% \qquad (0-9)$$

【例0-2】用重铬酸钾法测得样品中铁的质量分数为：20.03%、20.04%、20.02%、20.05%和20.06%。计算分析结果的平均值、绝对偏差、平均偏差、相对平均偏差、标准偏差和相对标准偏差。

解：测定数据计算结果列表如下

Fe含量的测定值/%	$\bar{x}$平均值/%	绝对偏差d_i/%
20.03		−0.01
20.04		0.00
20.02	20.04	−0.02
20.05		0.01
20.06		0.02

平均值 $\bar{x} = \frac{x_1 + x_2 + x_3 + x_4 + x_5}{5}$

$= \frac{20.03\% + 20.04\% + 20.02\% + 20.05\% + 20.06\%}{5} = 20.04\%$

平均偏差 $\bar{d} = \frac{|d_1| + |d_2| + |d_3| + |d_4| + |d_5|}{5}$

$= \frac{|-0.01\%| + 0 + |-0.02\%| + |0.01\%| + |0.02\%|}{5} = 0.01\%$

相对平均偏差 $\bar{d}_r = \frac{\bar{d}}{\bar{x}} \times 100\% = \frac{0.01\%}{20.04\%} \times 100\% = 0.05\%$

标准偏差 $S = \sqrt{\frac{\sum d_i^2}{n-1}} = \sqrt{\frac{(-0.01\%)^2+0+(-0.02\%)^2+(0.01\%)^2+(0.02\%)^2}{5-1}} = 0.016\%$

相对标准偏差 $CV = \frac{S}{\bar{x}} \times 100\% = \frac{0.016\%}{20.04\%} \times 100\% = 0.08\%$

（四）准确度与精密度的关系

准确度是指测定值与真实值之间的符合程度，它是由系统误差所决定的，系统误差是定量分析误差的主要来源。精密度是指一组平行测定值之间的相互接近的程度，它是由随机误差所决定的。准确度与精密度之间存在一定的联系。

例如甲、乙、丙三人同时测定同一铁矿石中的Fe_2O_3含量，各分析四次，测定结果见表0-3。

表0-3　铁矿石中的Fe_2O_3含量测定

测定次数	测定数据		
	甲	乙	丙
1	50.30%	50.40%	50.36%
2	50.30%	50.30%	50.35%
3	50.28%	50.25%	50.34%
4	50.27%	50.23%	50.33%
平均值	50.29%	50.30%	50.35%

若已知铁矿石中Fe_2O_3的真实含量为50.36%，将所得结果绘于图0-2中。

由图0-2可见，甲的各次分析结果相差很小，故精密度高，但平均值与真实值相差较大，说明准确度低；乙的分析结果精密度不高，准确度也不高；只有丙的分析结果的精密度和准确度都比较高。

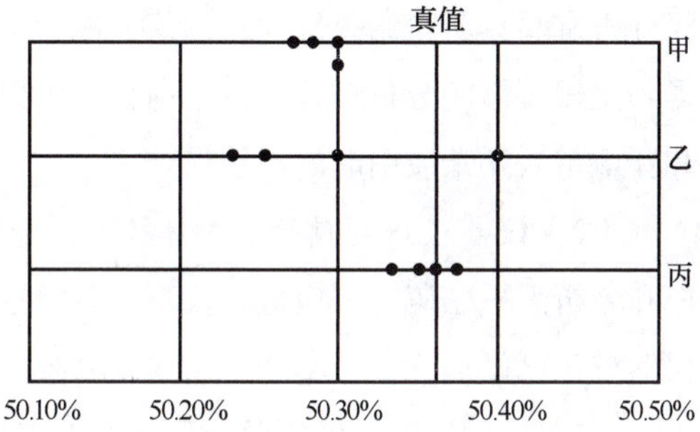

图0-2　铁矿石中的Fe_2O_3含量测定

所以，准确度高一定需要精密度高，精密度是保证准确度的先决条件。但精密度高不一定准确度高。如果一组测量数据的精密度很差，说明所测结果不可靠，已失去衡量准确度的前提。

（五）极差与公差

极差是指一组测定值内最大值与最小值之差，又称范围误差或全距，以R表示。它能体现一组数据波动的范围。极差越大，离散程度越大，反之，离散程度越小。

公差也称允差，是生产部门对分析结果允许误差范围的一种表示方法。在例行分析中，可用公差作为判断分析结果是否合格的依据。如果分析结果超出允许的公差范围，称为超差。遇到这种情况，该项分析应重做。

对于具体的分析工作，各主管部门都规定了具体的公差范围，分析工作者必须严格执行。

三、提高分析结果准确度的方法

要提高分析结果的准确度，必须考虑在分析过程中可能产生的各种误差，采取有效措施，将这些误差减少到最小。

1. 选择合适的分析方法

由于各种分析方法的准确度、灵敏度不相同，因此，在分析之前必须根据样品的组成和要求的公差范围，综合分析选择最合适的分析方法。如称量分析法或滴定分析法准确度高，但灵敏度低，适于常量组分分析；仪器分析法灵敏度比较高，但准确度低，适于微量、痕量组分分析。

2. 增加平行测定的次数

增加平行测定次数可以减少随机误差。在一般分析工作中，测定次数为2~4次，基本能得到比较准确的分析结果。

3. 消除测定中的系统误差

根据系统误差产生的原因，可采取以下方法消除系统误差。

（1）空白试验　在不加试样的情况下，按试样分析的操作条件和步骤进行分析试验，所得结果称为空白值。然后从试样的分析结果中扣除空白值，即得到比较可靠的分析结果。做空白试验可以消除由于试剂、蒸馏水、试验器皿和环境带入的杂质引起的系统误差。

（2）仪器校正　具有准确体积和质量的仪器，如滴定管、移液管、容量瓶和分析天平砝码，都应进行校正，并将校正值应用到分析结果的计算中去。仪器校正可以消除仪器不准所引起的系统误差。

（3）对照试验　常用的对照试验有三种。

①试样与标准样对照：用标准样品（简称标样）按所用的分析方法进行分析，将标样的测定结果与标样的标准值比较。若所测定结果符合公差范围，说明试样测定结果可靠；否则，存在系统误差。

②拟定方法与标准方法对照：在同一条件下，用两种方法同时测定同一种试样，若所得结果符合公差要求，说明新拟定的分析方法准确可靠。

③回收试验对照（标准加入法）：在实验条件下，取两等份试样，在一份中加入已知量的待测组分，然后分别进行测定。将得到的结果与试样结果比较，计算出加入量的回收率，可以判断所用分析方法是否可靠。

4. 减少测量误差

重量分析中测量误差主要来源于称量。一般分析天平的称量误差为±0.0001g，称取一份样品两次，可能引起的最大误差为±0.0002g，为使称量的相对误差小于0.1%，则称取的试样质量最小值为：

$$试样质量=\frac{0.0002g}{0.1\%}=0.2g$$

所以，在进行称量时，试样的质量必须在0.2g以上才能保证称量的相对误差在0.1%以内。

滴定分析中测量误差主要来源于体积测量。一般滴定管读数常有±0.01mL

的误差，在一次滴定中，需要读数两次，可能引起的最大误差是±0.02mL，若测量体积的允许相对误差不超过0.1%，则滴定剂的最低用量是：

$$试液体积=\frac{0.02\text{mL}}{0.1\%}=20\text{mL}$$

一般控制滴定剂体积为20~40 mL。

知识点三　分析结果的数据处理

在分析工作中，分析工作者不仅要准确地进行测定，还要正确地记录和计算数据。实际上，要求记录的数字不但能够表示数量的大小，而且要准确地反映出测定时的准确程度。

一、有效数字及运算规则

（一）有效数字的意义

有效数字是指在分析工作中实际能测量到的数字。其最末一位是估计的、可疑的，是“0”也得记上。

在记录数据和计算结果时，所保留的有效数字中，只有最后一位是可疑数字，其余数字均为准确数字。例如读取滴定管上的刻度，甲得到22.35mL，乙得到22.36mL，这些4位数字中，前3位数字很准确，第4位是估计出来的，所以稍有差别。第4位数字是可疑数字，但它并不是臆造的，所以记录时应该保留。这4位都是有效数字。

（二）有效数字的位数

读取、记录和使用有效数字，关键在于会确定它的位数，而位数的多少取决于测量仪器和工具的精度。例如，表0-4是使用不同仪器实验所得的数据。

表0-4　数据记录

项目	记录数据	有效数字位数
托盘天平称量	3.26g	3位
分析天平称量	1.0270g	5位
滴定管量取	18.36mL	4位
量筒量取	25mL	2位
标准溶液的浓度	0.1200mol/L	4位

以上数据中“0”所起的作用是不同的。在1.0270中两个“0”都是有效数字，所以它有5位有效数字；在0.1200中，“1”前面的“0”只起定位作用，不是有效数字，而在末尾的“0”是有效数字，所以它有4位有效数字。

因此，“0”在有效数字中有两种意义，一种是作为数字定位，即数字前面所有的“0”只起定位作用，不是有效数字；另一种是作为有效数字，即数字之间的“0”和末尾的“0”都是有效数字。

此外，还有以下情况需要注意。

（1）对pH、pM等对数值，其有效数字的位数仅取决于小数部分的数字位数，因整数部分只代表该数是10的多少次方。如pH=12.20，有效位数是2位不是4位。

（2）凡有效数字第1位等于或大于8，有效数字可以多计1位。例如，标准溶液的浓度0.0932mol/L，已接近0.1000mol/L，可粗略地认为它是4位有效数字。

（3）以“0”结尾的正整数，有效数字的位数不确定。例如5300，一般看成是4位有效数字，但它可能是2位或3位有效数字，遇到这种情况，应该根据实际的有效数字位数，分别写成5.3×10^3、5.30×10^3、5.300×10^3较好。

（三）有效数字的修约规则

在分析测定工作中，由于使用各种仪器获得实验数据的有效数字不同，因此需要按照一定的计算规则，合理地保留有效数字的位数。舍去多余数字的过程称为有效数字的修约。目前一般采用“四舍六入五成双”规则。

“四舍六入五成双”规则规定，当测量值中被修约的那个数字等于或小于4时，该数字舍去；等于或大于6时，进位；等于5时且5后面数为“0”，若5的前一位是奇数则进位，若5的前一位是偶数（包括0）则舍去；若5后面数字并非全部为“0”则进位。

【例0-3】把下面的数字修约为三位有效数字：

（1）26.2648→26.3；

（2）5.242→5.24；

（3）32.350→32.4，32.250→32.2，32.050→32.0；

（4）26.4506→26.5。

数字修约时注意：只能对原始数据进行一次修约到需要的位数，不能逐级积累修约。例如将3.5487修约为2位有效数字应是3.5，不能先修约为3.55再修约为3.6。

（四）有效数字的运算规则

1. 加减法

几个数字加减时，有效数字的保留位数应以小数点后位数最少的数字为依据，即以绝对误差最大的数字确定。一般采用先修约后加减的方法。

例如：26.36+5.678−0.2337=26.36+5.68−0.23=31.81

2. 乘除法

几个数字相乘除时，有效数字的保留应以有效数字位数最少的数字为依据，即以相对误差最大的数据确定。

例如：$\frac{0.0336\times5.124\times21.072}{20.8346}=\frac{0.0336\times5.12\times21.1}{20.8}=0.175$

在上式中，有效数字位数最少的是0.0336（3位），所以计算结果应保留3位有效数字。

运算过程还要注意以下几点：

（1）在分析化学计算中，一些常数（如阿伏伽德罗常数、摩尔气体常数）以及倍数、分数，例如e、π、$\frac{1}{10}$等可视为无限多位有效数字。计算结果的有效数字位数，应由其他测量数据决定；

（2）表示分析方法的精密度和准确度时，大多数取1~2位有效数字；

（3）对于高含量组分（≥10%）的测定，一般要求分析结果有4位有效数字，对于中含量组分（1%~10%），一般要求3位有效数字，对于微量组分（<1%），一般只要求2位有效数字。通常以此为标准，报出分析报告；

（4）采用计算器连续运算的过程中可能保留了过多的有效数字，但最后结果应当修约成适当位数，以正确表达结果的准确度。

二、可疑值的检验与取舍

在定量分析中，重复平行多次测定时，可能出现个别数据远离其他数据的情况，这个数据称为可疑值，它是否能参加平均值的计算，需要作出判断。如果此值不是由于操作过失造成的，不能随意弃去，应根据随机误差的分布规律决定取舍。下面介绍2种常用的检验法。

1. $4\bar{d}$检验法

$4\bar{d}$检验法也称“4乘平均偏差法”，其方法如下。

（1）找出可疑值$x_{可疑}$；

（2）除可疑值外，求其余数据的平均值$\bar{x}$和平均偏差$\bar{d}$；

（3）若$|x_{可疑}-\bar{x}|\geq4\bar{d}$，则可疑值舍去，否则保留。

此法简单，在数理统计上不够严密，仅适用于测定4~8个数据的测量实验中，有一定的局限性。

2. Q检验法

当测定次数n满足$3\leq n\leq10$时，根据所要求的置信度，按照下列步骤，检验可疑数据是否应弃去。

（1）将测定数据按大小顺序排列：即x_1，x_2，x_3，…，x_n。

（2）计算可疑值与最邻近数据之差，除以最大值与最小值之差，所得商称为Q值。由于测定值是按顺序排列，所以可疑值可能出现在首项或末项。

若可疑值出现在首项，则

$$Q_{计算}=\frac{x_2-x_1}{x_n-x_1}\quad（检验x_1）$$

若可疑值出现在末项，则

$$Q_{计算}=\frac{x_n-x_{n-1}}{x_n-x_1}\quad（检验x_n）$$

（3）根据所要求的置信度（分析结果在某一范围内出现的几率）和测定次数，查表0-5得出Q，若$Q_{计算}\geq Q$，则弃去可疑值，若$Q_{计算}<Q$则保留可疑值。

表0-5 不同测定次数的Q值表（置信度90%）

测定次数	3	4	5	6	7	8	9	10
Q（90%）	0.94	0.76	0.64	0.56	0.51	0.47	0.44	0.41

【例0-4】标定HCl标准溶液浓度时测得4个数据，0.1016、0.1018、0.1014、0.1011mol/L，试用Q检验法确定数据0.1018是否应舍去？（置信度90%）

解：①排列：0.1011，0.1014，0.1016，0.1018

②$Q_{计算}=\frac{x_n-x_{n-1}}{x_n-x_1}=\frac{0.1018-0.1016}{0.1018-0.1011}=0.29$

③查Q值表，4次测定的Q值=0.76

$$0.29<0.76$$

④故数据0.1018应保留。

思考练习

一、名词解释

误差　系统误差　随机误差　偏差　有效数字

二、填空题

1. 根据误差的性质和产生的原因可将误差分为______和________两类。
2. 准确度是指______________。准确度的高低用______来衡量。
3. 误差越小，表示分析结果的准确度越____；相反，误差越____，表示分析结果的准确度越____。
4. 精密度是指__________________________。它体现测定结果的______。精密度的高低常用______来表示。

5. 偏差大，说明测定值的精密度____；偏差小，说明测定值的精密度______。

6. 准确度高一定需要________________________，如果一组测量数据的精密度很差，说明__________________________________。

7. _________ 的过程称为有效数字的修约。目前一般采用_________规则。

8. 重量分析中测量误差主要来源于____，一般分析天平的称量误差为____g。为使称量的相对误差小于0.1%，则称取试样的最低质量应该是______g。

9. 滴定分析中测量误差主要来源于___________测量，一般滴定管读数的误差为_______mL。滴定分析的相对误差一般要求为0.1%，滴定时耗用标准溶液的最小体积应该是_____mL。

10. 分析某矿石中铁含量，所得结果为28.70%，若铁的真实含量为28.92%，则该分析结果的绝对误差是_____，相对误差是_____ 。

三、选择题

1. 下列有关系统误差的正确叙述是（　　）。

A. 系统误差具有随机性　　B. 系统误差在分析过程中不可避免

C. 系统误差具有单向性　　D. 系统误差是由一些不确定的偶然因素造成的

2. 在分析过程中，若加入的试剂含有少量被测物质，所引入的误差应属于（　　）。

A. 仪器误差　　B. 方法误差　　C. 试剂误差　　D. 操作误差

3. 测定过程中出现下列情况，导致随机误差的是（　　）。

A. 读错滴定管读数　　B. 砝码未经校正

C. 温度的变化　　D. 实验方法不当

4. 某一分析方法由于试剂带入的杂质量大而引起很大的误差，此时应采用下列哪种方法来消除？（　　）

A. 对照分析　　B. 空白试验　　C. 提纯试剂　　D. 分析结果校正

5. 为消除分析方法中所存在的随机误差，可采用的方法是（　　）。

A. 对照试验　　B. 空白试验　　C. 校准仪器　　D. 增加测定次数

6. 在同样的条件下，用标准样代替被测试样进行的平行测定称作（　　）。

A. 对照试验　　B. 空白试验　　C. 回收试验　　D. 校正试验

7. 分析工作中实际能够测量到的数字称为（　　）。

A. 精密数字　　B. 估计数字　　C. 可靠数字　　D. 有效数字

8. pH=2.10的有效数字位数是（　　）。

A. 1　　B. 2　　C. 3　　D. 难以确定

9. 下列数据中有效数字的位数为4位的是（　　）。

A. $[H^+]$=0.0560mol/L　　B. $[OH^-]$=3.005×10^{-3} mol/L

C. pH=12.53　　D. m（CaO）=1.4032g

10. 测定某铁矿石中硫的含量，称取0.3456g，下列分析结果合理的是（　　）。

A. 43%　B. 43.5%　C. 43.56%　D. 43.560%

四、判断题

1.定量分析中，系统误差影响测定结果的准确度，随机误差影响测定结果的精密度。（　　）

2. 分析工作中，要求分析误差为零。（　　）

3. 准确度高，一定要求精密度高。（　　）

4. 分析测定结果的随机误差可通过适当增加平行测定次数来减免。（　　）

5. 在有效数字中，最末位数字是可疑数字，其余都是可靠数字。（　　）

6. 在分析数据中，所有的“0”均为有效数字。（　　）

7. 对照试验可以消除由试剂、器皿等引入杂质所引起的系统误差。（　　）

8. 采用 Q 检验法对测定结果进行处理时，若 $Q_{计算}<Q$ 则弃去该测量值。（　　）

9. 随机误差是非单向性的，它是客观存在的，不能通过校正减小或消除。（　　）

10. 系统误差具有单向性，若能找出原因，并设法加以校正，系统误差可以消除。（　　）

五、简答与计算题

1. 什么是分析化学？分析化学的主要任务是什么？

2. 分析方法分类的主要依据有哪些？如何分类？

3. 定性分析、定量分析和结构分析的任务是什么？

4. 系统误差产生的原因有哪些？如何消除系统误差？

5. 随机误差产生的原因有哪些？如何减少随机误差？

6. 下列情况中，哪种是系统误差？哪种是偶然误差？哪种是过失误差？若是系统误差应如何减免？

（1）天平砝码受腐蚀

（2）读取滴定管读数时，最后一位数字估测不准

（3）容量瓶与滴定管体积未校正

（4）在重量分析中待测组分沉淀不完全

（5）试剂或蒸馏水中含有微量的被测组分

（6）称量过程中，天平的零点突然有变动

（7）称量时，样品吸收了少量水分

（8）滴定时从锥形瓶中溅失少许试液

7. 提高分析结果准确度的方法有哪些？

8. 下列数值各含有几位有效数字？

（1）3.587

（2）0.056

（3）12.367

（4）6.9×10^{-7}

（5）pH=6.24

（6）2000.00

9. 将下列数字按要求进行修约。

（1）2.3487修约成4位有效数字

（2）1.3744修约成4位有效数字

（3）0.32643修约成3位有效数字

（4）0.3165修约成3位有效数字

（5）6.05修约成2位有效数字

（6）3.0522修约成2位有效数字

10. 按有效数字运算规则，计算下列各式。

（1）0.0567+7.243+8.36

（2）$38.26 \div (3.272 \times 0.03830)$

（3）$3.03 \times 10^{-4} - 4.27 \times 10^{-6}$

（4）$(2.316 \times 6.18) + 6.2 \times 10^{-4}$

11.某分析工标定某溶液，测定的数据为：0.2041、0.2049、0.2039、0.2043mol/L。求这组数据的平均值、平均偏差、相对平均偏差、标准偏差、相对标准偏差。

阅读与拓展

资料　分析化学的发展趋势

分析化学有悠久的历史，在科学史上，分析化学曾经是研究化学的开路先锋，它对元素的发现、原子量的测定等化学基本定律的确立，矿产资源的勘察利用等，都曾做出重要贡献。

进入20世纪后，分析化学蓬勃发展，经历了三次巨大变革。

第一次变革，在20世纪初到30年代，由于物理化学中溶液理论的发展，结合分析化学的需要，形成了酸碱、络合、沉淀、氧化还原“四大平衡”理论，对分析反应过程中各种平衡的状态、各成分的浓度变化和发生反应的完全程度有较高的预见性，使分析化学由一门技术逐渐成为一门科学。

第二次变革，在20世纪40—60年代，在物理学和电子学的推动下，进一步发展了以光谱分析、极谱分析为代表的仪器分析法，同时丰富了这些分析方法自身的理论体系，使分析化学面貌一新，分析化学从以化学分析为主的经典分析化学发展为以仪器分析为主的现代分析化学。

第三次变革，20世纪70年代末直至现在，以计算机应用为代表的高新技术迅速发展，为分析化学提供了高灵敏性、高选择性、高速化、自动化、智能化等新的手段；同时材料科学、环境科学、生命科学等综合性科学的发展，又给分析化学提出各种各样的难题，要求在确定物质组成和含量的基础上，提供物质更全面的信息：从常量到微量的微粒分析，从组成的形态分析，从总体到微区表面分布及逐层分析，从宏观成分到微观结构的分析，从静态到快速反应追踪分析，从破坏试样到无损分析，从离线到在线（过程）分析等。

分析化学广泛吸收了当代科学技术的最高成就，丰富了自身内容，分析化学正在发展成为一门与数学、物理学、计算机科学、生物学相结合的多学科的综合性科学，并在国民经济和科学技术的各个领域中越来越多地发挥作用，成为当代富有活力的学科之一。

尽管如此，化学分析目前仍然是分析化学的基础，经典的分析方法无论在教育价值上和实用价值上都是重要的。当前许多仪器分析方法都离不开化学处理和溶液平衡理论的应用。一个缺乏分析化学基础理论和基础知识的分析工作者，不可能仅仅依靠现代分析仪器就能解决日益复杂的分析难题。学习分析化学首先要学好化学分析。

模块一 分析化学实验基础知识

学习目标

1. 明确分析化学实验的目的与要求。
2. 掌握分析化学实验常用玻璃仪器与器材的洗涤和干燥方法。
3. 掌握化学试剂的规格与分类。
4. 养成安全操作意识与环保意识。

必备知识

知识点一 分析化学实验的目的与要求

一、分析化学实验的目的

巩固和加深学生对分析化学基本概念和基本理论的理解，使学生正确熟练地掌握分析化学实验基本操作，学习分析化学实验的基本知识，掌握典型的化学分析的方法，提高观察、分析和解决问题的能力，学会正确处理实验数据，培养学生良好的实验习惯，实事求是的科学态度、严谨细致的工作作风，为后续课程的学习和将来参加工作打下良好的基础。

二、分析化学实验的要求

（1）实验开始前，要做好预习，明确实验目的、原理、方法和基本要求，熟悉实验步骤和注意事项，写好预习报告，包括实验目的、实验原理、主要试剂和仪器、简要实验步骤、数据记录表格等，要求简明扼要，尤其是要将实验步骤进行提炼、整理、加工，做到实验时心中有数。

（2）实验过程中，要严格遵守实验室规则，并注意安全，注意节约。要认真地学习有关分析方法的基本操作技术，在教师的指导下正确使用仪器，要严格按照规范进行操作，仔细观察实验现象，并及时记录（边做边记录），且不得随意修改。同时要勤于思考分析问题，培养良好的实验习惯和科学作风。

（3）实验结束后，要将所用的试剂及仪器复原，清洗好用过的器皿，整理好实验室。要根据实验记录进行认真整理、分析、归纳、计算，并及时写好实验报告。实验报告一般包括实验名称、实验目的、实验原理、主要试剂和仪器、实验步骤、实验数据及处理、结果和讨论等。实验报告应简明扼要，图表清晰。

知识点二　分析化学实验常用玻璃仪器与器材

目前国内一般将化学分析实验室中常用的玻璃仪器按它们的用途和结构特征分类，大致可分为以下8类。

（1）烧器类　是指那些能直接或间接地进行加热的玻璃仪器，如烧杯、烧瓶、试管、锥形瓶、碘量瓶、蒸发器、曲颈甑等。

（2）量器类　是指用于准确测量或粗略量取液体容积的玻璃仪器，如量杯、量筒、容量瓶、滴定管、移液管等。量器类一律不能受热。

（3）瓶类　是指用于存放固体或液体化学药品、化学试剂、水样等的容器，如试剂瓶、广口瓶、细口瓶、称量瓶、滴瓶等。

（4）管、棒类　管、棒类玻璃仪器种类繁多，按其用途分有冷凝管、分馏管、离心管、比色管、虹吸管、连接管、搅拌棒等。

（5）有关气体操作使用的仪器　是指用于气体的发生、收集、贮存、处理、分析和测量等的玻璃仪器，如气体发生器、洗气瓶、气体干燥瓶、气体的收集和贮存装置、气体处理装置和气体的分析、测量装置等。

（6）加液器和过滤器类　主要包括各种漏斗及与其配套使用的过滤器具，如漏斗、分液漏斗、布氏漏斗、砂芯漏斗、抽滤瓶等。

（7）标准磨口玻璃仪器类　是指那些具有磨口和磨塞的单元组合式玻璃仪器。上述各种玻璃仪器根据不同的应用场合，可以具有标准磨口，也可以具有非标准磨口。

（8）其他类　是指除上述各种玻璃仪器之外的一些玻璃制器皿，如酒精灯、干燥器、结晶皿、表面皿、研钵、玻璃阀等。

常用玻璃仪器与器材及其用途、注意事项如表1–1所示。

表1-1　常用玻璃仪器与器材

分类	仪器	用途	注意事项
烧器类	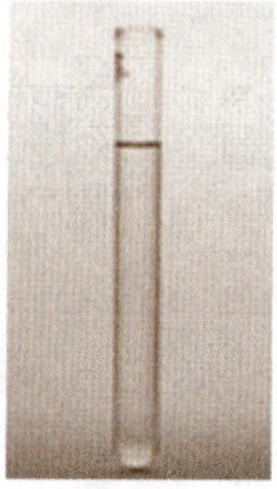 试管	用作少量试剂的反应容器，便于操作和观察	可直接用火加热； 硬质玻璃试管可以加热至高温； 加热后不能骤冷，特别是软质玻璃试管更易破裂； 盛装液体加热时，液体体积不应超过容积的1/3，不应对着别人； 盛装粉状（颗粒状固体）试剂，要用纸槽送至管底
	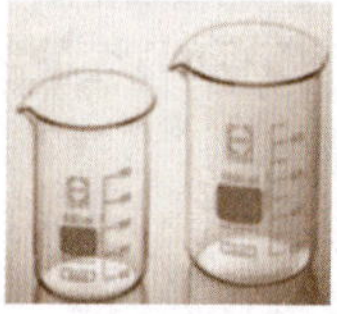 烧杯	用作反应物量较多时的反应容器，易使反应物混合均匀	烧杯不能干烧； 加热前应先将外壁擦干，然后将其放置在石棉网上，使受热均匀； 烧杯不宜长时间存放化学试剂，用后应立即清洗干净，倒置存放
	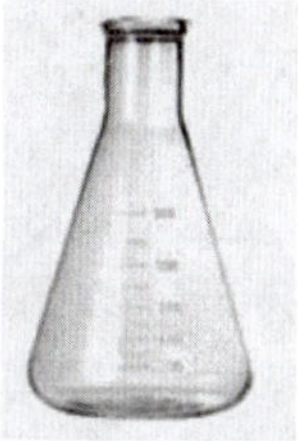 锥形瓶	又称锥形烧瓶、三角烧瓶，反应容器，摇荡比较方便，适用于滴定操作	可以加热至高温； 使用时应注意勿使温度变化过于剧烈； 加热时底部垫石棉网，使其受热均匀
	 碘量瓶	一般为碘量法测定中专用的一种锥形瓶，也可用作其他产生挥发性物质的反应容器	注意保护塞子和瓶口边缘的磨砂部分； 滴定时打开塞子，用蒸馏水将瓶口及塞子上的碘液洗入瓶中
	 蒸发皿	蒸发液体用，随液体性质不同可选用不同质地的蒸发皿	能耐高温，但不宜骤冷； 蒸发溶液时，一般放在石棉网上加热； 也可直接用火加热

续表

分类	仪器	用途	注意事项
量器类	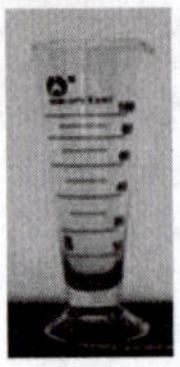  量杯　量筒	主要用玻璃，少数（特别是大型的）用透明塑料制造。用途是按体积定量量取液体	不能加热； 因酸液或碱液对玻璃都有侵蚀作用，不能用作反应容器
	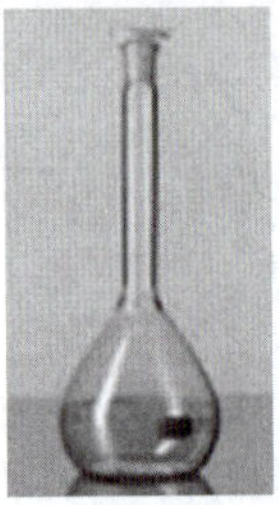 容量瓶	配制准确浓度的溶液或定量地稀释溶液，常和移液管配合使用	不能加热； 不能量热的液体； 不要长期存放配好的溶液； 不得在烘箱中烘干； 磨口瓶塞配套使用，不能互换
	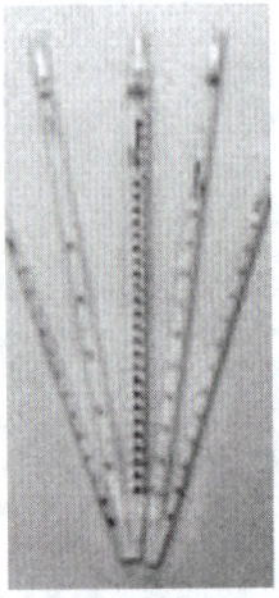 移液管	用于精确量取一定体积的液体	不能加热； 移液管(吸量管)不能移取太热或太冷的溶液； 移液管(吸量管)在使用完毕后，应立即用自来水及蒸馏水冲洗干净，置于移液管架上
	(1) 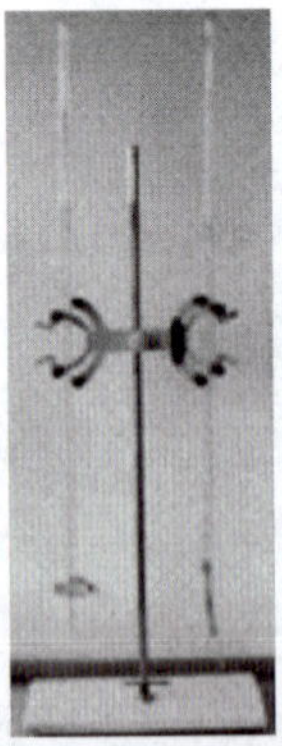 (2) 滴定管和滴定管架 (1)酸式滴定管 (2)碱式滴定管	滴定管用于滴定操作或精确量取一定体积的液体；滴定管架用于夹持滴定管	碱式滴定管盛碱性溶液，酸式滴定管盛酸性溶液，二者不能混用； 碱式滴定管不能盛氧化剂； 见光易分解的滴定液宜用棕色滴定管； 酸式滴定管旋塞应用橡皮筋固定，防止滑出跌碎或溶液渗漏

续表

<table>
<tr><th>分类</th><th>仪器</th><th>用途</th><th>注意事项</th></tr>
<tr><td rowspan="4">瓶
类</td><td>
滴瓶</td><td>滴瓶用于盛放液体药品</td><td rowspan="3">不能直接用火加热；
瓶塞不得互换；
盛放碱液时，要用橡皮塞，不能用磨口瓶塞，以免时间长了，玻璃磨口瓶塞被腐蚀黏牢</td></tr>
<tr><td>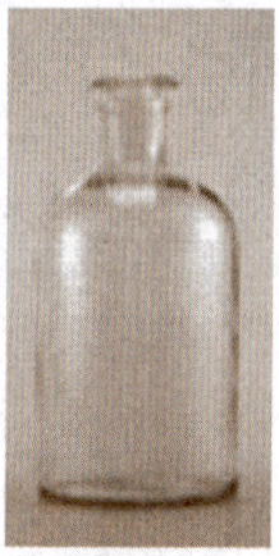
细口瓶</td><td>细口瓶用于盛放液体药品</td></tr>
<tr><td>
广口瓶</td><td>广口瓶用于盛放固体药品，不带磨口塞子的广口瓶可作集气瓶</td></tr>
<tr><td>
称量瓶</td><td>一般是圆柱形，带有磨口密合的瓶盖。用于差减法称量试样的容器，适用于称量易吸潮的试样</td><td>称量瓶的盖子是磨口配套的，不得丢失、弄乱；
称量瓶不能用火直接加热；
瓶盖不能互换，称量时不可用手直接拿取，应带指套或垫以洁净纸条</td></tr>
</table>

续表

分类	仪器	用途	注意事项
管棒类	 冷凝管	用于蒸馏液体或有机制备中，起冷凝或回流作用。回流装置和蒸馏是两个经常用到冷凝管的实验装置	蒸汽的温度大于140℃，用空气冷凝管，温度小于140℃，用直形冷凝管
	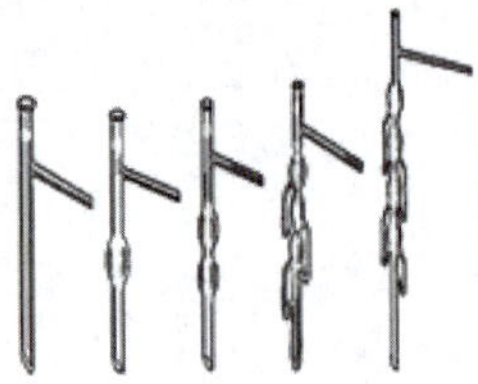 直形 一球 二球 三球 四球 分馏管	对有机物中的混合液体分馏提纯用。常与烧瓶组成分馏装置	使用时将仪器洗净，用打好洞的橡胶塞或软木塞套入分馏管的下支管，然后安装在盛有被分馏物的烧瓶上，进行加热分馏。有时为了提高分馏效果可放入填充料(玻璃管或小弹簧等)
	 比色管	用于目视比色分析实验的主要仪器	比色管不是试管，不能加热，且比色管管壁较薄，要轻拿轻放；清洗比色管时不能用硬毛刷刷洗，以免磨伤管壁影响透光度
	 离心管	用于样品的分离和制备	使用玻璃管时离心力不宜过大，需要垫橡胶垫，防止管子破碎，高速离心机一般不选用玻璃管； 超速离心时，液体一定要加满离心管，因为超离需要抽高真空，只有加满才能避免离心管变形
	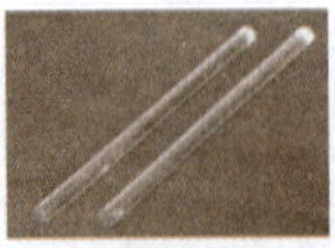 玻璃棒	可用来搅拌加速溶质溶解，过滤时引流	搅拌时不要太用力，以免玻璃棒或容器（如烧杯等）破裂。搅拌不要碰撞容器壁、容器底，不要发出响声。搅拌时要以一个方向搅拌（顺时针、逆时针都可以）

续表

分类	仪器	用途	注意事项
加液器和过滤器类	 漏斗　长颈漏斗	用于过滤等操作，长颈漏斗特别适用于定量分析中的过滤操作	不能用火直接加热
	 吸滤瓶　布氏漏斗	两者配套使用。用于无机制备中晶体或沉淀的减压过滤，利用水泵或真空泵降低吸滤瓶中压力以加速过滤	不能用火直接加热
	 分液漏斗	固液或液体与液体反应发生装置，物质分离提纯，对萃取后形成的互不相溶的两液体进行分液	分液漏斗在使用前要将漏斗颈上的旋塞芯取出，涂上凡士林，但不可太多，以免阻塞流液孔，漏斗内加入的液体量不能超过容积的3/4；分液漏斗不能加热，漏斗用后要洗涤干净
其他类	 酒精灯	作为热源灯具；进行焰色反应（由于火焰较为明亮，故效果不如酒精喷灯）	因为酒精易挥发，易燃，使用酒精灯时必须注意安全。万一洒出的酒精在灯外燃烧，不要慌张，可用湿抹布或砂土扑灭
	 干燥器	内放干燥剂，可保持样品或产物的干燥	不可将热的物体放入干燥器；防止盖子滑动而打碎,红热的物品待稍冷后才能放入放置物未完全冷却前要每隔一定时间开一开盖子，以调节干燥器内的气压

续表

分类	仪器	用途	注意事项
其他类	 结晶皿	用于实验室作结晶试验，或对液体进行重结晶，以达到精制、提纯的目的	不能用火直接加热
	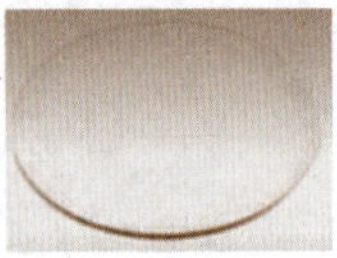 表面皿	盖在烧杯上，防止液体迸溅或其他用途	不能用火直接加热；覆盖容器时，凹面要向上，以免滑落
	 研钵	用于研磨固体物质。按固体的性质和硬度选用不同质地的研钵	不能用火直接加热

知识点三　化学试剂的规格与分类

一、化学试剂常见分类

化学试剂分类的方法很多。

如按状态可分为固体试剂、液体试剂；按用途可分为通用试剂、专用试剂；按类别可分为无机试剂、有机试剂；按性能可分为危险试剂、非危险试剂等；也可以按自己的使用频率来分：常用试剂和不常用试剂。

从试剂的贮存和使用角度，通常按照类别和性能两种方法对化学试剂进行分类。

1. 无机试剂和有机试剂

这种分类方法与化学的物质分类一致，既便于识别、记忆，又便于贮存、取用。无机试剂按单质、氧化物、碱、酸、盐分出大类后，再考虑性质进行分类。有机试剂则按烃类、烃的衍生物、糖类蛋白质、高分子化合物、指示剂等进行分类。

2. 危险试剂和非危险试剂

这种分类既注意到实用性，更考虑到化学试剂的特征性质。因此，既便于安全存放，也便于使用时遵守安全操作规则。

（1）危险试剂的分类　如表1-2所示。

（2）非危险试剂的分类　如表1-3所示。

表1-2　根据危险试剂的性质和贮存要求分类

种类	概念	分类	举例
易燃化学试剂	指在空气中能够自燃或遇其他物质容易引起燃烧的化学物质	易自燃试剂	黄磷等
		遇水燃烧试剂	钾、钠、碳化钙等
		易燃液体试剂	苯、汽油、乙醚等
		易燃固体试剂	硫、红磷、铝粉等
易爆化学试剂	受外力作用发生剧烈化学反应而引起燃烧爆炸同时能放出大量有害气体的化学物质		氯酸钾等
毒害性化学试剂	对人或生物以及环境有强烈毒害性的化学物质		溴、甲醇、汞、三氧化二砷等
氧化性化学试剂	对其他物质能起氧化作用而自身被还原的物质		过氧化钠、高锰酸钾、重铬酸铵、硝酸铵等
腐蚀性化学试剂	具有强烈腐蚀性，对人体和其他物品能因腐蚀作用发生破坏现象，甚至引起燃烧、爆炸或伤亡的化学物质		强酸、强碱、无水氯化铝、甲醛、苯酚、过氧化氢等

表1-3　根据非危险试剂的性质与贮存要求分类

种类	概念	举例
遇光易变质化学试剂	紫外光线的影响，易引起试剂本身分解变质，或促使试剂与空气中的成分发生化学变化的物质	如硝酸、硝酸银、硫化铵、硫酸亚铁等
遇热易变质化学试剂	这类试剂多为生物制品及不稳定的物质，在高气温中就可发生分解、发霉、发酵作用，有的常温也如此	硝酸铵、碳铵、琼脂等
易冻结化学试剂	这类试剂的熔点或凝固点都在气温变化以内，当气温高于其熔点，或下降到凝固点以下时，则试剂由于熔化或凝固而发生体积的膨胀或收缩，易造成试剂瓶的炸裂	冰醋酸、晶体硫酸钠、晶体碘酸钠以及溴的水溶液等
易风化化学试剂	这类试剂本身含有一定比例的结晶水，通常为晶体。常温时在干燥的空气中（一般相对湿度在70%以下）可逐渐失去部分或全部结晶水而有的变成粉末。使用时不易掌握其含量	结晶碳酸钠、结晶硫酸铝、结晶硫酸镁、胆矾、明矾等
易潮解化学试剂	这类试剂易吸收空气中的潮气（水分）产生潮解、变质，外形改变，含量降低甚至发生霉变等	氯化铁、无水乙酸钠、甲基橙、琼脂、还原铁粉、铝银粉等

二、化学试剂常用规格

我国的化学试剂规格基本上按纯度（杂质含量的多少）划分，常见的化学试剂主要有优级纯、分析纯、化学纯和实验试剂4种规格与分类，在一般的分析实验中用的最多的是分析纯和化学纯试剂，如表1–4所示。

表1–4 我国化学试剂规格与分类

纯度等级	名称	英文代号	纯度	适应范围	瓶签颜色
一级	优级纯（保证试剂）	GR	纯度高，杂质极少，99.8%	适用于精密分析和科学研究，也可作基准试剂	绿色
二级	分析纯（分析试剂）	AR	纯度略低于优级纯，杂质略高于优级纯，99.7%	适用于重要分析和一般性研究工作	红色
三级	化学纯	CP	纯度较分析纯差，但高于实验试剂，≥99.5%	适用于工厂、学校一般性的分析工作，用于要求较高的无机和有机化学实验，或要求不高的分析检验	蓝色
四级	实验试剂	LR	纯度比化学纯差，但比工业品纯度高	适用于一般的实验和要求不高的科学实验，不能用于分析工作	黄色

除了上述四个级别外，目前市场上尚有：基准试剂（PT）：专门作为基准物用，可直接配制标准溶液。光谱纯试剂（SP）：表示光谱纯净。但由于有机物在光谱上显示不出，所以有时主成分达不到99.9%以上，使用时必须注意，特别是作基准物时，必须进行标定。纯度远高于优级纯的试剂称作高纯试剂（≥99.99%）。

三、化学试剂的选用

不同分析方法对试剂的要求不同。不同等级的试剂的加工不同，纯度越高价格越贵。若试剂等级选择不当，将会造成资金的浪费或影响化验结果。

化学试剂的选用应以分析要求，包括分析任务、分析方法、对结果准确度等为依据，来选用不同等级的试剂。如痕量分析要选用高纯或优质纯，以降低空白值和避免杂质干扰，在以大量酸碱进行样品处理时，其酸碱也应该选择优级纯试剂，同时，对所有的纯水的制取方法和玻璃仪器的洗涤方法也应该做特殊的要求。做仲裁分析也常选用优级纯、分析纯试剂。一般车间控制分析，选用分析纯、化学纯试剂。某些制备实验、冷浴或热浴的药品可选用工业品。

虽然化学试剂必须按照国家标准进行检验合格才可出厂销售，但不同厂家、不同原料和加工工艺的试剂在性能上有时有明显差异。甚至同一厂家，不同批号的同一试剂，其性质也是很难完全一致的。因此，在某些要求较高的分析中，不仅要考虑试剂的等级，还应注意生产厂家、产品批号等。必要时应做专项检验和对照实验。

四、化学试剂的使用注意事项

（1）有些试剂由于包装或分装不良，或放置时间太长，可能变质，使用前应作检查。

（2）应熟悉常用化学试剂的性质，如市售酸碱的浓度、试剂在水中的溶解度，有机溶剂的沸点、燃点，试剂的腐蚀性、毒性、爆炸性等。

（3）所有试剂、溶液以及样品的包装瓶上必须有标签，标签要完整、清晰，标明试剂的名称、规格、质量，溶液除了标明品名外，还应标明浓度、配制日期等。万一标签脱落，应照原样贴牢。绝对不允许在容器内装入与标签不相符的物品。无标签的试剂必须取小样检定后才能使用。不能使用的化学试剂要慎重处理，不能随意乱倒。

（4）实验室中一般只贮存固体试剂和液体试剂，气体物质都是需用时临时制备。在取用和使用任何化学试剂时，首先要做到“三不”，即不用手拿，不直接闻气味，不尝味道。打开易挥发的试剂瓶塞时，不能把瓶口对准自己脸部或对着别人，不可用鼻子对准试剂瓶口猛吸气，如果需嗅试剂的气体，可将瓶口远离鼻子，用手在试剂上方扇动，使空气流吹向自己而闻出其味。

①固体试剂的取用：粉末状试剂或粒状试剂一般用药匙取用。药匙有动物角匙、也有塑料药匙，且有大小之分。用量较多且容器口径又大者，可选大号药匙；用量较少或容器口径又小者，可选用小号药匙，并尽量送入容器底部。特别是粉状试剂容易散落或沾在容器口和壁上。可将其倒在折成的槽形纸条上，再将容器平置，使纸槽沿器壁伸入底部、竖起容器并轻抖纸槽，试剂便落入器底。

块状固体用镊子，送入容器时，务必先使容器倾斜，使之沿器壁慢慢滑入器底。

若实验中无规定剂量时，所取试剂量以刚能盖满试管底部为宜。取多了的试剂不能放回原瓶，也不能丢弃，应放在指定容器中供他人或下次使用。

取用试剂的镊子或药匙务必擦拭干净、更不能一匙多用。用后也应擦拭干净，不留残物。

②液体试剂的取用：用少量液体试剂时，常使用胶头滴管吸取。用量较多时则采用倾泻法。从细口瓶中将液体倾入容器时，把试剂瓶上贴有标签的一面握在手心，另一手将容器斜持、并使瓶口与容器口相接触，逐渐倾斜试剂瓶，倒出试剂。试剂应该沿着容器壁流入容器，或沿着洁净的玻棒将液体试剂引流入细口或平底容器内。取出所需量后，逐渐竖起试剂瓶，把瓶口剩余的液滴碰入容器中去，以免液滴沿着试剂瓶外壁流下。

若实验中无规定剂量时，一般取用1~2mL。定量使用时，则可根据要求选用量倚、滴定管或移液管。取多的试剂也不能倒回原瓶，更不能随意废弃。应倒入指定容器内供他人使用。

若取用有毒试剂时，必须在教师指导下进行，或严格遵照规则取用。

五、化学试剂的保存管理

化学试剂必须分类隔离存放，不能混放在一起，通常把试剂分成下面几类，分别存放。

1. 一般化学试剂

一般化学试剂分类存放于阴凉通风，温度低于30℃的柜内，远离火源，并注意防止水分、灰尘和其他物质污染。固体试剂应保存在广口瓶中，液体试剂应盛放在细口瓶或滴瓶中，见光易分解的试剂应盛放在棕色瓶中并置于暗处，容易侵蚀玻璃而影响试剂纯度的试剂应保存在塑料瓶中或涂有石蜡的玻璃瓶中。盛放碱液的瓶子要用橡胶塞，不能用磨口瓶，吸水性强的试剂应严格用蜡密封。

2. 易燃类

易燃类液体极易挥发成气体，遇明火即燃烧，通常把闪点在25℃以下的液体均列入易燃类。闪点在-4℃以下者有石油醚、氯乙烷、溴乙烷、乙醚、汽油、二硫化碳、缩醛、丙酮、苯、乙酸乙酯、乙酸甲酯等。闪点在25℃以下的有丁酮、甲苯、甲醇、乙醇、异丙醇、二甲苯、乙酸丁酯、乙酸戊酯、三聚甲醛、吡啶等。

这类试剂要求单独存放于阴凉通风处，理想存放温度为-4~4℃。闪点在25℃以下的试剂，存放最高室温不得超过30℃，特别要注意远离火源。

3. 燃爆类

这类试剂中，遇水反应十分猛烈发生燃烧爆炸的有钾、钠、锂、钙、氢化锂铝、电石等。钾和钠应保存在煤油中。试剂本身就是炸药或极易爆炸的有硝酸纤维、苦味酸、三硝基甲苯、三硝基苯、叠氮或重氮化合物等，要轻拿轻放。与空气接触能发生强烈的氧化作用而引起燃烧的物质如黄磷，应保存在水中，切割时也应在水中进行。引火点低，受热、冲击、摩擦或与氧化剂接触能急剧燃烧甚至爆炸的物质，有硫化磷、赤磷、镁粉、锌粉、铝粉、萘、樟脑。

此类试剂要求存放室内温度不超过30℃，与易燃物、氧化剂均须隔离存放。料架用砖和水泥砌成，有槽，槽内铺消防砂。试剂置于砂中，加盖，万一出事不致扩大事态。

4. 强腐蚀类

指对人体皮肤、黏膜、眼、呼吸道和物品等有极强腐蚀性的液体和固体（包括蒸气），如发烟硫酸、硫酸、发烟硝酸、盐酸、氢氟酸、氢溴酸、氯磺酸、氯化砜、一氯乙酸、甲酸、乙酸酐、氯化氧磷、五氧化二磷、无水三氯化铝、溴、氢氧化钠、氢氧化钾、硫化钠、苯酚、无水肼、水合肼等。

存放处要求阴凉通风，并与其他药品隔离放置。应选用抗腐蚀性的材料，如耐酸水泥或耐酸陶瓷制成架子来放置这类药品。料架不宜过高，也不要放在高架上，最好放在地面靠墙处，以保证存放安全。

5. 剧毒类

专指由消化道侵入极少量即能引起中毒致死的试剂。生物试验半致死量在50mg/kg以下者称为剧毒物品，如氰化钾、氰化钠及其他剧毒氰化物，三氧化二砷及其他剧毒砷化物，二氯化汞及其他极毒汞盐，硫酸二甲酯，某些生物碱和毒苷等。

这类试剂要置于阴凉干燥处，与酸类试剂隔离。应锁在专门的毒品柜中，建立双人登记签字领用制度。建立使用、消耗、废物处理等制度。皮肤有伤口时，禁止操作这类物质。

6. 强氧化剂类

这类试剂是过氧化物或含氧酸及其盐，在适当条件下会发生爆炸，并可与有机物、镁、铝、锌粉、硫等易燃固体形成爆炸混合物。这类物质中有的能与水起剧烈反应，如过氧化物遇水有发生爆炸的危险。属于此类的有硝酸铵、硝酸钾、硝酸钠、高氯酸、高氯酸钾、高氯酸钠、高氯酸镁或钡、铬酸酐、重铬酸铵、重铬酸钾及其他铬酸盐、高锰酸钾及其他高锰酸盐、氯酸钾、氯酸钡、过硫酸铵及其他过硫酸盐、过氧化钠、过氧化钾、过氧化钡、过氧化二苯甲酰、过乙酸等。

存放处要求阴凉通风，最高温度不得超过30℃。要与酸类以及木屑、炭粉、硫化物、糖类等易燃物、可燃物或易被氧化物（即还原性物质）等隔离，堆垛不宜过高过大，注意散热。

7. 低温存放类

此类试剂需要低温存放才不至于聚合变质或发生其他事故。属于此类的有甲基丙烯酸甲酯、苯乙烯、丙烯腈、乙烯基乙炔及其他可聚合的单体、过氧化氢、氢氧化铵等。存放于温度10℃以下。

8. 贵重类

单价贵的特殊试剂、超纯试剂和稀有元素及其化合物均属于此类。这类试剂大部分为小包装。这类试剂应与一般试剂分开存放，加强管理、建立领用制度。常见的有钯黑、氯化钯、氯化铂、铂、铱、铂石棉、氯化金、金粉、稀土元素等。

知识点四　安全操作与环保意识

一、安全守则

分析化学实验中，经常使用水、电、大量易破损的玻璃仪器和一些具有腐蚀甚至易燃、易爆或有毒的化学试剂。为确保人身和实验室的安全而且不污染环境，我们要坚持安全第一、预防为主的原则，实验中须严格遵守实验室的安全规则。

1. 一般守则

（1）禁止将食物和饮料带进实验室，实验中注意不用手摸脸、眼等部位。禁止用手直接取用任何化学药品，一切化学药品严禁入口，实验完毕后必须洗手。

（2）熟悉实验室环境，了解与安全有关的设施（如水、电的总开关，消防用品、急救箱等）的位置和使用方法。

（3）使用浓酸、浓碱以及其他腐蚀性试剂时，切勿溅在皮肤和衣物上。

（4）涉及浓硝酸、盐酸、硫酸、高氯酸、氨水等的操作，均应在通风橱内进行。夏天开启浓氨水、盐酸时一定先用自来水将其冲冷却，再打开瓶盖。使用汞、汞盐、砷化物、氰化物等剧毒品时，要实行登记制度，取用时要特别小心，切勿泼洒在实验台面和地面上，用过的废物、废液切不可乱扔，应分别回收，集中处理。实验中的其他废物、废液也要按照环保的要求妥善处理。

（5）加热时，人不得走开，但应保持一定距离，加热试管时，不要将试管对着自己或他人，不要俯视正在加热的液体，以免液体溅出，受到伤害。

（6）使用各种仪器时，要在教师讲解或自己仔细阅读并理解操作规程后，方可动手操作。

（7）绝不允许将各种化学药品随意混合，以防发生意外。

（8）实验室所有药品、器具等不得携出室外。

（9）安全使用水、电。离开实验室时，应仔细检查水、电、气、门窗是否关好。

（10）发生事故时，要保持冷静，采取应急措施，防止事故的扩大，如切断电源、水源、气源等，并及时报告教师。

2. 用水安全

（1）使用自来水后要及时关闭阀门，尤其遇到突然停水，要立即关闭阀门，以防来水后跑水。

（2）离开实验室之前应再检查自来水阀门是否完全关闭。

（3）冷凝管及其连接胶管使用前要注意检查，若有破损和老化，要及时更换，使用冷凝器后一定不要忘记关闭冷却水。

（4）实验室水管、水龙头也要经常检查、更换。

3. 用电安全

（1）实验室内不得有裸露的电线头，不能用电线直接插入电源接通电灯、仪器等。

（2）使用电器时，要先仔细阅读有关说明书及资料，并在教师指导下按要求去做。

（3）注意保持电线干燥，严禁用湿布擦电源开关。

（4）操作电器时，手必须干燥。

（5）严禁使用水槽旁的电器插座（防止漏电或感电）。

（6）电器插座不能接太多插头，以免电荷负荷不了，引起电器火灾。

（7）已损坏的插座、插头或绝缘不良的电线应及时更换。

（8）必须掌握本室的仪器、设备的性能和操作方法，严格按操作规程操作。

（9）停电时，要关闭一切电气设备的电源开关，待恢复供电时再重新启动，仪器用完后要及时关掉电源。

（10）任何情况下发现用电问题（事故）时，必须保持冷静，立即拉下电闸断电，或用木棍将电源线拨离触电者（千万不可徒手去拉触电者）。

4. 用火（热）安全

（1）实验室严禁吸烟。

（2）实验室内必须具备灭火用具，知道如何使用。

（3）烘箱、电炉周围严禁放有易燃物或带挥发性的易燃液体。

（4）操作易燃物时必须远离火源，瓶塞打不开时，切忌用火加热或用力敲打。倾倒易燃液体时必须谨防静电。

（5）加热用的酒精灯等加热器使用完毕后，应立即关闭。在酒精灯快烧尽、灯火还没熄灭时，千万不能注入燃料；酒精灯熄灭时，要用灯帽来罩，不要用口来吹，防止发生意外；不要用一个酒精灯来点燃，以免酒精溢出，引起燃烧。点燃的火柴用完后立即熄灭，不得乱扔。

（6）加热后的坩埚、蒸发皿等应放在石棉网或石棉板上，不能直接放在木质台面上，以防烫坏台面，引起火灾，更不能与湿物接触，以防炸裂。

（7）易燃易爆物的实验操作应在通风橱内进行，操作人员应戴橡皮手套、防护眼镜。

（8）防止火势蔓延，首先切断电源、熄灭所有加热设备；快速移去附近的可燃物，关闭通风装置、减少空气流通。

（9）身上的衣物着火时不可跑动，应迅速脱去衣物，或在地上打滚扑灭。灭火器不可对人脸。

（10）万一发生火灾，要保持镇静，立即切断电源或燃气源，并采取针对性的灭火措施。一般的小火用湿布、防火布或沙子覆盖燃烧物灭火。不溶于水的有机溶剂以及能与水起反应的物质如金属钠，一旦着火，绝不能用水浇，应用沙土压或用二氧化碳灭火器灭火。如电器起火，不可用水冲，应当用四氯化碳灭火器灭火。情况紧急应立即报警。常用灭火器及其使用范围如表1–5所示。

表1–5　常用的灭火器及其使用范围

类型	药液成分	适用范围
酸碱式	H_2SO_4、$NaHCO_3$	非油类及电器失火的一般火灾
泡沫式	$Al_2(SO_4)_3$、$NaHCO_3$	油类失火
二氧化碳	液体CO_2	电器失火
四氯化碳	液体CCl_4	电器失火
干粉灭火	粉末主要成分为Na_2CO_3等盐类物质，加入适量润滑剂、防潮剂	油类、可燃气体、电器设备、文件记录和遇水燃烧等物品的初起火灾
1211	CFClBr	油类、有机溶剂、高压电器设备、精密仪器等失火

水虽然是人们共知的常用灭火材料，但在化学实验室的灭火中要慎用。因为大部分易燃的有机溶剂都比水轻，而浮在水面上流动，此时用水灭火，非但不能灭火反而使火势扩大蔓延，还有的溶剂与水发生剧烈的反应产生大量的热能引起燃烧加剧甚至爆炸。

5. 常见实验室外伤处理

（1） 一般酸类（硫酸、硝酸、盐酸等）灼伤，先用大量水冲洗，再用碳酸氢钠溶液冲洗。

（2）一般碱类（氢氧化钠、氢氧化钾、氨、碳酸钾等）灼伤，立即用大量水冲洗，然后用2%乙酸溶液冲洗或撒敷硼酸粉或用2%硼酸水溶液冲洗。

（3）发现烧伤者，轻度烧伤的伤口可用水洗除污物，再用生理盐水冲洗，并涂上烫伤油膏，不要挑破水泡，必须时用消毒纱布进行包扎。对于面积较大的灼烧，要尽快送医，不要自行涂敷油膏，以免影响医疗效果。

（4）割伤、刺伤、撞伤、挫伤等创伤的处理，通常用压迫法止血，即直接压迫损伤部位进行止血，然后用消毒镊子或消毒纱布将伤口处理干净，然后用碘酊擦抹伤口周围。由玻璃碎片造成的外伤，应先除去玻璃碎片。

6. 常见实验室中毒症状及急救方法

常见毒物中毒症状及防护见表1-6所示。

表1-6　常见毒物中毒症状及防护

毒物名称（化学式）	中毒症状	防护要点及急救处理
强酸（硫酸、盐酸、硝酸等）	经呼吸道和皮肤使人中毒，对皮肤的黏膜有刺激和腐蚀作用	应立即用大量水冲洗，再用2%碳酸氢钠水溶液冲洗，然后用大量清水冲洗
铬酸、重铬酸钾等铬化合物	经皮肤和口服使人中毒，吸入含铬化合物的粉尘或溶液飞沫可使口腔、鼻、咽黏膜发炎，严重者形成溃疡。皮肤接触者，最初出现发痒红点，以后侵入内部，继之组织坏死，愈合极慢	皮肤损害时，可用5%硫代硫酸钠溶液清洗；鼻、咽黏膜损害时，可用清水或碳酸氢钠水溶液灌洗
氯气	经呼吸道，黏膜，皮肤使人中毒。吸入氯气后，黏膜受刺激引起咳嗽、咯血，胸部有压迫感，呼吸困难。大量吸入会引起肺水肿，昏迷。眼受刺激后眼酸痛、流泪；鼻咽黏膜受刺激，会引起发炎	室内通风良好，操作时戴口罩；眼受刺激时使用2%苏打水冲洗；咽喉疼痛时可吸入2%苏打水热蒸汽；离开现场；重患者应该保温、吸氧，注射强心剂
硫化氢	由于呼吸道吸入，可使中枢神经中毒，引起延髓中枢麻痹。轻度中毒时头晕，头痛、恶心、呕吐、重度中毒时呼吸短促意识突然消失，昏迷以致死亡	室内通风良好；感到不适时，立即离开现场，呼吸新鲜空气；用2%苏打水冲洗，或用硼酸水湿敷；必要时送至医院治疗

续表

毒物名称（化学式）	中毒症状	防护要点及急救处理
溴	由于皮肤接触或吸入中毒，均可产生皮疹，吸入后可引起咽炎、疼痛、咳嗽、流泪等	在通风柜内、戴胶皮手套操作；若溅在皮肤上，要立即用大量水冲洗，并立即送医院治疗；若吸入后，应立即离开现场，严重者应送医院治疗
一氧化碳	通过呼吸道进入体内，与血色素结合使其丧失运氧能力，引起全身严重缺氧，产生中毒。轻度中毒时头晕、恶心、全身无力，甚至意识不清，出现幻觉、错觉等；重度中毒时立即陷入昏迷，呼吸停止而死亡	将中毒者立即抬到新鲜空气处，注意保温；对停止呼吸者立即施行人工呼吸，并给氧气；注射可拉明等强心剂；大量使用时需要戴防毒面具
氟化氢	由呼吸道进入人体，腐蚀骨骼、造血神经系统、牙齿、皮肤、黏膜等，其水溶液即为氢氟酸，溅在皮肤上引起难以忍受的灼痛	皮肤被灼伤时，立即用大量水冲洗，将伤处浸入乙醇溶液（冰镇）或饱和硫酸钾溶液中
汞及汞盐	绝大多数为慢性中毒，损害消化系统及神经系统，初期口内有金属味流涎，咀嚼时牙痛、牙龈出血、嗜睡、头痛、记忆力减退、手指、舌头出现震颤，中毒途径主要是吸入汞蒸汽和伤口触及汞盐	使用汞时，容器要放在光滑的瓷盘内，散落的汞要尽力去回收，并在有汞迹的地方，撒上硫黄粉。环境温度不宜太高。保存汞的容器中，必须用水封盖汞面。使用汞盐时要严格控制，专人保管
四氯化碳	急性中毒：头眩晕、激动、视野缩小，呕吐、右上腹疼痛、肝肿大、黄疸、转氨酶增高。慢性中毒：神经衰落，胃肠功能紊乱	通风良好，使用时不要洒在台面上。急性中毒时，立即移至空气新鲜处，施行人工呼吸，必要时输氧
乙醚	由呼吸道吸入体内，刺激黏膜，引起头痛、头晕、麻醉	通风良好；中毒时立即离开现场，到空气新鲜处休息

二、环保意识

实验过程产生的废水、废气、废渣，如果随意排放，会引起水污染、大气污染、土壤污染等环境问题。我们要牢固树立环境保护意识，妥善处理实验过程产生的“三废”，防止出现环境污染问题。

（1）实验过程中要随时注意保持试验台的卫生和整洁。仪器、药品摆放要整齐，所用废纸、火柴梗应放在指定地方或暂放入专盛废物的大烧杯中（不准丢入水槽，以免堵塞下水道），实验完毕后再将其倒入垃圾箱中。

（2）“厉行节约、反对浪费”是最直接、最有效的环保措施之一，要提倡从环保的角度出发，也能用科学的态度思考问题和解决问题。要实施节约战略，节约利用实验药品。药品应按规定量取用，未规定用量时应注意节约；自瓶中取出的药品不应再倒回原试剂瓶中，以免带入杂质；取用药品后应立即盖上瓶塞并随即将瓶放回原处，以免搞错瓶塞，玷污药品；可回收的药品、试剂，实验完毕后应倒入回收瓶中。注意节约水、电及实验用品。

（3）控制废弃物的排放，能少用的试剂尽可能的少用，可少产生的“三废”尽可能少产生，构建适宜的废弃物循环利用体系。将废气用适当的试剂予以吸收后再利用。毒性较强的废水应集中收集，集中处理，遇有毒有害废气产生的实验应在通风橱内进行。

（4）废弃物处理方法

①废气处理：废气主要是实验中产生的危害健康和环境的气体，如一氧化碳、甲醇、二氧化硫、氨等，最常用的处理方法是吸收法，即根据被吸收气体组分的性质，选择合适的吸收剂（液）。除吸收法外，常用的还有吸附法、氧化法、分解法等。

②废液处理：一般无机酸类，可将废酸缓慢倒入过量的碱溶液中，边倒边搅拌，然后用大量水冲洗排放；一般无机碱类，可以采用稀废酸中和的方法，中和后再用大量水冲洗排放。

③废渣处理：废弃的有害固体药品或反应中得到的沉淀，严禁倒在生活垃圾上，主要处理方法是先解毒（使废渣的毒性减小到最低限度）后深埋。

④可以回收利用的废弃物应设法予以回收。

思考练习

一、名词解释

蒸馏水　酸式滴定管　分析纯试剂　指示剂　实验室“三废”

二、填空题

1. 完成下表有关试剂规格的相关信息

等级	中文名称	英文缩写	标签颜色
一级品	优级纯		
二级品	分析纯		
三级品		CP	
四级品	实验试剂		

2. 为下列操作选用一种合适的实验室中常用的仪器，写出名称和规格

操作	量取15mL蒸馏水	量取25mL食醋	直接配制500mL $K_2Cr_2O_7$标准溶液	分别量取2、4、6、8mL某标准溶液	装高锰酸钾标准溶液进行滴定
仪器					
规格					

3. 取用化学试剂时，除节约用量、不造成试剂污染外，还要特别注意“三不”。它的具体要求是①____________________，②____________________，③____________________。

4. 玻璃仪器洗净的标准是________________。

5. 一个完整的分析化学实验过程应该包括三个阶段，即实验前的__________，实验中的____________________，实验后的________________。

6. 实验报告一般包括____。

7. 危险化学试剂主要分为__________________________________等几类。

8. 所有试剂、溶液以及样品的包装瓶上必须有标签，标签要________，标明试剂的____________，溶液除了标明品名外，还应标明__________等。

9. 粉末状试剂或粒状试剂一般用_______取用，块状固体用________取用，用少量液体试剂时，常使用__________吸取。

10. 盛放碱液的瓶子要用_______塞，不能用________，吸水性强的试剂应严格用____密封。

三、选择题

1. 在实验室常用的玻璃仪器中，可以直接加热的仪器是（　　）。

A. 量筒和烧杯　B. 容量瓶和烧杯　C. 锥形瓶和烧杯　D. 容量瓶和锥形瓶

2. 配制HCl标准溶液宜取的试剂规格是（　　）。

A. HCl（AR）　B. HCl（GR）　C. HCl（LR）　D. HCl（CP）

3. 在实验中，电器着火应采取的措施（　　）。

A. 用水灭火　B. 用沙土灭火

C. 及时切断电源用CCl_4灭火器灭火　D. 用CO_2灭火器灭火

4. 下列容量瓶的使用不正确的是（　　）。

A. 使用前应检查是否漏水　B. 瓶塞与瓶应配套使用

C. 使用前在烘箱中烘干　D. 容量瓶不宜代替试剂瓶使用

5. 能准确量取一定量液体体积的是（　　）。

A. 试剂瓶　B. 刻度烧杯　C. 移液管　D. 量筒

6. 见光易分解的$AgNO_3$应把它贮存在（　　）。

A. 棕色试剂瓶中　B. 白色玻璃瓶中　C. 塑料瓶中　D. 胶袋里

7. 移液管移取溶液时，当液面上升至标线以上，应用（　　）堵住管口。

A. 左手食指　B. 右手食指　C. 左手大拇指　D. 右手大拇指

8. 打开浓盐酸、浓硝酸、浓氨水等试剂瓶塞时，应在（　　）中进行。

A. 冷水浴　B. 走廊　C. 通风橱　D. 药品库

9. 下面不宜加热的仪器是（　　）。

A. 试管　B. 坩埚　C. 蒸发皿　D. 移液管

四、判断题

1. 记录实验数据时，可以进行涂改或者实验结束后再根据记忆填写。（　　）
2. 常用的量器类玻璃器皿一律不能受热。（　　）
3. 烧杯可以长时间存放化学试剂。（　　）
4. 禁止用手直接取用任何化学药品。（　　）
5. 使用浓酸、浓碱以及其他腐蚀性试剂时，切勿溅在皮肤和衣物上。（　　）
6. 绝不允许将各种化学药品随意混合，以防发生意外。（　　）
7. 为了节约，自瓶中取出的过量的药品可以再倒回原试剂瓶中。（　　）
8. 通常实验中用的烧杯、锥形瓶等洗净后即可使用。（　　）
9. 胶头滴管加液时不能伸入液体内部。（　　）
10. 试管加热前应将外部水分擦干。（　　）

五、简答题

1. 铬酸洗液的有什么用途？正确选择和使用铬酸洗液？
2. 化学试剂的常见规格有哪些？举例说明分析化学试验中如何选择化学试剂。
3. 如何正确清洗和干燥容量瓶、移液管、滴定管？
4. 请说出闻气体气味的正确方法。
5. 粉末状固体、块状固体、液体化学试剂都是如何进行正确取样的？
6. 实验室废弃物的排放准则是什么？
7. 玻璃仪器洁净的标志是什么？
8. 如何贮存和管理剧毒试剂？
9. 分析化学实验中常用的玻璃仪器有哪些？
10. 我们应该遵守哪些实验室的安全规则？

阅读与拓展

资料一　分析化学实验用水

分析化学实验需要用到大量的水，如洗涤仪器、溶解样品、配制溶液等都离不开水。自来水中含有多种杂质，如作为分析用水，会影响到分析结果的准确度，因此，自来水只能在仪器的初步洗涤或降温冷却时使用。

国家标准（GB/T　6682—2008《分析实验室用水规格和试验方法》）规定实验室用水可分为以下三级。

一级水：一级水用于有严格要求的分析试验，包括对颗粒有要求的试验。如高效液相色谱分析用水。一级水可用二级水经过石英设备蒸馏或交换混床处理后，再经0.2μm微孔滤膜过滤来制取。

二级水：二级水用于无机痕量分析等试验，如原子吸收光谱分析用水。二级水可用多次蒸馏或离子交换等方法制取。

三级水：是最普遍使用的纯水，适用于一般实验室实验工作，三级水可用蒸馏或离子交换等方法制取。

分析化学实验应使用纯水，一般是蒸馏水或去离子水。有的实验要求用二次蒸馏水或更高规格的纯水（如：电分析化学、液相色谱等的实验）。纯水并非绝对不含杂质，只是杂质含量极微而已。分析化学实验用水的级别及主要技术指标，见表1-7。

表1-7　分析化学实验室用水的级别及主要技术指标（GB/T 6682—2008）

指标名称	一级	二级	三级
pH范围（25℃）	—	—	5.0~7.5
电导率（25℃）/（mS/m）　≤	0.01	0.10	0.50
可氧化物质［以（O）计］/（mg/L）　≤	—	0.08	0.4
蒸发残渣［（105±2）℃］/（mg/L）　≤	—	1.0	2.0
吸光度（254nm，1cm光程）　≤	0.001	0.01	—
可溶性硅［以（SiO_2）计］/（mg/L）　≤	0.01	0.02	—

注：由于在一级、二级纯度的水中，难以测定真实的pH，因此，对一级水、二级水的pH范围不做规定；由于在一级水的纯度下，难以测定可氧化物质和蒸发残渣，对其限量不做规定，可用其他条件和制备方法来保证一级水的质量。

1. 蒸馏水

通过蒸馏方法、除去水中非挥发性杂质而得到的纯水称为蒸馏水。同是蒸馏所得纯水，其中含有的杂质种类和含量也不同。用玻璃蒸馏器蒸馏所得的水含有Na^+和SiO_2^{3-}等离子；而用铜蒸馏器所制得的纯水则可能含有Cu^{2+}。

2. 去离子水

利用离子交换剂去除水中的阳离子和阴离子杂质所得的纯水，称之为离子交换水或“去离子水”。未进行处理的去离子水可能含有微生物和有机物杂质，使用时应注意。

3. 纯水质量的检验

纯水的质量检验指标很多，分析化学实验室主要对实验用水的电阻率、酸碱度、钙镁离子、氯离子的含量等进行检测。

（1）电阻率　选用适合测定纯水的电导率仪（最小量程为0.02 μS/cm）测定。

（2）酸碱度　要求pH为6~7。检验方法如下。

①简易法：取2支试管，各加待测水样10mL，其中一支加入2滴甲基红指示剂应不显红色；另一支试管加5滴0.1% 溴麝香草酚蓝（溴百里酚蓝）不显蓝色为合要求。

②仪器法：用酸度计测量与大气相平衡的纯水的pH，在6~7为合格。

（3）钙镁离子　取50mL待测水样，加入pH=10的氨水-氯化铵缓冲液1mL和少许铬黑T（EBT）指示剂，不显红色（应显纯蓝色）。

（4）氯离子　取10mL待测水样，用2滴1mol/L HNO_3酸化，然后加入2滴10g/L $AgNO_3$溶液，摇匀后不混浊为合要求。

化学分析法中，除络合滴定必须用去离子水外，其他方法均可采用蒸馏水。分析实验用的纯水必须注意保持纯净、避免污染。通常采用以聚乙烯为材料制成的容器盛载实验用纯水。

4. 分析用纯水的贮存

各级水均宜使用密闭的专用聚乙烯容器存放。各级用水在贮存期间可能被玷污，故一级水不可贮存，应用前制备。二级水、三级水可适量制备，分别贮存于用同级水冲洗过的相应容器中。同时注意在运输过程中应避免各种污染。

资料二　分析化学实验室常用的非玻璃仪器

1. 瓷器皿

瓷器皿可耐高温灼烧，如瓷坩埚可加热至1200℃，灼烧后其质量变化很小，易于恒重，常用于灼烧沉淀与称量。瓷器皿的机械性能和对酸、碱的稳定性均优于玻璃器皿，而且价格低廉，应用很广泛。

瓷器皿和玻璃器皿相似，主要成分仍然为硅酸盐，不能用氢氟酸在瓷器皿中分解处理样品。瓷器皿不耐氢氧化物、碳酸盐、过氧化物等腐蚀，不适于在其中进行熔融分解。

分析化学实验常用的有瓷坩埚、瓷蒸发皿、瓷管、瓷研钵等。

2. 塑料器皿

塑料器皿因为具有较好的绝缘性、耐化学腐蚀性、不易传热性、强度好、耐撞击等优点，在分析化学实验中常用来作为金属、木材、玻璃等的代用品。实验室常见的塑料器皿主要是聚乙烯器皿、聚丙烯器皿、聚四氟乙烯器皿等。

聚乙烯和聚丙烯桶常用于装蒸馏水，烧杯、漏斗用于含有氢氟酸的实验中，细口瓶代替玻璃瓶装碱标准溶液等，还可制成洗瓶等。

聚四氟乙烯能耐浓酸、浓碱、强氧化剂、王水的腐蚀，并且电绝缘性好，实验室常见的器皿有洗瓶、烧杯、蒸发皿、分液漏斗的活塞、搅拌棒及表面皿等。

3. 金属器皿

（1）铂器皿　常见的铂器皿有铂坩埚、铂蒸发皿、铂丝、铂电极等。

（2）银器皿　常见的是银坩埚，银坩埚不受氢氧化钠、氢氧化钾等物质的侵蚀，可用于碱熔法分解样品。

（3）镍器皿　常见的是镍坩埚，主要用于氢氧化钠等碱性溶剂熔融分解样品。

资料三　分析化学实验室常用的电热设备

1. 箱式电阻炉（马弗炉）

马弗炉是常见的高温电炉，常作为称量分析中的沉淀灼烧、灰分测定等操作的加热设备，最高使用温度为950℃。

马弗炉使用注意事项：

（1）使用时切勿超过电阻炉的最高温度。

（2）装取试样时一定要切断电源，以防触电。

（3）装取试样时炉门开启时间应尽量短，以延长电炉使用寿命。

（4）禁止向炉膛内灌注任何液体。

（5）不得将沾有水和油的试样放入炉膛；不得用沾有水和油的夹子装取试样。

（6）装取试样时要戴专用手套，以防烫伤。

（7）试样应放在炉膛中间，整齐放好，切勿乱放。

（8）不得随便触摸电炉及周围的试样。

（9）使用完毕后应切断电源。

（10）未经管理人员许可，不得操作电阻炉，必须严格按照设备的操作规程进行操作。

2. 电热干燥箱

实验室中常用的电热恒温箱最高温度可达200℃或300℃，称为干燥箱。最常使用的温度为100~150℃，多用于烘干试样或干燥玻璃容器。

使用注意事项：

（1）干燥箱应放在室内工作，安装平稳水平处，要保持干燥，做好防潮和防湿，并要防止腐蚀。

（2）干燥箱放置处要有一定的距离，四面离墙体建议要有2m以上。

（3）干燥箱使用前要检查电压，较小的烘箱所需电压为220V，较大的烘箱所需电压为380V（三相四线），根据烘箱耗电功率安装足够容量的电源闸刀。并且选用合适的电源导线。还应做好接地线工作。

（4）以上工作准备就绪后方可将试品放入干燥箱内，然后连接电源，开启烘箱开关，带鼓风装置的烘箱，在加热和恒温的过程中必须将鼓风机开启，否则影响工作室温度的均匀性，并且可能损坏加热元件。随后调节好适宜试品烘干温度，烘箱即进入工作状态。

（5）烘干的物品排列不能太密。干燥箱底部（散热板）上不可放物品，以免影响热风循环。禁止烘干易燃、易爆物品及有挥发性和有腐蚀性的物品。

（6）烘干完毕后先切断电源，然后方可打开工作室门，切记不能直接用手接触烘干的物品，要用专用的工具或戴隔热手套取烘干的物品，以免烫伤。

（7）干燥箱工作室内要保持干净。

（8）试剂和玻璃仪器要分开烘干，以免相互污染。

（9）使用干燥箱时，温度不能超过烘箱的最高使用温度。

（10）当需要观察箱内物品情况时，可打开外门通过玻璃观察，但箱门应尽量少开，以免影响温度。特别是工作温度超过200℃时，开箱门有可能使玻璃门骤冷而破裂。

3. 电热恒温水浴锅

电热恒温水浴锅用于蒸发、干燥、浓缩、恒温加热等。一般按其具有的孔数分有单孔、单列双孔、单列四孔、单列六孔、双列双孔、双列四孔、双列六孔等。电热恒温水浴锅是以水作为传热介质，一般在不超过95℃的温度下使用，主要用于均匀间接加热，也可用于控温实验。

使用注意事项：

（1）恒温水浴使用前一定先要注入适量净水，最低水位不得低于电热管以上1cm，使用过程中要留意及时增补净水，因炉丝套管是焊接密封的，无水时加热会烧坏套管，使水进入套管毁坏炉丝或发生漏电现象。

（2）温度自动控制盒中有双金属片弹簧式装置，通过双金属片的膨胀或收缩或接通或堵截电源，达到控制温度的目的。注意勿使盒溅上水或受潮，以防控制失灵、漏电或损坏。温度控制器不要随意拆卸。

（3）未加水至适当位置前，切勿接通电源。

（4）应随时注意水箱是否有渗漏现象。

（5）水浴箱内要保持清洁，按期洗刷、防止生锈和防止漏水、漏电。箱内水要常常更换。如较长时间停用，箱内水要全部放掉并用布擦干，以免生锈。

资料四　分析化学实验室常用天平

1. 托盘天平

实验室中多用托盘天平，常用的精确度不高的天平，由托盘、指针、横梁、标尺、游码、砝码、平衡螺母、分度盘等组成。分度值一般为0.1g或0.2g。

使用注意事项：

（1）要放置在水平的地方。

（2）使用前要使天平左右平衡（游码必须归“0”，平衡螺母向相反方向调，使用口诀：左高端，向左调）。

（3）砝码不能用手拿要用镊子夹取。千万不能把砝码弄湿、弄脏（否则会使砝码腐蚀生锈，砝码质量变大，测量结果不准确），游码也要用镊子拨动。

（4）被测物体的质量不能超过天平量程或低于天平游码最小刻度。

（5）潮湿的物体和化学药品不能直接放在天平的盘中。

（6）称量时注意左物右码（游码示值以左边对齐刻度线为准）。

（7）称量后要把游码归零，砝码用镊子放回砝码盒。

2. 电子天平

电子天平是最新一代天平，其特点是称量准确可靠、显示快速清晰并且具有自动检测系统、简便的自动校准装置以及超载保护等装置。目前分析化学实验室使用最多的就是电子天平。按电子天平的精度可分为以下几类。

（1）超微量电子天平　超微量天平的最大称量是2~5g，其标尺分度值小于（最大）称量的10^{-6}。

（2）微量天平　微量天平的称量一般在3~50g，其分度值小于（最大）称量的10^{-5}。

（3）半微量天平　半微量天平的称量一般在20~100g，其分度值小于（最大）称量的10^{-5}。

（4）常量电子天平　此种天平的最大称量一般在100~200g，其分度值小于（最大）称量的10^{-5}。

（5）分析天平　其实电子分析天平，是常量天平、半微量天平、微量天平和超微量天平的总称。

（6）精密电子天平　这类电子天平是准确度级别为Ⅱ级的电子天平的统称。

使用注意事项：

（1）将天平置于稳定的工作台上避免振动、气流及阳光照射。

（2）电子天平在安装后、称量前必须进行校准。

（3）使用电子天平前要检查水平是否改变。

（4）电子天平开机后需要进行预热，一般预热时间在半个小时以上，才能进行正式称量。

（5）称量易挥发和具有腐蚀性的物品时，要盛放在密闭的容器中，以免腐蚀和损坏电子天平。

（6）长时间不使用的电子天平应每隔一段时间通电一次。若长期不用电子天平时应暂时收藏为好。

3. 如何正确选用天平

选用天平主要是考虑天平的称量和分度值应满足衡量的要求。天平的选用原则是，被衡量物体的质量既不能超过天平的最大载荷即天平的称量，也不能比天平称量小得太多。这样既能保证天平不致超载而损坏，也能保证衡量达到必要的相对精度。在保证完成分析任务的前提下，尽量选择价格低廉的天平，以避免使用高精度天平造成不必要的浪费。

实训操作

实训一　常用玻璃仪器的洗涤与干燥

一、目的要求

（1）熟练掌握常用玻璃仪器的洗涤步骤。

（2）掌握洗液的配制和使用方法。

（3）掌握仪器的干燥方法。

二、原理

烧杯、试管、滴定管等玻璃仪器是无机及分析化学实验中必不可少的常用仪器，实验前后对玻璃仪器的洗涤是各种化学实验的必要环节。整洁干净的玻璃仪器既是对实验室风貌和实验者素养的展示，又是对实验成功率和数据准确度的奠基。

选择合适溶剂，利用洗涤剂与污物间的化学反应或物理化学作用，使污物脱离器壁后与溶剂一起流走，最后用蒸馏水按“少量多次”原则洗涤干净。洁净玻璃仪器的标准是器壁透明且不挂水珠。针对不同仪器选择合适的干燥方法同样重要。

三、仪器和试剂

1. 仪器

（1）滴定管；

（2）移液管；

（3）容量瓶；

（4）洗耳球；

（5）烧杯；

（6）烘箱；

（7）电吹风机；

（8）酒精灯。

2. 试剂

（1）肥皂；

（2）肥皂液；

（3）洗衣粉；

（4）去污粉；

（5）洗液；

（6）有机溶剂；

（7）蒸馏水。

四、实训内容

玻璃仪器在使用前必须洗净，洗净的玻璃仪器，它的内壁应能被水均匀润湿而无小水珠。

（一）滴定管的洗涤

1. 检漏

洗涤前进行检漏，若有漏液则不能进行洗涤使用。

（1）酸式滴定管主要检查是否漏液、活塞转动是否灵活。检漏方法为：将滴定管装满水垂直置于滴定管架上，静置2min，观察滴定管下口有无水珠滴出，活塞两端缝隙有无水渗出，再把玻璃塞转动180°，重复以上操作，若两次均无水漏出，即可使用。

（2）碱式滴定管使用前同样要检查是否漏水、乳胶管是否老化以及玻璃珠放液是否费劲等。检漏方法是：在碱式滴定管中装满自来水，垂直置于滴定管架上，静置2min，观察下口处有无水滴流出。若漏水，可取下乳胶管，更换新乳胶管或玻璃珠后重复以上操作。

2. 洗涤

（1）无明显油污的滴定管，直接用自来水冲洗或用肥皂水或洗衣粉水泡洗，但不能用去污粉洗以免划伤内壁，影响体积的准确测量。

（2）有油污不易洗净时，用铬酸洗液洗涤。

①酸式滴定管：洗时应将管内的水尽量除去，预先关闭活塞，倒入10~15mL洗液于滴定管中，一手拿住滴定管上端无刻度部分，另一手拿住活塞上部无刻度部分，把管子横过来，两手端住滴定管，边转动边向管口倾斜，直至洗液布满全部管壁为止，然后将滴定管竖起，打开活塞，将铬酸洗液从管尖放出。

②碱式滴定管：洗时则需将胶皮管取下，用小烧杯接在管下部，然后倒入铬酸洗液。铬酸洗液用后仍倒回原瓶内，可继续使用。

（3）油污严重时，需用较多洗液充满滴定管浸泡十几分钟或更长时间，甚至用温热洗液浸泡一段时间。洗液放出后，先用自来水冲洗，再用蒸馏水淋洗3~4次。

每次加入蒸馏水后，要边转动边将管口倾斜，使水布满全管内壁，然后将酸管竖起，打开活塞，使水流出一部分以冲洗滴定管的下端，关闭活塞，将其余的水从管口倒出。对碱式滴定管，从下面放水洗涤时，要用拇指和食指轻轻往一边挤压玻璃球、外面的橡皮管，并随放随转，将残留的蒸馏水全部洗出。洗净的滴定管其内壁应完全被水均匀地润湿而不挂水珠。滴定管的外壁亦应保持清洁。最后用操作溶液洗涤3次，每次用量为10mL，其洗法同蒸馏水荡洗。

3. 注意事项

（1）用自来水洗涤后，应检查滴定管是否漏水。对于酸管，先关闭活塞，装水至“0”线以上，直立约2min，仔细观察有无水滴滴下，然后将活塞转180°，再直立2min，观察有无水滴滴下。对碱管，装水后直立2min，观察是否漏水即可。如发现有漏水或酸管活塞转动不灵活的现象，酸管需将活塞拆下重涂凡士林，碱管需要更换玻璃珠和橡皮管。

（2）活塞涂凡士林的方法：把滴定管平放在桌面上，取下活塞，将活塞和活塞槽用滤纸擦干，用手指沾上少量凡士林，在活塞孔的两边沿圆周涂上一薄层（凡士林不宜涂得太多，尤其是在孔的两边，以免堵塞小孔）。然后把活塞插入槽中，向同一方向转动活塞，直到从外面观察时全部透明为止。如果发现旋转不灵活或出现纹路，表示涂凡士林不够；如果有凡士林从活塞隙缝溢出或被挤入活塞孔，表示涂凡士林太多。凡出现上述情况，都必须重新涂凡士林，最后还应检查活塞是否漏水。

（3）碱式滴定管的玻璃尖嘴及玻璃珠用铬酸洗液洗过后，用自来水冲洗几次后再装好，这时，用自来水和蒸馏水洗涤滴定管时要从管尖放出，并且改变捏的位置，使玻璃珠各部位都得到充分洗涤。

（二）容量瓶的洗涤

（1）使用前检查瓶塞处是否漏水。具体操作方法是：在容量瓶内装入半瓶水，塞紧瓶塞，用右手食指顶住瓶塞，另一只手五指托住容量瓶底，将其倒立（瓶口朝下），观察容量瓶是否漏水。若不漏水，将瓶正立且将瓶塞旋转180°后，再次倒立，检查是否漏水，若两次操作，容量瓶瓶塞周围皆无水漏出，即表明容量瓶不漏水。经检查不漏水的容量瓶才能使用。

（2）自来水洗涤若干次，较脏（内壁挂水珠）时，可用铬酸洗液洗涤，洗涤时将瓶内水尽量倒空，然后倒入铬酸洗液10~20mL，盖上塞，边转动边向瓶口倾斜，至洗液布满全部内壁。放置数分钟，倒出洗液，用自来水充分洗涤，再用适量蒸馏水润洗3次。

（三）移液管的洗涤

（1）洗涤前，应先检查移液管或吸量管的管口和尖嘴有无破损，若有破损则不能使用。

（2）自来水洗涤若干次，较脏（内壁挂水珠）时，可用铬酸洗液洗净。使其内壁下端的外壁均不挂水珠，用滤纸片将流液口内外残留的水擦掉。

（3）蒸馏水润洗：自来水洗净后，要用蒸馏水润洗2~3次。方法是：用洗净并烘干的小烧杯盛装蒸馏水，左手拿洗耳球，挤压球部，将洗耳球的尖端紧贴管口，慢慢松开左手，使蒸馏水缓慢吸入管内，至1/4处时，移去洗耳球，立即用右手食指按紧管口，并旋转将管横过来，用两手的拇指及食指分别拿住移液管的两端，转动移液管并使蒸馏水布满全管内壁，当溶液流至距上口2~3cm时，将管直立，使蒸馏水由尖嘴（流液口）放出，弃去。

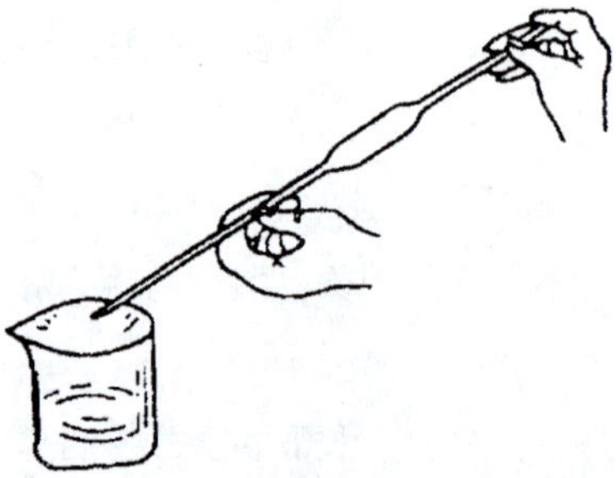

图1-1　移液管洗涤操作

（4）欲移取溶液润洗：移取溶液前，先用欲移取的溶液淋洗三次，方法同蒸馏水润洗步骤，需要注意的是，吸取溶液润洗时，尽量勿使溶液回流，以免稀释。如图1-1所示。

（四）滴定管、容量瓶、移液管的干燥

对于滴定管、移液管、容量瓶等有刻度的玻璃容器，不能用加热干燥法干燥，会影响仪器的精密度，可以采用以下方法。

1. 自然晾干

如果不急用，在洗净后，可以放置在仪器架或洁净的仪器柜内自然沥干。

2. 吹干

将仪器倒置沥去水分，用电吹风的热风或气流烘干玻璃仪器。

3. 用有机溶剂干燥（快干）

如急用，可以用一些易挥发的有机溶剂（如酒精或酒精与丙酮的混合液）加到洗净的仪器中，把仪器倾斜，转动仪器，使器壁上的水与有机溶剂混合，然后倾出，少量残留在仪器内的混合液，很快挥发使仪器干燥。

五、注意事项

1. 洗涤注意事项

（1）使用洗液前最好用水或去污粉把仪器洗一遍；

（2）应该尽量把仪器的水去掉，以免把洗液冲稀；

（3）洗液用后倒回原瓶，可以重复使用，装洗液的瓶塞盖紧，以防止洗液吸水而被冲淡；

（4）洗液具有很强的腐蚀性，会灼伤皮肤和破坏衣物，使用时要小心，如洗液溅到皮肤或衣物上，应立即用水清洗；

（5）用上述方法洗涤后，还要用自来水冲洗，但自来水中含有钙、镁、氯等离子，如果实验中不允许这些杂质存在，应再用少量的蒸馏水荡洗两次，以便把它们洗去；

（6）洗净的仪器倒转过来，水即顺器壁流下，器壁上只留下一层既薄又均匀的水膜，不挂水珠，这表示仪器已经洗干净。

2. 干燥注意事项

（1）带有刻度的计量仪器，不能用加热的方法进行干燥，以免影响其精密度；

（2）不同仪器选择其合适的干燥方法进行干燥。

六、问题探究

（1）请说出常用玻璃仪器的洗涤方法。

（2）请说出常用洗涤剂的分类和用途。

（3）玻璃器皿常见的洗涤方法都有哪些？

（4）常用玻璃仪器的干燥方法有哪些？

实训二 铬酸洗涤液（铬酸洗液）的配制

一、目的要求

（1）掌握铬酸洗涤液（铬酸洗液）的配制方法。

（2）掌握托盘天平、烧杯、量筒等的正确使用方法。

二、原理

铬酸洗液由重铬酸钾（或重铬酸钠）和浓硫酸配制而成，其清洁效力主要应用其强氧化性和强酸性。铬酸越多，硫酸越浓，其清洁效力也就越强，当洗液变绿色后则不宜应用。

三、仪器和试剂

1. 仪器

（1）烘箱；

（2）托盘天平；

（3）烧杯；

（4）量筒；

（5）玻璃棒。

2. 试剂

（1）重铬酸钾（$K_2Cr_2O_7$）；

（2）浓硫酸（H_2SO_4）；

（3）蒸馏水。

四、实训内容

1. 称取样品

将20g研细的重铬酸钾放入大烧杯中。

2. 加水溶解

加入蒸馏水（40mL），放在石棉网上加热至沸腾并搅拌，使重铬酸钾充分溶解，待溶解后，冷却。

3. 加入硫酸

冷却后，将重铬酸钾液倒入酸缸中，然后缓慢加入浓硫酸（360mL），并用一长玻璃棒不断搅拌，充分混合溶解。

4. 冷却、装瓶备用

冷却后，装入洗液瓶，贴上标签标识备用。

新配制的洗液为红褐色，氧化能力很强，当洗液用久后变为黑绿色（可加入固体高锰酸钾使其再生），即说明洗液无氧化洗涤力。

五、注意事项

（1）洗液具强腐蚀性，操作时务必注意安全，穿戴好耐酸手套和围裙，防止洗液溅到皮肤和衣物上。万一不慎溅到皮肤上应立即用大量清水冲洗。

（2）溶解重铬酸钾的蒸馏水，最好是用热的，会提高重铬酸钾的溶解性。

（3）配制前，用研钵把重铬酸钾磨得越细越好，研成细细的黄色粉末（注意戴防护口罩）。

（4）不能将水或溶液加入浓硫酸中，整个过程防止吸水。

（5）太脏或盛过有机物的仪器应先用自来水洗一遍。加洗液前要尽量去掉仪器内的水，以减少对洗液的稀释（过度的稀释，会使其失效，可在加热蒸去大部分水分后继续使用）。

（6）洗液倒入要洗的仪器中，应使仪器周壁全浸洗后稍停一会儿再倒回洗液瓶，第一次用少量水冲洗刚浸洗过的仪器后，废水不要倒在水池里和下水道里，长久会腐蚀水池和下水道，应倒在废液缸中。

（7）洗液应反复使用，用后倒回原瓶并随时盖严，以防吸水。由于六价铬的毒性较大，大量使用会污染环境，所以凡不必要使用铬酸洗液的仪器则应选用其他洗涤剂。洗液主要用于容量瓶、移液管、吸量管及滴定管的洗涤。

六、问题探究

（1）铬酸洗液有其他的配制方法吗？

（2）铬酸洗液如何再生？

（3）铬酸废液如何处理？

（4）除了铬酸洗液外，还有哪些常用的洗涤剂？

模块二 滴定分析概论

学习目标

1. 了解滴定分析法的原理、分类、特点、滴定分析的反应条件及滴定分析的方式。
2. 了解基准物质的定义及基准物质应具备的条件。
3. 掌握标准溶液的配制方法。
4. 掌握滴定分析中的定量计算公式及其应用。

必备知识

知识点一 滴定分析法概述

滴定分析是将一种已知准确浓度的试剂溶液（即标准滴定溶液）滴加到待测物质的溶液中，直到所加试剂与待测组分按化学计量关系完全反应为止，根据试剂溶液的浓度和用量计算出待测组分的含量。适用于测定常量组分（即组分含量大于1%，取样量大于0.1g，滴定体积大于10mL）的滴定分析。其特点是仪器设备简单，操作简便，快速准确，应用广泛，分析的相对误差只有0.1%~0.2%。

一、滴定分析中常用的名词概念

1. 基准物质

指能用于直接配制或标定标准滴定溶液的物质。

2. 基本单元

可以是原子、分子、离子、电子及其他粒子，或者是这些粒子的特定组合。

3. 标准滴定溶液

指用基准物质标定或直接配制的已知准确浓度的溶液，也称滴定剂。

4. 滴定

指将标准滴定溶液通过滴定管滴加到待测组分溶液中的过程。

5. 标定

指将试剂按大致所需浓度配制成溶液，再用基准物质（或另一种标准滴定溶液）测定其准确浓度的操作过程。

6. 滴定度

指每毫升标准滴定溶液相当待测组分的质量，用$T_{B/A}$表示。

7. 化学计量点

在滴定过程中，当所加入的标准滴定溶液与待测组分恰好反应完全时，称反应到达了化学计量点。

8. 指示剂

为了确定化学计量点，常在试液中加入一种少量物质，借助它的颜色变化来指示化学计量点的到达，这种物质称为指示剂。

9. 试液

含有待测组分的溶液。

10. 滴定终点

在滴定过程中，当指示剂颜色发生突变而停止滴定时称为滴定终点。

二、滴定分析对化学反应的要求

（1）反应要按一定的化学反应式进行，即反应具有确定的化学计量关系，不发生副反应。

（2）反应必须定量进行，通常要求反应完全程度≥99.9%。

（3）反应速率要快。可以通过加热、增加反应物浓度或加入催化剂等措施来加快反应速率。

（4）有适当的方法确定滴定的终点。

三、滴定分析法的分类

滴定分析法分为四类：即酸碱滴定法、配位滴定法、氧化还原滴定法和沉淀滴定法。

1. 酸碱滴定法

酸碱滴定法是以酸碱中和反应为基础的一种滴定分析方法。可用于测定酸、碱和两性物质。其基本反应为：

$$H^+ + OH^- = H_2O$$

2. 配位滴定法

配位滴定法是以配位反应为基础的一种滴定分析方法。可用于对金属离子进行测定。通常用EDTA（简写为Y）作配位剂。其基本反应为：

$$M + Y \rightleftharpoons MY$$ （M表示金属离子）

3. 氧化还原滴定法

氧化还原滴定法是以氧化还原反应为基础的一种滴定分析方法。可用于对具有氧化还原性质的物质或某些不具有氧化还原性质的物质进行测定，如重铬酸钾法测定铁，其基本反应为：

$$Cr_2O_7^{2-} + 6Fe^{2+} + 14H^+ = 2Cr^{3+} + 6Fe^{3+} + 7H_2O$$

4. 沉淀滴定法

沉淀滴定法是以沉淀反应为基础的一种滴定分析方法。可用于对Ag^+、CN^-、SCN^-及卤素离子进行测定，如银量法其基本反应为：

$$Ag^+ + Cl^- = AgCl\downarrow$$

四、滴定分析的方式

滴定分析的方式有四种：即直接滴定法、返滴定法、置换滴定法、间接滴定法。

1. 直接滴定法

用标准滴定溶液直接滴定待测物质的溶液的方法，称为直接滴定法。一般能满足滴定分析要求的反应，都可用直接滴定法。例如用盐酸标准滴定溶液滴定未知含量的碱溶液；用EDTA标准滴定溶液滴定水的硬度；用$K_2Cr_2O_7$标准滴定溶液滴定Fe^{2+}等。

2. 返滴定法

当反应进行较慢或反应物是固体，滴定剂与之反应不能立即完成，或没有合适的指示剂时，可在待测物（溶液或固体）中加入一定量过量的标准滴定溶液，待反应完全后，再用另一种标准滴定溶液滴定剩余的标准滴定溶液。由加入标准滴定溶液的总量及另一标准滴定溶液的用量，求得待测组分的含量。例如，Al^{3+}与EDTA的反应速率很慢，通常在测定Al^{3+}时，在Al^{3+}试液中加入一定量过量的EDTA标准滴定溶液并加热，在反应完全后，用Zn^{2+}标准滴定溶液滴定剩余的EDTA。

3. 置换滴定法

置换滴定法是先加入适当的试剂与待测组分定量反应，生成另一种可滴定的物质，再利用标准溶液滴定此反应产物，由标准滴定溶液消耗量、反应产物和待测组分的计量关系，计算待测组分的含量。这种滴定方式主要用于因滴定反应没有定量关系或伴有副反应而无法直接滴定的测定。例如，用$K_2Cr_2O_7$标定$Na_2S_2O_3$溶液的浓度时，就是以一定量的$K_2Cr_2O_7$在酸性溶液中与过量的KI作用，析出相当量的I_2，以淀粉为指示剂，用$Na_2S_2O_3$溶液滴定析出的I_2，进而求得$Na_2S_2O_3$溶液的浓度。

4. 间接滴定法

某些待测组分不能直接与滴定剂反应，但可通过其他的化学反应，间接测定其含量。例如溶液中Ca^{2+}几乎不发生氧化还原的反应，但利用它与$C_2O_4^{2-}$作用形成CaC_2O_4沉淀，过滤洗净后，加入H_2SO_4使其溶解，用$KMnO_4$标准滴定溶液滴定$C_2O_4^{2-}$，就可间接测定Ca^{2+}的含量。

知识点二　基准物质与标准溶液

一、基准物质

1. 基准物质应具备的条件

（1）性质稳定、易溶解。加热干燥时不分解，称量时不吸湿，不吸收空气中的CO_2，不风化。

（2）必须具有足够的纯度，其纯度一般为99.9%以上。

（3）物质的组成与化学式相符。若物质中含结晶水时，如硼砂$Na_2B_4O_7 \cdot 10H_2O$其结晶水的数量也应与化学式一致。

（4）具有较大的摩尔质量，可减少因称量造成的误差。

（5）按反应式定量进行，没有副反应。

2. 常用的基准物质

常用的基准物质见表2-1。

表2-1　常用的基准物质

基准物质		干燥温度/℃	应用
名称	化学式		
碳酸氢钠	$NaHCO_3$	270～300	标定酸
无水碳酸钠	Na_2CO_3	270～300	标定酸
硼砂	$Na_2B_4O_7 \cdot 10H_2O$	放在装有NaCl和蔗糖饱和溶液的干燥器中	标定酸
二水合草酸	$H_2C_2O_4 \cdot 2H_2O$	室温空气干燥	标定碱或$KMnO_4$
草酸钠	$Na_2C_2O_4$	105±2	标定氧化剂
邻苯二甲酸氢钾	$KHC_8H_4O_4$	105～110	标定碱

续表

基准物质		干燥温度/℃	应用
名称	化学式		
重铬酸钾	$K_2Cr_2O_7$	120±2	标定还原剂
溴酸钾	$KBrO_3$	130	标定还原剂
碳酸钙	$CaCO_3$	110	标定EDTA
锌	Zn	室温，干燥器中保存	标定EDTA
氧化锌	ZnO	800	标定EDTA
氯化钠	NaCl	500~600	标定$AgNO_3$
氯化钾	KCl	500~600	标定$AgNO_3$
硝酸银	$AgNO_3$	硫酸干燥器中保存	标定氯化物

二、标准滴定溶液浓度的表示方法

标准滴定溶液的浓度通常用物质的量浓度和滴定度表示。

1. 物质的量浓度

物质的量浓度是指单位体积溶液所含溶质A的物质的量。用符号c_A表示，单位为mol/L。即物质的量浓度（mol/L）=溶质的物质的量（mol）/溶液的体积（L）。

$$c_A = \frac{n_A}{V} \qquad (2-1)$$

式中 c_A——溶液物质的量浓度，mol/L；

n_A——溶质A的物质的量，mol；

V——溶液的体积，L。

物质的量数值取决于基本单元（A）的选择，同样质量的物质，其物质的量可因选用的基本单元不同而不同。98.07g的硫酸以H_2SO_4为基本单元时，$n(H_2SO_4)$为1mol，以$\frac{1}{2}H_2SO_4$为基本单元时，则$n(\frac{1}{2}H_2SO_4)$为2mol。所以在使用物质的量浓度和摩尔质量时，必须指明基本单元。

【例2-1】已知1L溶液中含纯H_2SO_4 9.807g，分别以H_2SO_4和$\frac{1}{2}H_2SO_4$为基本单元时，求硫酸溶液的物质的量浓度为多少？

解：（1）以H_2SO_4为基本单元时

$$M(H_2SO_4) = 98.07g/mol$$

$$n(H_2SO_4) = \frac{9.807}{98.07} = 0.1000mol$$

$$c(H_2SO_4)=\frac{0.1000}{1}=0.1000mol/L$$

（2）以 $\frac{1}{2}H_2SO_4$ 为基本单元时

$$M(\frac{1}{2}H_2SO_4)=49.04g/mol$$

$$n(\frac{1}{2}H_2SO_4)=\frac{9.807}{49.04}==0.2000mol$$

$$c(\frac{1}{2}H_2SO_4)=\frac{0.2000}{1}=0.2000mol/L$$

2. 滴定度

滴定度是指每毫升标准滴定溶液（A）相当于待测组分（B）的质量，用 $T_{B/A}$表示。例如$T_{(CaO/HCl)}$=0.005600g/mL，表示HCl溶液对CaO的滴定度（即1mL盐酸相当于0.005600g的CaO）。

滴定度这种表示方法在实际生产中控制分析时使用最为方便，在用滴定度计算分析对象含量时，只需将滴定度乘以所消耗标准滴定溶液的体积即可求得被测物的质量。例如：用$T_{Fe/K_2Cr_2O_7}$=0.003351g/mL的$K_2Cr_2O_7$溶液滴定Fe^{2+}，消耗25.50mL，则该试样中Fe的质量为 $m=T\times V$=0.003351×25.50=0.08545g。

三、一般溶液的配制

1. 溶质为固体物质

$$c=\frac{m}{MV} \tag{2-2}$$

式中 c——溶液的物质的量浓度，mol/L；

m——溶质的质量，g；

V——溶液的体积，L；

M——溶质的摩尔质量，g/mol。

2. 溶质为液体物质

依据稀释前后溶液中所含溶质的物质的量不变，则

$$c_{前}V_{前}=c_{后}V_{后} \tag{2-3}$$

式中 $c_{前}$——稀释前溶液物质的量浓度，mol/L；

$V_{前}$——稀释前溶液的体积，L；

$c_{后}$——稀释后溶液物质的量浓度，mol/L；

$V_{后}$——稀释后溶液的体积，L。

四、标准溶液的配制

标准溶液是指已知准确浓度的溶液，它是滴定分析中进行定量计算的依据

之一。不论采用何种滴定方法，都离不开标准溶液。因此正确地配制标准溶液，确定其准确浓度，妥善地贮存标准溶液，直接关系到滴定分析结果的准确性。标准溶液的配制方法一般有以下两种，即直接配制法和间接配制法（又称标定法）。

1. 直接配制法

用电子分析天平准确称取一定质量的待溶固体物质，放在小烧杯中，溶于适量水后定量转入容量瓶中，稀释至标线，定容并摇匀，并根据称取物质的质量和容量瓶的体积计算该溶液的准确浓度。如果是浓溶液稀释，则用移液管吸取一定体积的浓溶液，放入容量瓶中，稀释至标线，定容并摇匀，并依据稀释前后溶液中所含溶质的物质的量不变，计算该溶液的准确浓度。

例如配制250mL，0.1000mol/L的Na_2CO_3标准溶液：先计算所需Na_2CO_3的质量$m = n \times M = c \times V \times M = 0.1000 \times 0.2500 \times 105.99 = 2.6500g$。称取2.6500g Na_2CO_3置于烧杯中，加适量蒸馏水将其溶解后，将溶液沿玻璃棒转移到250mL容量瓶中，用少量蒸馏水冲洗3次，将冲洗液移入容量瓶中，在操作过程中不能损失点滴液体，否则会使溶液的浓度偏低。向容量瓶中注入蒸馏水近刻度1cm处，改用胶头滴管滴加蒸馏水至溶液凹液面与刻度线相切，若加水超过刻度线，会造成溶液浓度偏低，应该弃去重做。最后盖好瓶盖上下摇匀，将配好的溶液移入试剂瓶中并贴好标签。

凡是能满足基准物质必备条件的试剂都可以用直接法配制标准溶液。但许多化学试剂由于不纯、不易提纯或在空气中不稳定等原因，因而不能用直接法配制标准溶液。如NaOH是白色固体，暴露在空气中易潮解、易溶于水、易吸收CO_2生成碳酸钠（$2NaOH+CO_2 = Na_2CO_3+H_2O$）；盐酸为挥发性酸，浓盐酸中挥发出来氯化氢气体跟空气中的水蒸气接触形成的小液滴，在空气里会生成白雾；$KMnO_4$和$Na_2S_2O_3$等均不易提纯，且见光分解，在空气中不稳定等。因此这类试剂不能用直接法配制标准溶液，只能使用间接配制法。

2. 间接配制法（标定法）

间接配制法一般是先将试剂配成接近于所需浓度的溶液，然后用基准物质（或另一种标准滴定溶液）来测定其准确浓度。这种利用基准物质（或用已知准确浓度的溶液）来确定标准溶液浓度的操作过程称为标定，所以又可称为标定法。

（1）用基准物质标定　准确称取一定量的基准物质，溶解后用待标定的溶液滴定。根据基准物质的质量和待标定溶液所消耗的体积，可以计算出该溶液的准确浓度，即$c = \frac{m}{MV}$。这种方法称为基准试剂标定法。

例如HCl标准溶液的配制与标定：一般是先配制成接近于所需浓度的溶

液，然后用基准物质无水碳酸钠来标定HCl溶液的准确浓度。

大多数标准溶液的准确浓度是通过标定的方法确定的。为了提高标定的准确度，标定时一般应平行测定3次且测定结果的相对偏差不大于0.2%。为了减少测量误差，称取基准物质的质量最好在0.2g以上，滴定到终点时消耗标准溶液的体积最好在20mL以上。

标定好的标准溶液应该妥善保存，避免因水分蒸发而使溶液浓度发生变化。有些不够稳定，如见光易分解的$AgNO_3$和$KMnO_4$等标准溶液应贮存于棕色瓶中并置于暗处保存。能吸收空气中CO_2并对玻璃有腐蚀作用的强碱溶液，最好放在塑料瓶中保存。对不稳定的标准溶液，久置后在使用前还需重新标定其浓度。

（2）用标准滴定溶液标定　准确吸取一定量的待标定溶液，用已知准确浓度的标准滴定溶液滴定，或者准确吸取一定量的已知准确浓度的标准滴定溶液，用待标定溶液滴定，根据两种溶液所消耗的毫升数和已知的浓度，即可计算出待标定溶液的准确浓度，$c_{标准}V_{标准}=c_{待定}V_{待定}$。这种方法也称为互标法或比较法。

显然这种方法不如基准试剂标定法好，因为标准滴定溶液的浓度如果不准确，就会直接影响待标定溶液浓度的准确性，所以通常采用基准试剂标定法进行标定。

知识点三　滴定分析的计算

一、基本单元的确定

滴定分析计算的依据是等物质的量反应规则，即在滴定反应中，如选定适当的基本单元，标准溶液（A）和被测物质（B）反应完全时，消耗的两物质的量相等。

例如反应$a\text{A} + b\text{B} = d\text{D} + e\text{E}$达化学剂量点时，$n\left(\frac{1}{b}\text{A}\right) = n\left(\frac{1}{a}\text{B}\right)$。也就是说标准溶液（A）的基本单元为$\frac{1}{b}\text{A}$，被测物质（B）的基本单元为$\frac{1}{a}\text{B}$。

应用等物质的量反应规则进行滴定分析计算，关键在于选择基本单元。滴定分析中，被测组分与标准溶液之间是严格按照化学计量关系进行反应的，如果标准溶液的基本单元确定了，那么被测组分的基本单元就不再是任意的，它由标准溶液的基本单元来确定。

滴定分析中确定被测组分基本单元的步骤：

（1）写出有关的化学反应方程式，并将其配平。

（2）找出被测物质与标准溶液的化学计量数。

（3）依照等物质的量反应规则 $n(\frac{1}{b}A) = n(\frac{1}{a}B)$，确定标准溶液的基本单元。

例如用基准无水碳酸钠标定HCl溶液的浓度时，其反应为:

$$2HCl+Na_2CO_3 = 2NaCl+CO_2\uparrow +H_2O$$

HCl标准溶液的基本单元为1HCl，Na_2CO_3的基本单元为$\frac{1}{2}Na_2CO_3$。

二、滴定分析中的计算示例

1. 溶液的稀释

依据稀释定律即稀释前后溶液中所含溶质的物质的量不变，即$c_{前}V_{前}=c_{后}V_{后}$。

【例2-2】欲配制浓度为0.1mol/L的稀盐酸180mL，需要量取物质的量浓度为12mol/L的盐酸多少毫升？

解：根据$c_{前}V_{前}=c_{后}V_{后}$

$$12\times V_{HCl}=0.1\times 180$$

$$V_{HCl}=1.5mL$$

2. 标准溶液与被滴定物质之间的计算

$$c(A)V(A)=\frac{m(B)}{M(B)} \tag{2-4}$$

式中 $c(A)$——标准溶液A的物质的量浓度，mol/L；

$m(B)$——被测组分B的质量，g；

$V(A)$——标准溶液A的体积，L；

$M(B)$——被测组分B的摩尔质量，g/mol。

【例2-3】用基准无水碳酸钠标定HCl溶液的浓度，称取0.2023g Na_2CO_3，滴定至终点时消耗HCl溶液37.70mL，计算HCl 溶液的浓度。

解：已知$M(Na_2CO_3)$=105.99g/mol

$$2HCl+Na_2CO_3 = 2NaCl+CO_2\uparrow +H_2O$$

Na_2CO_3的基本单元为$\frac{1}{2}Na_2CO_3$

$$M(\frac{1}{2}Na_2CO_3)=53.00g/mol$$

$$c(HCl)=\frac{m(Na_2CO_3)}{M(\frac{1}{2}Na_2CO_3)V(HCl)}=\frac{0.2023}{53.00\times 0.03770}=0.1012(mol/L)$$

3. 被滴定物质含量（质量分数）的计算

$$w(B)=\frac{c(A)\cdot V(A)\cdot M(B)}{m_s}\times 100\% \qquad (2-5)$$

式中　$w(B)$——待测组分B的质量分数，%；

m_s——样品的质量，g；

$c(A)$——标准溶液A的物质的量浓度，mol/L；

$V(A)$——标准溶液A的体积，L；

$M(B)$——待测组分B的摩尔质量，g/mol。

【例2-4】称取硫酸试样1.4989g，稀释，于250mL容量瓶中定容至刻度，摇匀。移取该溶液25.00mL，用0.1039mol/L的氢氧化钠标准滴定溶液滴定，消耗26.12mL达计量点，求试样中硫酸的含量。

解：已知$M(H_2SO_4)=98.07g/mol$

$$2NaOH+H_2SO_4 = Na_2SO_4+2H_2O$$

$M(\frac{1}{2}H_2SO_4)=49.04g/mol$

$$w(H_2SO_4)=\frac{c(NaOH)V(NaOH)M(\frac{1}{2}H_2SO_4)}{m_s}\times 100\%$$

$$=\frac{0.1039\times 0.02612\times 49.04}{1.4989\times\frac{25}{250}}\times 100\%$$

$$=88.79\%$$

4. 滴定度的计算

$$T_{B/A}=c(A)\cdot M(B)\times 10^{-3} \qquad (2-6)$$

式中　$T_{B/A}$——滴定度，g/mL；

$c(A)$——标准溶液A的物质的量浓度，mol/L；

$M(B)$——被测组分B的摩尔质量，g/mol。

【例2-5】HCl标准溶液的浓度为0.09908mol/L，HCl标准溶液对NaOH的滴定度$T_{NaOH/HCl}$为多少？

解：已知$M(NaOH)=40.00\ g/mol$

$$HCl+NaOH = NaCl+H_2O$$

$$T_{NaOH/HCl}=c(HCl)\times M(NaOH)\times 10^{-3}$$

$$=0.09908\times 40.00\times 10^{-3}$$

$$=0.003963g/mL$$

思考练习

一、名词解释

化学计量点　滴定终点　基准物质　标定　滴定度　标准溶液　试液　滴定　指示剂　　基本单元

二、填空题

1. 滴定分析的方式有__________、__________、____________和__________。

2. 固体物质的称样方法包括____________和____________。

3. 标准滴定溶液的配制方法有____________和____________。

4. 滴定分析法分为__________、__________、__________和__________。

5.滴定分析中准确测量溶液体积的容量器皿主要有__________、__________、____________和____________。

6. 欲配制1mol/L的氢氧化钠溶液250mL，完成下列步骤：

（1）用天平称取氢氧化钠固体____g。

（2）将称好氢氧化钠固体放入____中加____蒸馏水将其溶解，待____后，将溶液沿____移入____mL的容量瓶中。

（3）用少量蒸馏水冲洗____次，将冲洗液移入____中，在操作过程中不能损失点滴液体，否则会使溶液的浓度偏____（低或高）。

（4）向容量瓶内加水至刻度线____时，改用____小心加水至溶液凹液面与刻度线相切，若加水超过刻度线，会造成溶液浓度偏____，应该____。

（5）最后盖好瓶盖____，将配好的溶液移入____中并贴好标签。

三、选择题

1. 准确量取溶液2.00mL时，应使用（　　）。

A. 量筒　　B. 量杯　　C. 吸量管　　D. 滴定管

2. 滴定操作时，眼睛应（　　）。

A. 为了防止滴定过量，眼睛应一直注意滴定管溶液的下降情况

B. 可以四处张望

C. 一直观察锥形瓶内溶液颜色的变化

D. 没有特别的要求

3. 将数字0.350，0.4500，1.050分别取舍到只保留一位小数，结果为（　　）。

A. 0.4，0.4，1.0　　B. 0.4，0.5，1.1

C. 0.3，0.4，1.0　　D. 0.4，0.4，1.1

4.已知重铬酸钾标准溶液对铁的滴定度为：0.008378g/mL。如果称取0.5000g

铁试样，用重铬酸钾标准溶液在酸性介质中滴定消耗23.42mL，则该试样中铁的含量是（　　）。

A. 39.24%　　B. 19.62%　　C. 78.49%　　D. 98.11%

5. 含S的有机试样0.471g，在氧气中燃烧，使S氧化为SO_2，用预先中和过的H_2O_2将SO_2吸收，全部转化为硫酸，用0.1080mol/L的KOH标准溶液滴定至终点，消耗28.27mL，则该试样中S的含量是（　　）。

A. 10.4%　　B. 20.7%　　C. 41.46%　　D. 20.73%

6. 将7.3550g的重铬酸钾溶于水后，正确稀释至1L，则在酸性溶液中，该标准溶液对铁的滴定度为：（　　）（已知铁的相对原子质量为55.85，重铬酸钾的相对分子质量为294.19）。

A. 0.02500g/mL　B. 0.1000g/mL　C. 0.008378g/mL　D. 0.01500g/mL

7. $Na_2B_4O_7 \cdot 10H_2O$作为基准物用于标定盐酸，如果将其置于干燥器中保存，所标定的盐酸浓度（　　）。

A. 偏高　　B. 偏低　　C. 产生随机误差　　D. 没有影响

8. 标定$KMnO_4$溶液的基准物质是（　　）。

A. 碳酸钠　　B. 草酸钠　　C. 氧化锌　　D. 邻苯二甲酸氢钾

9. 标定EDTA溶液的基准物质是（　　）。

A. 碳酸钠　　B. 草酸钠　　C. 氧化锌　　D. 邻苯二甲酸氢钾

10. 已知$T_{H_2SO_4/NaOH}$=0.01000g/mL，则NaOH的浓度应为（　　）mol/L。

A. 0.1020　　B. 0.2039　　C. 0.5100　　D. 0.2

四、判断题

1. 滴定管、容量瓶、移液管在使用之前都需要用试剂溶液进行润洗。（　　）
2. 移液管移取溶液经过转移后，残留于移液管管尖处的溶液应该用洗耳球吹入容器中。（　　）
3. 一般滴定分析用标准溶液在常温下使用两个月后，必须重新标定浓度。（　　）
4. 分析测定结果的偶然误差可通过适当增加平行测定次数来减免。（　　）
5. 2.53350修约为四位有效数字的结果是2.534。（　　）
6. 滴定管属于量出式容量仪器。（　　）
7. 用$KMnO_4$标准滴定溶液进行滴定时，应采用棕色酸式滴定管。（　　）
8. 滴定操作在开始时，滴定速率一般控制为每秒3~4滴。（　　）
9. 标定$Na_2S_2O_3$标准滴定溶液的基准物质是Na_2CO_3。（　　）
10. Na_2CO_3因吸潮带有少量湿存水，用来标定HCl溶液的浓度时，结果偏低。（　　）

五、简答与计算题

1. 什么是滴定分析？其特点是什么？

2. 基准物质应具备的条件有哪些？

3. 欲配制250mL，1mol/L的硫酸铜溶液，其操作步骤有哪些？

4. 称取基准物质0.1510g Na_2CO_3，标定HCl溶液的浓度，消耗HCl溶液的体积为24.60mL，计算HCl溶液的浓度为多少？

5. 3.16g Na_2CO_3溶于60mL水中，计算Na_2CO_3溶液的浓度为多少？

6.铁矿试样0.5000g，溶解后用$T_{Fe/K_2Cr_2O_7}$=0.003351g/mL的$K_2Cr_2O_7$溶液滴定Fe^{2+}，消耗25.50mL，求试样中Fe的含量。

7. 准确量取30.00mL HCl溶液，用0.09026mol/L NaOH溶液滴定，到达化学计量点时消耗NaOH溶液的体积为31.93mL，计算HCl溶液的物质的量浓度。

8. 标定时用去0.1000mol/L NaOH溶液30.00mL，问应称取基准试剂邻苯二甲酸氢钾多少克？如果改用草酸（$H_2C_2O_4 \cdot 2H_2O$）作基准物质，又应称取多少克？

9. 计算0.1135mol/L HCl溶液对CaO的滴定度？

10. 配制0.02000mol/L $K_2Cr_2O_7$标准溶液250mL，需称取$K_2Cr_2O_7$多少克？

阅读与拓展

资料一　容量瓶的使用

容量瓶主要用于准确配制一定浓度的溶液。它是一种细长颈梨形的平底玻璃瓶，配有磨口塞。瓶颈上刻有标线，当瓶内液体在所指定温度下达到标线处时，其体积即为瓶上所注明的容积数。常用的容量瓶有100、250、500、1000mL等多种规格。

一、容量瓶的检查

容量瓶使用前必须检查瓶塞是否漏水。具体做法是在瓶中加自来水至标线，塞紧磨口塞，用左手食指按住塞子，右手托住瓶底边缘，将瓶倒立2min，观察瓶口是否有水渗出，如不漏水，将瓶直立后转动瓶塞180°，再倒立试漏，如不漏水即可使用。为使瓶塞不被沾污和弄混，可用橡皮筋将塞子系在瓶颈上。磨口塞与瓶子是配套的，不配套会引起漏水。

二、容量瓶的洗涤

（1）比较洁净的容量瓶可先用自来水洗几次，再用蒸馏水洗涤3次，至其内壁不挂水珠后备用。一般蒸馏水的用量为每次15~20mL左右。

（2）不太干净的容量瓶可用去污粉或合成洗涤剂浸泡，摇动几分钟后，倒回原瓶，然后用自来水冲洗干净，再用蒸馏水清洗3次。用上述方法仍洗不净时，必须用铬酸洗液洗涤，先尽量倒出瓶内残留的水（以免稀释洗液），再加入10~20mL洗液，倾斜转动容量瓶，使洗液布满内壁，可放置一段时间，然后将洗液倒回原瓶中，再用自来水充分冲洗容量瓶和瓶塞，最后用蒸馏水洗涤3次。

三、容量瓶的使用——一定物质的量浓度的溶液的配制

一定物质的量浓度的溶液的配制包括计算、称量、溶解、转移、稀释、振荡、定容、摇匀及装瓶等步骤。见图2-1。

1. 计算

计算溶质的质量（固体溶质）或体积（液体溶质）。

2. 称量或量取

称量固体溶质的质量或量取液体溶质的体积。

3. 溶解

将待溶固体称出置于小烧杯中，加入少量的水使其溶解，并用玻璃棒不断搅拌（浓硫酸溶解时，只能将浓硫酸注入水中，切不可将水倒入浓硫酸）。

4. 转移

一手拿玻璃棒，一手拿烧杯，使烧杯嘴紧靠玻璃棒，玻璃棒伸入容量瓶中，棒的下端应靠在瓶颈内壁上（不要太接近瓶口以免有溶液溢出），将溶液从烧杯中沿玻璃棒注入容量瓶中（若溶解时有较大的热效应，溶解后形成的溶液必须恢复至室温后再转移）。待溶液倒完后，将烧杯沿玻璃棒轻轻上提，同时将烧杯直立，使附在玻璃棒和烧杯嘴之间的液滴回到烧杯中，并将玻璃棒放回烧杯。然后用洗瓶吹洗玻璃棒和烧杯内壁，将残留在烧杯中的少许溶液定量地转移到容量瓶中。如此吹洗定量转移溶液的操作，一般应重复5次以上，以保证转移干净。如果是浓溶液稀释，则用移液管吸取一定体积的浓溶液，放入容量瓶中，再按下述方法稀释。

5. 稀释

加蒸馏水稀释至容量瓶容积的2/3。

6. 振荡

将容量瓶拿起，按同一方向旋摇容量瓶，使进入容量瓶的溶液初步混匀。

7. 定容

继续加蒸馏水至距离标度刻线约1cm处，等待1~2min，使附在瓶颈内壁的溶液流下后，改用胶头滴管滴加蒸馏水至溶液弯月面下沿与标线相切，塞好容量瓶的瓶塞。

8. 摇匀

以食指压住瓶盖，其余手指拿住瓶颈标线以上部分，用另一只手手指尖托住瓶底边缘，然后将容量瓶倒转并摇动，再倒转过来，如此反复摇动15次，使溶液充分混合摇匀。

9. 装瓶

把容量瓶内的已配好的溶液倒入洁净、干燥的试剂瓶，盖好瓶塞，在瓶体上贴好写明溶液名称、浓度的标签备用。

(1) 试漏　　(2) 溶液转移　　(3) 溶液混匀

图2-1　容量瓶操作

四、注意事项

（1）容量瓶是有刻度的精密玻璃量器，不宜放在烘箱中烘烤，也不能放在电炉等加热器上加热。

（2）使用容量瓶时，不要将其玻璃磨口塞随便取下放在桌面上，以免沾污和弄混。

（3）容量瓶不宜长期保存试剂溶液，因为溶液可能会腐蚀瓶体，从而使容量瓶的精度受到影响。配好的溶液需要保存时，应转移至磨口试剂瓶中，不可将容量瓶当作试剂瓶使用。

（4）容量瓶使用完毕应立即用水冲洗干净。如长期不用，磨口处应洗净擦干，并用纸片将磨口隔开，防止瓶塞与瓶口粘连。

（5）如果溶质在溶解过程中放热，要待容量瓶中的热溶液冷却至室温后再进行转移，因为一般的容量瓶是在20℃的温度下标定的，若将温度较高或较低的溶液注入容量瓶，容量瓶会热胀冷缩，会造成体积误差，从而导致所配制溶液浓度不准确。需要避光的溶液应用棕色瓶配制。

（6）容量瓶的容积是特定的，刻度不连续，所以一种型号的容量瓶只能配制同一体积的溶液。在配制溶液前，先要弄清楚需要配制的溶液的体积，然后再选用相同规格的容量瓶。

资料二　称量瓶的使用

称量瓶是一种实验室常用的精确称量分析试样所用的小玻璃器皿，主要用于差减法称取一定质量的固体试样，又称称瓶。称量瓶带有磨口密合的配套瓶盖，可以防止瓶中的试样吸收空气中的水分和CO_2等，适用于称量易吸潮的试样。

一、称量瓶的种类及规格

有普通玻璃和石英玻璃两种材质的称量瓶。常见的称量瓶有扁型和高型两种，规格以直径（mm）×瓶高（mm）表示（图2-2）。扁型的称量瓶用作测定水分或在烘箱中烘干基准物；高型的称量瓶用于称量基准物或样品。

常用扁型称量瓶的规格有：25mm×25mm；40mm×25mm；50mm×30mm；60mm×30mm；70mm×35mm。

常用高型称量瓶的规格有：25mm×40mm；30mm×40mm；30mm×50mm；30mm×60mm；35mm×70mm。

图2-2 称量瓶的种类及规格

二、称量瓶的使用方法

洗净并烘干称量瓶，放置在干燥器中备用。用洁净纸条叠成1cm宽纸带，套住称量瓶中部，左手拿住纸带尾部取出称量瓶，或戴上清洁薄尼龙手套拿取称量瓶。右手用小纸片夹住瓶盖柄，打开瓶盖，将稍多于需要量的试样用药匙加入称量瓶中，盖上瓶盖，在电子天平上称重并记下读数。用纸带将称量瓶从电子天平上取下，拿到接收器上方，用纸片夹住盖柄，打开瓶盖（盖亦不要离开接收器口上方）将瓶身慢慢向下倾斜，用瓶盖轻敲瓶口内边缘，使试样落入容器中，接近需要量时，一边继续用盖轻敲瓶口，一边逐步将瓶身竖直，使黏在瓶口附近的试样落入瓶中，以免黏在盖上丢失。盖好瓶盖，放回天平秤盘上，取出纸带，称其质量并记下读数。量不够时，继续按上述方法进行操作，直至称够所需的物质为止。称量完毕后，将称量瓶放回原干燥器中。洗净烘干或已盛有试样的称量瓶除放在干燥器内或称盘上外，不得放在其他地方，以免沾污。其操作见图2-3。

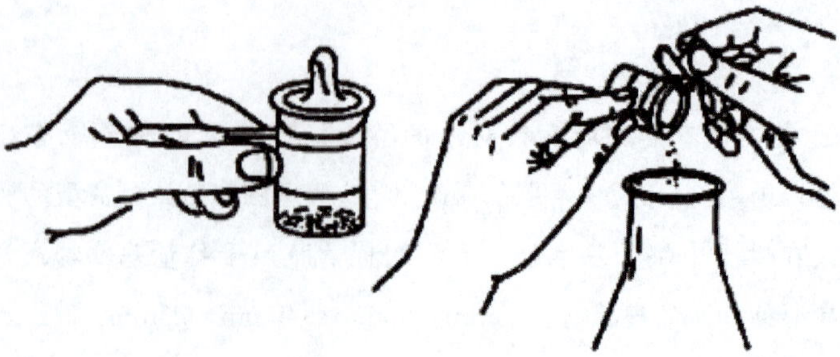

称量瓶拿法　　　　从称量瓶中敲出试样

图2-3　称量瓶的操作

三、注意事项

（1）称量瓶的盖子是磨口配套的，瓶盖不能互换，不得丢失弄混。

（2）称量瓶使用前应洗净烘干，存放在干燥器内以备随时使用。

（3）称量瓶不能用火直接加热，不可盖紧磨口塞烘烤。

（4）称量时不可用手直接拿取称量瓶，应垫以洁净纸条。

（5）称量瓶使用后应洗净烘干，在磨口处垫一小纸，以方便打开盖子。

资料三　水质与水质指标

水是人类生命的基本物质，是工农业生产和城市发展不可缺少的重要资源。但随着人口膨胀和经济的发展，水短缺的现象正在很多地区相继出现，水污染及其所带来的危害更加剧了水资源的紧张，并对人类的生命健康带来了威胁。坚持绿色生产生活方式，切实保护水资源，防治水污染，了解水质指标与水质的检测已成了当今人类的迫切任务。自然界中的水并不是纯粹的氢氧化合物。人类生活及生产活动所用的水，也大多不是纯水。各种污水和废水中所含有的各类杂质，当然就更多了。

一、水质

水质指水的品质，是指水与其中所含杂质共同表现出来的物理学、化学和生物学的综合特性。

二、水质指标

仅仅根据水中杂质的颗粒大小，远远不能反映水的物理学、化学和生物学的特性。通常采用水质指标来衡量水质的好坏。

1. 分类

（1）物理性水质指标，包括感官物理性状指标，如温度、色度、嗅和味、混浊度、透明度等；其他物理性状指标如总固体、悬浮固体、溶解固体、可沉固体、电导率等。

（2）化学性水质指标，包括一般的化学性水质指标，如pH、碱度、硬度、各种阳离子、各种阴离子、总含盐量、一般有机物质；有毒的化学性水质指标，如重金属、氰化物、多环芳烃、各种农药；有关氧平衡水质指标，如溶解氧（DO）、化学需氧量（COD）、生化需氧量（BOD）、总需氧量（TOD）。

（3）生物学水质指标，包括细菌总数、总大肠菌群数、各种病原细菌、病毒等。

2. 常用的水质指标

（1）pH　其反映了水的酸碱性质，天然水体的pH一般在6~9之间，决定于水体所在环境的物理、化学和生物特性。饮用水的适宜pH应在6.5~8.5之间。

（2）悬浮固体　其可以利用重力或其他物理作用与水分离，它们随废水进入天然水体，则易形成河体沉积物。COD和BOD这两项都是用来表示水中有机物的含量。天然水中有机物含量极少，废水中的有机物排入水体后，将在微生物作用下进行氧化分解，使水中溶解氧被消耗而减少。当水中溶解氧降至低于3~4mg/L时，鱼类生活将受到影响；当水中溶解氧被耗尽后，有机物会腐化发臭，影响环境。有机物又是微生物（包括病原菌）生长繁殖的重要食料，有毒有机物质将直接危害人体健康和动植物的生长。因此，废水中的有机物质浓度是一项十分重要的水质指标。

①生化需氧量BOD：表示温度为20℃时，在有氧条件下，当微生物的活动使可降解的有机物氧化达到稳定状态时所需的氧量，用mg/L表示，BOD越高，表示水中有机物含量越多。一般有机物在20℃条件下需要20d才能完成第一阶段的氧化分解过程，20d的生化需氧量可用BOD_{20}表示。如此长的测定时间很难在实际工作中应用，目前，世界各国均以5d作为测定BOD的标准时间，所测的数值以BOD_5表示。对一般有机物BOD_5约为BOD_{20}的70%。生化需氧量的测定条件与有机物进入后被微生物氧化分解的情况较相似，因此能够较准确地反映有机物对水质的影响。但测定生化需氧量，需要很长时间，而且生化需氧量也不能反映微生物降解不了的有机物的量。

②化学需氧量COD：是指在一定条件下，水中各种有机物与外加的强氧化剂作用时所消耗的氧化剂量，以氧量（mg/L）计。常用的氧化剂是重铬酸钾（$K_2Cr_2O_7$），氧化反应在强酸性条件下加热回流进行2h，有时还需加入催化剂。由于重铬酸钾的强氧化剂作用，水中绝大部分的有机物质（除苯、甲苯等芳香烃类化合物以外）均能被氧化，因此化学需氧量可以近似地反映水中有机物的总量。但废水中，无机性还原物质也会消耗强氧化剂，使COD值增高。化学需氧量的测定需时较短，因此得到了广泛的应用。

实训操作

实训一 移液管的使用

一、目的要求

（1）掌握移液管和吸量管的使用方法。

（2）能准确而熟练地移取一定体积的溶液。

二、原理

移液管和吸量管是用来准确移取一定体积溶液的容器。在标明的温度下，先使溶液的弯月面下缘与移液管标线相切，再让溶液按一定方法自由流出，则流出的溶液的体积与管上所标明的体积相同。吸量管一般只用于量取小体积的溶液。其上带有分度，可以用来吸取不同体积的溶液。

移液管是一种量出式仪器，只用来测量它所放出溶液的体积。它是一根中间有一膨大部分的细长玻璃管。其下端为尖嘴状，上端管颈处刻有一条标线，是所移取溶液的准确体积的标志。常用的移液管有10、25、50、100mL等规格。通常又把具有刻度的直形玻璃管称为吸量管。常用的吸量管有1、2、5、10mL等规格。移液管和吸量管所移取的体积通常可准确到0.01mL。

三、仪器和试剂

1. 仪器

（1） 25mL移液管；

（2）吸量管；

（3）洗耳球；

（4）250mL烧杯；

（5）250mL锥形瓶；

（6）滤纸。

2. 试剂

（1）自来水；

（2）蒸馏水；

（3）待吸溶液（Na_2CO_3、$Na_2C_2O_4$或$K_2Cr_2O_7$等溶液均可）。

四、实训内容

用自来水，蒸馏水和待吸溶液，反复练习移液管（或吸量管）的洗涤，润洗，移取，调节液面，放液，整理等操作。移液管和吸量管见图2-4。

1. 洗涤

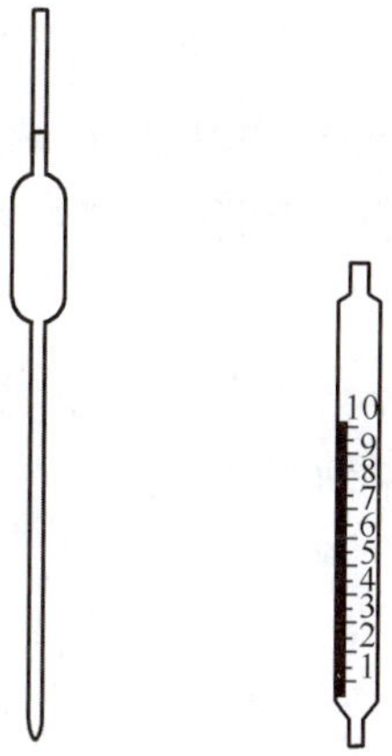

(1) 移液管　　(2) 吸量管

图2-4　移液管和吸量管

移液管和吸量管均可用自来水洗涤，再用蒸馏水洗净。较脏时（内壁挂水珠时），需用铬酸洗液洗涤，应洗至移液管或吸量管整个内壁和其下部的外壁不挂水珠。具体操作方法是：用左手持洗耳球，将食指或拇指放在洗耳球的上方，其余手指自然地握住洗耳球，用右手的拇指和中指拿住移液管或吸量管标线以上的部分，无名指和小指辅助拿住移液管或吸量管。将洗耳球紧接在移液管口上。用洗耳球打气，吹去残留水用滤纸擦干移液管下端粘的少量溶液。然后排除洗耳球中空气，将移液管插入洗液瓶中，左手拇指或食指慢慢放松，吸取洗液至移液管球部的1/4处或吸量管全管的1/4处，移开洗耳球，与此同时，用右手的食指堵住管口，把管横过来，左手扶住管的下端，松开右手食指，一边转动移液管，一边使管口降低，让洗液布满全管内壁，当洗液流至距上口2~3cm时，将管直立，使洗液由尖嘴放回原瓶。用自来水充分冲洗，按上述操作吸取蒸馏水润洗3次，将水从管尖放出。

2. 润洗

用待测溶液润洗移液管或吸量管，其目的是使管的内壁与待吸溶液处于同一浓度状态，以提高分析结果的可靠性。具体操作方法是先用滤纸将管的尖端内外的水除去，将待吸液吸至球部的1/4处（注意勿使溶液流回，以免稀释溶液），如此反复洗涤3次，润洗过的溶液应从尖口放出并弃去。

3. 移取溶液（见图2-5）

用右手的拇指和中指捏住移液管或吸量管的上端，将管的下口插入待吸液液面下1~2cm处。管尖不应伸入太浅或太深，太浅会产生吸空，把溶液吸到洗耳球内弄脏溶液，太深又会在管外沾附溶液过多。左手拿洗耳球，把球内空气压出，接在管的上口，将洗耳球慢慢放松，管中的液面徐徐上升，当液面一次吸至标线以上时，迅速移去洗耳球，并立即用右手的食指按住管口。

4. 调节液面

将移液管或吸量管向上提升离开液面，用滤纸擦去管外壁上伸入溶液部分的液体。左手改拿烧杯并将其倾斜成45°，使其内壁与移液管尖紧贴，移液管垂直，此时微微松动右手食指，使液面缓慢下降，直到视线平视弯月面的最低点与标线相切时，立刻用食指压紧管口，将尖端的液滴靠烧杯壁去掉。

5. 放出溶液（见图2-6）

左手改拿锥形瓶，将移液管插入锥形瓶中，使其内壁与移液管尖紧贴，移液管或吸量管直立，将承接溶液的锥形瓶倾斜，管尖靠着器皿内壁成45°，然后松开食指，让溶液沿器壁流下，溶液流完后再等待10~15s，取出移液管或吸量管，残留在管末端的少量溶液，不可用外力强使其流出，因校准移液管或吸量管时已考虑了末端保留溶液的体积，只有管上注有“吹”字的，才将其末端的溶液吹出。

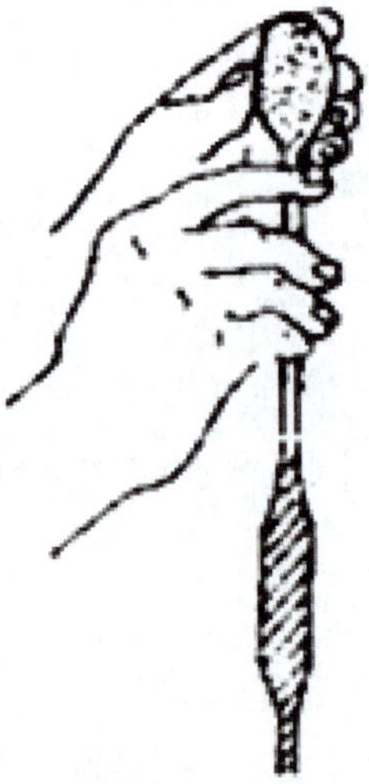

图2-5　移取溶液

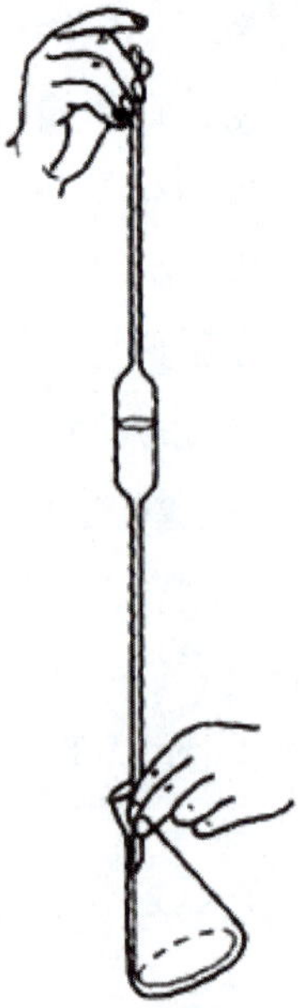

图2-6　放出溶液

6. 整理

实验完毕后，把用过的移液管用自来水冲洗，再用蒸馏水清洗，然后放在移液管架上。

五、注意事项

（1）移液管是一种准确移取一定体积溶液的容器，必须保持洁净，以减少误差。

（2）移取溶液前，移液管需用待吸溶液润洗3次。

（3）移液管不能加热，使用完毕应放在移液管架上。

（4）用吸量管吸取溶液时，吸取溶液和调节液面至最上端标线的操作与移液管相同。放溶液时，略微放松食指，并轻轻捻动管身，使液面缓慢下降，当溶液的弯月面下沿恰与刻度线相切时，立即用食指压紧上口，使溶液不再流出。将吸量管取出并插入承接容器中。为保持其垂直并使末端靠在容器内壁，可使承接容器略倾斜。松开食指，让管内溶液自然地全部沿容器壁流下。全部溶液流完后需等15s后再拿出吸量管，以便使附着在管壁的部分溶液得以流出。若吸量管的分度刻到管尖，管上标有“吹”字，并且需要从最上面的标线放至管尖时，则在溶液流到管尖后，立即从管口轻轻吹一下即可。如果吸量管未标明“吹”字，则残留在管尖末端内的溶液不可吹出，因为吸量管所标的量出容积中并未包括这部分残留溶液。

（5）为确保实验结果的准确可靠，以下四个方面缺一不可：

①弄懂实验目的；

②弄通实验原理；

③实验操作做到认真规范，确保不因操作原因出现增大实验误差或导致实验失败；

④对实验数据的记录、处理与分析做到准确无误。

（6）实验过程中无事故发生及仪器损坏，遵守纪律，注意公共卫生。

六、问题探究

（1）移液管尖部残余的少量溶液，最后是否应该吹出？

（2）在使用移液管和吸量管时，哪些地方最容易因为操作不规范而引起人为误差？

（3）为什么移液管不能加热？

（4）移液管在使用前为什么需要用待吸溶液润洗3次？若没用待吸溶液润洗，对测定结果会有什么影响？

实训二　滴定管的使用

一、目的要求

（1）掌握滴定管（酸式滴定管，碱式滴定管）的洗涤及使用方法。

（2）能熟练进行滴定操作。

（3）掌握使用指示剂确定滴定终点的方法。

（4）遵守操作规程，保持操作现场整洁。

二、原理

滴定管是滴定分析中用于准确测量标准溶液体积的一种容量仪器。滴定管的颜色有棕色和无色两种。滴定管分为酸式滴定管和碱式滴定管两种。酸式滴定管下端有玻璃旋塞，用以控制溶液的流出。酸式滴定管只能用来盛装酸性溶液或氧化性溶液，不能盛碱性溶液，因碱与玻璃作用会使磨口旋塞粘连而不能转动。酸式滴定管活塞要原配，不能加热。碱式滴定管下端连有一段橡皮管，管内有玻璃珠，用以控制液体的流出，橡皮管下端连一尖嘴玻璃管。凡能与橡皮起作用的溶液如高锰酸钾溶液，均不能使用碱滴定管。

滴定管是内径均匀并带有刻度的细长玻璃管，下部有用于控制液体流量的玻璃活塞（或由橡皮管、玻璃球组成的阀）。滴定管主要用于精确地放出一定体积的溶液。滴定管的管壁上有刻度线和数值，最小刻度为0.1mL，“0”刻度在上，自上而下数值由小到大，读数必须读到小数点后第二位，即估计到0.01mL。常量分析的滴定管容积有25mL和50mL。常用的50mL滴定管其刻度的每一大格为1mL，每一大格又分为10小格，故每一小格为0.1mL，读数可精确到0.01mL。

三、仪器和试剂

1. 仪器

（1）50mL酸式滴定管；

（2）50mL碱式滴定管；

（3）250mL锥形瓶；

（4）洗瓶。

2. 试剂

（1）0.1mol/L NaOH溶液　在托盘天平上用表面皿快速称取4gNaOH固体，放在烧杯中加适量的水溶解，倒入带胶塞的试剂瓶中，加水稀释至1L，摇匀备用；

（2）0.1mol/L HCl溶液　用量筒量取9.0mL浓HCl，倾入预先装有200mL水的试剂瓶中，加水稀释至1L，摇匀备用；

（3）1g/L甲基橙指示液；

（4）10g/L酚酞指示液；

（5）凡士林。

四、实训内容

练习检漏，涂油，洗涤，赶气泡，润洗，装溶液，调初始液面，滴定，滴定终点确定，读数等操作。

1. 酸式滴定管使用前的准备

先检查玻璃活塞是否配合紧密，如不紧密将会出现严重的漏液现象，则不宜使用。其次应进行充分的清洗，按照有关洗涤要求进行认真洗涤直到达到标准。

（1）涂油　为了使玻璃活塞转动灵活并防止漏液现象，需在活塞上涂油，具体操作方法如下：

①取下活塞处的皮筋，取出活塞；

②用滤纸将活塞和活塞套擦干，沿塞粗径的一侧涂一圈凡士林，再在滴定管放塞处细径的一端内壁涂一少量凡士林，油脂不要涂得太多，否则活塞孔被堵住，但也不能涂得太少，太少达不到转动灵活和防止漏水的目的；

③将活塞直接插入活塞套中，插时活塞孔应与滴定管平行，此时活塞不要转动，这样可以避免将油脂挤到活塞孔中，然后向同一方向不断旋转活塞，直至旋转全部呈透明状为止，旋转时应有一定的向活塞小头部分方向挤的力，以免活塞来回移动。经过处理，活塞应转动灵活，油脂层中没有纹路，旋塞呈均匀的透明状态。若仍转动不灵活或出现纹路，表示涂油不够，如果有油脂从活塞缝隙处溢出或挤入活塞孔，则表示涂油太多，遇到这些情况，都必须重新涂油；

④如果是活塞孔被堵住，取下活塞，用细铜丝捅出即可。如果是出口管孔堵塞，则将水充满水管，将出口管浸在热水中，温热片刻后打开活塞，使管内水突然冲下，即把熔化的油带出。如果此法未能奏效，则用四氯化碳浸溶。若各种方法都失败时，取下活塞，用一根细软的铜丝自下而上地从出口管口捅上去，用力要轻，以免损坏管口，然后再拉下来，多次反复就能清除堵塞的凡士林油。

（2）检漏　用自来水充满滴定管，将其放在滴定管架上直立静置1min，观察有无水滴漏下，然后将活塞旋转180°，再在滴定管架上直立静置1min，观察有无水滴漏下，如果漏水则应重新进行涂油操作。

（3）洗涤　根据滴定管沾污的程度选用洗涤方法，一般有以下几种清洗方法：

①比较干净的滴定管可用自来水洗涤，再用蒸馏水洗涤3次，每次用量10~15mL；

②一般的滴定管刷蘸合成洗涤剂或去污粉洗洗涤，用自来水冲洗干净，再用蒸馏水洗涤3次；

③较脏时（内壁挂水珠时）需用铬酸洗液洗涤，向滴定管中倒入铬酸洗液10mL，将洗液逐渐向滴定管管口倾斜，两手转动滴定管，使洗液布满全管内壁，然后打开活塞将洗液放回原洗液瓶中，如果内壁沾污严重时，则需要将洗液充满滴定管，浸泡10min至数小时或用温热洗液浸泡20~30min。用自来水冲洗干净，再用蒸馏水洗涤3次；

④可根据具体情况采用针对性洗液进行清洗。如MnO_2可采用亚铁盐溶液或草酸洗液进行清洗。

检查滴定管是否洗净，将管外壁水擦干，观察管内壁，其内壁应完全被水均匀润湿而不挂水珠。若内壁不是均匀润湿而挂了水珠，则应重新洗涤。

2. 碱式滴定管使用前的准备

（1）检查　检查橡皮管是否老化变质，检查玻璃珠是否适当，玻璃珠过大则不便操作，过小则会漏水，如不合要求，须重新更换。

（2）试漏　把碱式滴定管装满水后夹在滴定管架上静置1min，轻轻挤压玻璃球，放出少量液体，再次观察滴定管是否漏水。若有漏水应更换橡皮管或管内玻璃珠，直至不漏水且能灵活控制液滴为止。

（3）洗涤　洗涤方法同酸式滴定管。但需要用洗液洗涤时，应先卸下碱式滴定管下端的橡皮管，将管倒置夹在滴定管架上，管口插入装有洗液的烧杯中，用洗耳球反复吸取洗液进行洗涤，最后用自来水冲洗干净，再用蒸馏水洗涤3次。

3. 装溶液和赶气泡

（1）先将盛装标准滴定溶液的试剂瓶摇匀，使凝结在瓶内壁的水混入溶液。

（2）除去滴定管内残留的水分，以确保标准滴定溶液的浓度不变：即先用此标准滴定溶液润洗滴定管3次，每次用10mL，从下口放出1/3量以洗涤尖嘴部分，关闭活塞，横持滴定管并慢慢转动，使溶液与管内壁处接触，最后将溶液从管口倒出弃去。尽量倒空后再洗第二次，每次都要冲洗尖嘴部分。

（3）将标准滴定溶液倒入管中，直至充满至“0”刻度以上，标准滴定溶液应直接倒入滴定管中，不得用其他容器（如烧杯，漏斗等）来转移。

（4）装液后应检查管的出口下部尖嘴部分是否充满溶液，是否留有气泡。当酸管有气泡时，右手拿滴定管上部无刻度处，并使滴定管倾斜30°，左手迅速打开活塞，使溶液冲出管口并反复数次，或用橡皮等不会敲破玻璃的物品轻敲管壁，让气泡浮出液面，即可达到排除酸管出口气泡的目的。碱管中气泡的排除，是将碱管垂直地夹在滴定管架上，左手拇指和食指捏住玻璃球部位，使胶管向上弯曲并捏挤胶管，使溶液从管口喷出，即可排除气泡，碱式滴定管的气泡一般是藏在玻璃珠附近，必须对光检查胶管内气泡是否完全赶尽。

（5）赶尽气泡后再调节液面至0.00mL处。

4. 滴定管的使用

使用滴定管时，应将滴定管垂直地夹在滴定管架上。

（1）活塞及玻璃珠的控制　使用酸管时，左手握滴定管，其无名指和小指向手心弯曲，轻轻地贴着出口部分，用其余三指控制活塞的转动，转动时手指轻轻用力把活塞向里扣住，以防把活塞顶出造成漏液。使用碱管时，用左手拇指和食指捏住玻璃珠稍上方的部位，无名指和中指夹住出口管，使出口管垂直而不摆动，用拇指和食指向右边挤橡皮管，使玻璃珠移至手心一侧，形成玻璃珠旁边的空隙，使溶液从空隙中流出，必须注意不要用力捏玻璃珠，也不要使玻璃珠上下移动，不要捏玻璃珠下部的橡皮管，以免松手后空气进入尖嘴而形成气泡，影响读数。

（2）滴液速度　滴定管底部的开关可有效地控制滴定液的流速，需要掌握三种滴液的方法：

①滴定开始时，可快速滴加滴定液，采用连续滴加的方法，即一般的滴定速度，每秒3~4滴，以节省实验所需的时间；

②快到终点时，控制一滴一滴加入的方法，做到需要一滴就能只加一滴；

③接近终点时，使液滴悬而不落，只加半滴，甚至不到半滴的方法。

（3）读数　滴定管读数（见图2-7）不准确是容量分析误差的主要来源之一，为了正确读数应遵守下列规则：

①在管装满溶液或放出溶液后，必须等1~2min，待附着在内壁上的溶液流下后，再读数；

②读数时，滴定管可以夹在滴定管架上，也可以用手拿滴定管上部无刻度处，不管用哪一种方法读数时，均应使滴定管保持垂直；

③由于水的附着力和内聚力的作用，滴定管内的液面呈弯月形，无色和浅色溶液的弯月面比较清晰，读数时，应读弯月面下缘实线的最低点。为此，读数时视线应与弯月面下缘实线的最低点相切，即视线应与弯月面下缘实线的最低点在同一水平线上。对于有色溶液，由于弯月面不够清晰，读数时应使视线与液面两侧的最高点相切，初读和终读应用同一方法；

④有一种蓝线衬背的滴定管，它的读数方法与上述不同，无色溶液有两个弯月面相交于滴定管蓝线的某一点，读数时视线应与此点在同一水平面上，对有色溶液读数方法与上述普通滴定管相同；

⑤读数要求读到小数点后第二位，即要估计到0.01mL。

5. 滴定操作

滴定时，滴定操作可在锥形瓶或烧杯内进行（见图2-8）。

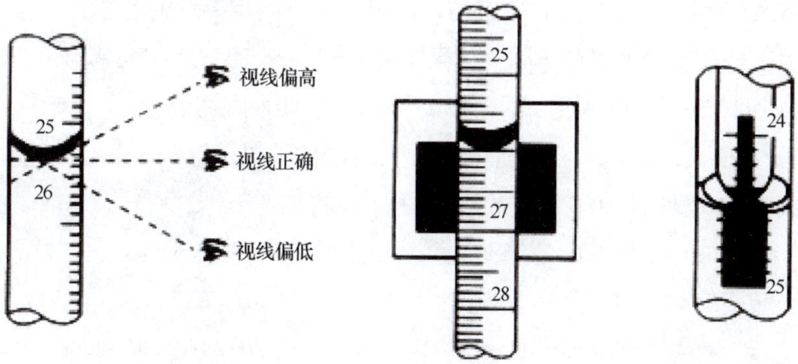

(1) 读数的视线　(2) 利用读数卡读数　(3) 蓝色衬背滴定管读数

图2-7　滴定管读数

①在锥形瓶中进行时，用右手的拇指、食指和中指拿住锥形瓶，其余两指辅助在下侧，使瓶底高出滴定台2~3cm，使滴定管下端伸入瓶口内1~2cm处，左手握住滴定管按前述方法，边滴加溶液，边用右手摇动锥形瓶，边滴边摇动。

②在烧杯中滴定时，将烧杯放在滴定台上，调节滴定管的高度，使其下端伸入烧杯内1~2cm处，而滴定管下端应在烧杯中心约左后方处，不要离杯壁过近，左手滴加溶液，右手持玻璃棒搅拌溶液，搅拌应作圆周运动，不要碰到烧杯壁和底部，当滴定至接近终点只滴加半滴溶液时，用搅棒下端承接悬挂的半滴溶液于烧杯中，但要注意，搅拌只能接触液滴，不能接触管尖，其他操作同前作述。在滴定时，左手不能离开活塞，任溶液自流，右手摇动锥形瓶时，应微动腕关节，使溶液向同一方向旋转（左或右旋转均可），不能前后振动，以免溶液溅出。不要因摇动使瓶口碰在管口上，而造成事故。摇动时一定要使溶液旋转产生旋涡，因此要求有一定的速度，不能摇得太慢，影响化学反应的进行。

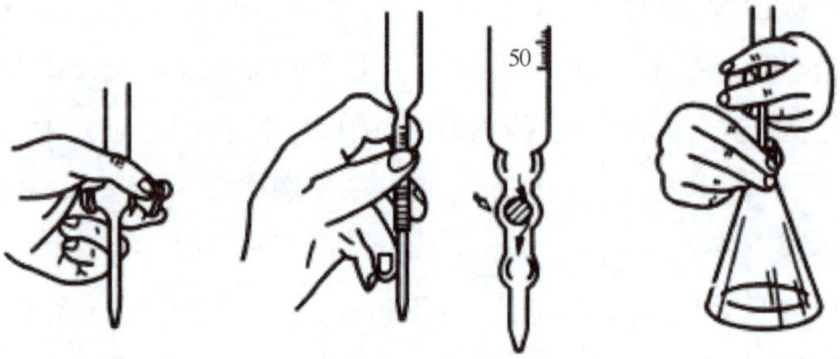

(1) 酸式滴定管的操作　　(2) 碱式滴定管的操作　　(3) 滴定操作

图2-8　滴定管操作

6. 滴定训练

酸碱反应HCl+NaOH ══ NaCl+H_2O达化学计量点时pH=7.0。0.1mol/L的HCl溶液与0.1mol/LNaOH反应时，计量点附近滴定突跃的范围pH为4.3~9.7。当用HCl滴定NaOH时可用甲基橙作指示剂，终点由黄色变为橙色；当用NaOH滴定HCl时可用酚酞作指示剂，终点由无色变为浅红色。

（1）用0.1mol/L NaOH溶液润洗碱式滴定管3次，每次5~10mL，然后将溶液倒入碱式滴定管中，调好零点。

（2）用0.1mol/L HCl溶液润洗酸式滴定管3次，每次5~10mL，然后将溶液倒入酸式滴定管中，调好零点。

（3）用HCl溶液滴定NaOH溶液　由碱式滴定管放出25.00mL NaOH溶液于250mL锥形瓶中，加1~2滴甲基橙指示剂，用0.1mol/L HCl溶液滴定至溶液由黄色变为橙色。如此反复进行滴定操作和滴定终点练习。最后读取HCl溶液的体积，平行滴定三份。

（4）用NaOH溶液滴定HCl溶液　用移液管吸取25.00mL HCl溶液于250mL锥形瓶中，加1~2滴酚酞指示剂，用0.1mol/L NaOH溶液滴定至溶液由无色变为微红，摇动30s内红色不消失。如此反复进行滴定操作和滴定终点练习。最后读取NaOH溶液的体积，平行滴定三份。

7. 实验后的整理

滴定结束后，滴定管内的剩余溶液应弃去，不要倒回原瓶中，以免沾污标准滴定溶液。洗净的滴定管应倒置在滴定管架上。最后做好实验室卫生。

五、数据记录与结果计算

在进行化学实验时，分析结果是否准确可靠是至关重要的问题，不准确的分析结果或者错误的分析结果往往会造成严重后果，导致生产上的损失，资源的浪费，科学上的错误结论，给生产、科研和生活造成巨大的浪费。因此在实验测定或分析测定时一定要实事求是地记录原始数据。

原始记录是未经过任何处理的记录，是化验工作中最重要的资料之一。认真做好原始记录是保证有关数据可靠的重要条件，实验结束后，必须对照原始记录认真核对以判断实验结果的准确性和可靠性。一旦出现实验或分析结论与实际情况不符或偏差较大时，就必须要以原始数据为依据，仔细检查，查找产生错误的原因，从而来判断分析结果的可靠性和准确性。实验记录本应是一装订本，不得用活页纸或散纸。空出记录本头几页，留作编目用。每做一个实验，应从新的一页开始。原始记录必须真实齐全，要注明实验日期和时间。记录本应妥为保存一段时间，以备查阅。

在测定工作结束后要及时对测得的各项数据进行处理，如发现分析结论与实际情况不符，要以原始数据为依据仔细检查，找出错误的原因，而决不允许通过改动数据的方法达到所谓的一致。在进行实验和分析检测时，一定要高度重视实验或分析数据的记录与处理，切实做到数据的记录与处理科学、准确、无误，确保实验结果的准确性和可靠性。

1. 用HCl溶液滴定NaOH溶液

序号	1	2	3
V（HCl）$_{初}$/mL			
V（HCl）$_{终}$/mL			
V（HCl）/mL			
V（HCl）$_{平均}$/mL			
平行测定结果的极差/mL			
极差与平均值之比/%			

2. 用NaOH溶液滴定HCl溶液

序号	1	2	3
$V(NaOH)_{初}$/mL			
$V(NaOH)_{终}$/mL			
$V(NaOH)$/mL			
$V(NaOH)_{平均}$/mL			
平行测定结果的极差/mL			
极差与平均值之比/%			

六、注意事项

（1）滴定管使用前和用完后都应进行洗涤。洗前要将酸式滴定管旋塞关闭。管中注入水后，一手拿住滴定管上端无刻度的地方，一手拿住旋塞或橡皮管上方无刻度的地方，边转动滴定管边向管口倾斜，使水浸湿全管。然后直立滴定管，打开旋塞或捏挤橡皮管使水从尖嘴口流出。滴定管洗干净的标准是玻璃管内壁不挂水珠。

（2）滴定管必须固定在滴定管架上使用。注入溶液或放出溶液后，需等待1~2min，使附着在内壁上的溶液流下来再读数。读数时将滴定管从滴定管架上取下，用右手拇指和食指捏住滴定管上部无刻度处，使滴定管保持垂直，然后再读数。滴定管内的液面呈弯月形，无色和浅色溶液读数时，视线应与弯月面下沿最低点相切，即读取与弯月面相切的刻度。深色溶液读数时，视线应与液面两侧的最高点相切，即读取视线与液面两侧的最高点呈水平处的刻度。

（3）装标准溶液前应先用标准液润洗滴定管2~3次，洗去管内壁的水膜，以确保标准溶液浓度不变。装液时要将标准溶液摇匀，直接注入滴定管内。每次滴定时最好从“0”刻度开始。

（4）滴定管装入操作液后，应检查管的出口下部尖嘴部分是否充满溶液，如果留有气泡，需要将气泡排除。滴定管下端不能有气泡。快速放液，可赶走酸式滴定管中的气泡；轻轻抬起尖嘴玻璃管，并用手指挤压玻璃球，可赶走碱式滴定管中气泡。用碱式滴定管，只要以手轻压圆珠的侧面，滴定液即可流出。不能按玻璃珠以下部位，否则放开手时易形成气泡。

（5）滴定时用右手拇指、食指和中指拿住锥形瓶，其余两指辅助在下侧，使瓶底离滴定台高约2cm，滴定管下端伸入瓶口内约1cm，左手握滴定管，边滴加溶液，边用右手摇动锥形瓶，使滴下去的溶液尽快混匀。摇瓶时，应微动腕关节，使溶液向同一方向旋转。使用半滴溶液时，轻轻转动活塞或捏挤胶管，使溶液悬挂在出口管嘴上，形成半滴，用锥形瓶内壁将其沾落，再用洗瓶吹洗。有些样品宜于在烧杯中滴定，将烧杯放在滴定台上，滴定管尖嘴伸入烧杯口内1cm，不可靠壁，左手滴加溶液，右手拿玻璃棒搅拌溶液，玻璃棒作圆周搅动，不要碰到烧杯壁和底部，滴定接近终点时所加的半滴溶液可用玻璃棒下端轻轻沾下，再浸入溶液中搅拌，注意玻璃棒不要接触管尖。

（6）滴定时，左手不要离开活塞而任溶液自流。右手摇动锥形瓶时，应微动腕关节，使溶液向同一方向旋转（左或右旋转均可），不能前后振动，以免溶液溅出。不要因摇动使瓶口碰在管口上，而造成事故。摇动时，一定要使溶液旋转产生旋涡，因此要求有一定的速度，不能摇的太慢，影响化学反应的进行。滴定过程中，要观察滴落点周围颜色的变化，不要去看滴定管上的刻度变化。

（7）控制适当的滴定速度，一般每秒3~4滴，接近终点时要一滴一滴加入，即加一滴摇几下，最后还要加一次或几次半滴溶液直至终点。

（8）酸式滴定管不得用于装碱性溶液，因为玻璃的磨口部分易被碱性溶液腐蚀，使塞子无法转动。碱式滴定管不宜于装对橡皮管有腐蚀性（强氧化性或酸性）的溶液，如碘、高锰酸钾、硝酸银和盐酸等。

（9）滴定管用后应立即洗净。酸式滴定管长期不用时，活塞部分应垫上纸，否则时间一久，塞子不易打开，碱式滴定管不用时胶管应拔下，蘸些滑石粉保存。

七、问题探究

（1）滴定管在使用前为什么需要用标准溶液润洗3次？若没用标准溶液润洗，对测定结果会有什么影响？

（2）滴定管一共有几种滴液的方法？怎样操作？

（3）为什么滴定管的初读数一般从“0”刻度开始？

（4）在使用滴定管时，哪些地方最容易因为操作不规范而引起人为误差？

（5）滴定前碱式滴定管中未将气泡赶尽，滴定后气泡消失，这样会对滴定结果产生什么影响？

（6）锥形瓶在使用前是否需要用待测溶液润洗？若用待测溶液润洗了锥形瓶，将会对滴定结果产生什么影响？

（7）滴定读数时，俯视或仰视读数将对滴定结果有何影响？

（8）滴定前碱式滴定管中已将气泡赶尽，但滴定时由于操作上的错误，碱式滴定管内进了气泡。这样会对滴定结果产生什么影响？

实训三 电子天平的使用

一、目的要求

（1）了解电子天平的构造原理。

（2）掌握电子天平的使用规则，日常保养及维护。

（3）熟练掌握固体物质的称量方法。

二、原理

电子天平是传感技术、模拟电子技术、数字电子技术和微处理器技术发展的综合产物，具有自动校准、自动显示、去皮重、自动数据输出、自动故障寻迹、超载保护等多种功能。其准确度高、稳定性好、随时校准、精确可靠、使用方便，可满足各种实训室质量分析的需求。

电子天平是一种高精度的测量仪器，对环境高度敏感，故仪器放置环境非常重要：安装平台要稳定平坦，避免震动，避免阳光直射和受热，避免在湿度大的环境工作，避免在空气直接流通的通道上。需要严格按照仪器说明书操作安装电子天平。

1. 电子天平操作规程

（1）调水平　天平开机前，应观察天平后部水平仪内的水泡是否位于圆环的中央，否则通过天平的地脚螺栓调节，左旋升高，右旋下降。天平未调好水平也是产生称量误差的原因之一。

（2）预热　天平在初次接通电源或长时间断电后开机时，至少需要30min的预热时间。因此，实验室电子天平在通常情况下，可按开关键关闭电子天平，不要经常切断电源。

（3）称量　操作界面上“ON/OFF”为开关键，“TARE”为除皮键，“CAL”为调校键，“CF”为清除键。

①按下ON/OFF键，接通显示器。

②等待仪器自检。显示器显示零，否则应按“TARE”除皮键清零。自检过程结束，天平可进行称量。

③直接称量时使用称量纸，间接称量使用称量瓶。记录读数时，应关闭天平的侧门，以免受到空气流动的影响。取下称量样品，并按去皮键清零，以备再用。

④称量完毕，取出被称物，关好天平侧门，按ON/OFF键，关闭显示器，盖上防尘罩，填写使用登记卡。如暂时不用，可按开关键关闭电子天平，

如长时间不用，应该拔掉电源。

2. 固体试样的称量方法

固体试样的称量方法通常有两种：直接称量法和减量法（差减法）。前者适用于在空气中性质比较稳定的试样；后者适用于易吸潮、易氧化、易与二氧化碳反应的试样，也适用于连续称量的试样。

（1）直接称量法　所称固体试样如果没有吸湿性并在空气中是稳定的，可用直接称量法。先在电子天平上准确称出洁净容器（如表面皿）的质量，记录读数为m_1，然后用药匙取适量的试样加入表面皿中，再称出它的质量，记录读数为m_2，则该试样的质量为$m_2 - m_1$。

（2）减量法　向称量瓶中倒入固体试样至称量瓶的1/3~1/2，在托盘天平上粗称称量瓶和试样的质量，接着在电子天平上准确称出称量瓶和试样的质量m_1，同时记录读数。然后移取称量瓶中的试样0.2~0.3g于烧杯中，到估计量和所需量相接近时，盖上称量瓶盖，放在天平上再准确称出其质量m_2并记下读数。如果倒入的试样量不够时，继续按上述方法进行操作，直至称够所需的物质为止，但次数宜少。如果一次倒入容器的药品太多，必须弃去重称，切勿放回称量瓶。两次质量的差$m_1 - m_2$就是称出的试样质量。电子天平见图2-9。

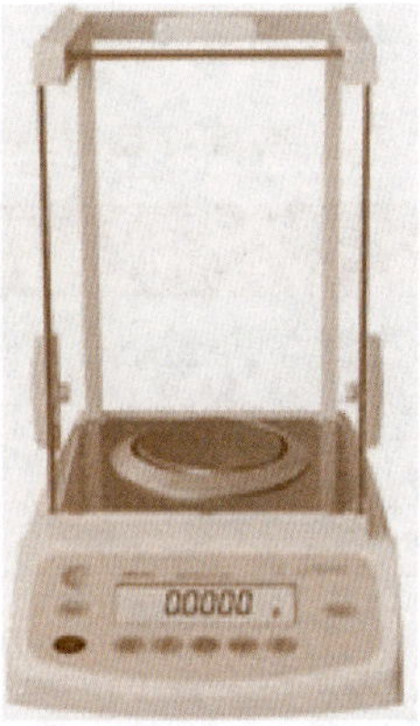

图2-9　电子天平

三、仪器和试剂

1. 仪器

（1）电子天平；

（2）托盘天平；

（3）药匙；

（4）表面皿；

（5）称量瓶；

（6）250mL烧杯；

（7）250mL锥形瓶。

2. 试剂

固体试剂（NaCl或Na_2CO_3）。

四、实训内容

1. 直接称量法称量

在托盘天平上粗称一个表面皿和一个洁净的称量瓶（宽纸带夹住），在电子天平上准确称出这个表面皿和称量瓶的质量，同时记录读数。

2. 减量法称量

向上述称量瓶中倒入固体试样至称量瓶的1/3~1/2左右，在托盘天平上粗称称量瓶和试样的质量，接着在电子天平上准确称出称量瓶和试样的质量m_1，同时记录读数。然后左手用宽纸带套住称量瓶中部并拿住纸带尾部，右手用小纸条夹住瓶盖柄并打开瓶盖，将瓶身慢慢向下倾斜，用瓶盖轻敲瓶口内边缘，移取称量瓶中的试样0.2~0.3g于烧杯中，到估计量和所需量相接近时，一边继续用盖轻敲瓶口，一边逐步将瓶身竖直，使黏在瓶口附近的试样落入瓶中，盖上称量瓶盖，放在天平上再准确称出其质量m_2并记下读数。如果倒入的试样量不够时，继续按上述方法进行操作，直至称够所需的物质为止，但次数宜少。两次质量的差m_1-m_2就是称出的试样质量m。平行操作三次。

五、数据记录与结果计算

序号	1	2	3
m_1（倾样前称量瓶+试样质量）/g			
m_2（倾样后称量瓶+试样质量）/g			
m（称出的试样质量）/g			

六、注意事项

（1）电子天平为精密仪器，称重时物件应小心轻放。重力电磁传感器簧片是电子天平最重要的部件，细而薄，极易受损，且天平的精度越高，其重力传感簧片也越薄，所以在使用中应特别注意加以保护，不要向天平上加载质量超过其称量范围的物体，绝不能用手压称盘或使天平跌落地下，以免损坏天平或使重力传感器的性能发生变化。所以天平载重不得超过最大载荷。

（2）天平的工作环境应无大的振动及电源干扰，无腐蚀性气体及液体。天平应放于稳定的工作台上，避免振动、阳光照射及气流。天平在安装时已经过严格校准，故非检修人员不得随意搬动天平，否则校准工作需重新进行。定期对天平进行校正，使其达保持在最佳状态。

（3）天平框内应放硅胶干燥剂，干燥剂蓝色消失后应及时烘干。

（4）粉末状、潮湿、有腐蚀性的物质绝对不能直接放在秤盘上，必须用干燥、洁净的容器（称量瓶、坩埚等）盛好，才能称量。

七、问题探究

（1）减量法是将称量瓶中的试样倾倒一部分于待盛药品的容器中，使估计量和所需量相接近，如果一次倾倒入容器的药品太多，应该怎样处理，为什么？

（2）电子天平如何进行调水平操作？

（3）使用称量瓶称量时为什么不可用手直接拿取，应垫以洁净纸条？

（4）电子天平对环境条件有哪些要求？

（5）减量法适合称取什么特点的样品？

（6）电子天平称量数据应记录几位？

模块三　酸碱滴定法

学习目标

1. 掌握酸碱滴定法的基本原理。
2. 掌握各种酸碱水溶液pH的计算方法。
3. 了解缓冲溶液的缓冲原理并能正确选择缓冲溶液。
4. 了解各类酸碱滴定曲线的特征，掌握各类酸碱滴定的突跃范围。
5. 理解酸碱指示剂的作用原理，掌握常用指示剂的变色范围和选择指示剂的原则与方法。
6. 掌握常见物质的测定方法和有关计算。
7. 能够熟练使用酸碱滴定管进行酸碱滴定操作，并能准确判断滴定终点。
8. 能够正确配制和标定盐酸、氢氧化钠标准溶液。
9. 能够应用酸碱滴定法测定样品中酸性物质或碱性物质的含量。

必备知识

知识点一　水溶液中的酸碱电离平衡

一、酸碱滴定法简介

酸碱滴定法是以酸碱中和反应为基础的滴定分析法。

一般酸碱以及能与酸碱直接或间接反应的物质，几乎可以用酸碱滴定法进行测定。酸碱滴定法可应用于食品检测、环境监测。例如食品的酸度、废水的酸度，就是利用酸碱滴定法来测定的。由于酸碱滴定法简单，方便，因此是滴定分析中应用广泛的方法之一。

二、酸碱水溶液简介

1. 强酸、强碱溶液

强酸、强碱是强电解质，在水溶液中完全电离。

例如HCl、H_2SO_4、NaOH的电离方程式为：

$$HCl = H^+ + Cl^-$$

$$H_2SO_4 = 2H^+ + SO_4^{2-}$$

$$NaOH = Na^+ + OH^-$$

2. 弱酸、弱碱溶液

弱酸、弱碱是弱电解质。弱电解质溶于水时，在水分子的作用下，弱电解质的分子电离出离子，而离子又可以重新结合成分子。因此，弱电解质的电离过程是可逆的，这个可逆的电离过程最终也将达到平衡。

在一定条件（如温度、浓度）下，当电解质分子电离成离子的速率和离子重新结合成分子的速率相等时，电离过程就达到了平衡状态，这叫电离平衡。电离平衡是动态平衡。此时的平衡常数，叫电离常数。弱酸的电离常数用K_a表示，弱碱的电离常数用K_b表示。

例如：HAc的电离平衡式为：

$$HAc \rightleftharpoons H^+ + Ac^-$$

其电离常数K_a为

$$K_a = \frac{[H^+][Ac^-]}{[HAc]}$$

式中 $[H^+]$，$[Ac^-]$——平衡时溶液中离子的物质的量浓度，mol/L；

$[HAc]$——平衡时溶液中未电离的HAc的物质的量浓度，mol/L。

例如，$NH_3 \cdot H_2O$的电离平衡式为：

$$NH_3 \cdot H_2O \rightleftharpoons NH_4^+ + OH^-$$

其电离常数K_b为：

$$K_b = \frac{[NH_4^+][OH^-]}{[NH_3 \cdot H_2O]}$$

式中 $[NH_4^+]$，$[OH^-]$——平衡时溶液中离子的物质的量浓度，mol/L；

$[NH_3 \cdot H_2O]$——平衡时溶液中未电离的$NH_3 \cdot H_2O$的物质的量浓度，mol/L。

3. 分析浓度和平衡浓度

分析浓度就是溶液中所含溶质的物质的量浓度。以mol/L为单位，用c表示。

平衡浓度指在平衡状态时，溶液中存在的各型体（离子、分子）的物质的量浓度，以mol/L为单位，用[ ]表示。

平衡时，分析浓度等于溶质各种型体的平衡浓度之和。

以0.1mol/L HAc溶液为例：

$$HAc \rightleftharpoons H^{+}+Ac^{-}$$

平衡时，醋酸的分析浓度c（HAc）即总浓度，为0.1mol/L；平衡浓度为［HAc］。

分析浓度c（HAc）与平衡浓度［HAc］的关系为：

$$c(HAc)=[HAc]+[Ac^{-}]=[HAc]+[H^{+}]$$

由醋酸的电离平衡可以看出，其水溶液中［H^{+}］与c（HAc）是不同的，决定溶液的酸碱性的是［H^{+}］。

知识点二　酸碱溶液pH的计算

一、酸的浓度和酸碱度

酸的浓度即酸的分析浓度。它包括溶液中已离解和未离解的酸的总浓度。

酸度是指溶液中已离解的氢离子的浓度，即［H^{+}］，其大小与酸的种类及浓度有关。酸度常用pH表示，pH=−lg［H^{+}］。可见酸的浓度与酸度在概念上是不一样的。

同理，碱的浓度即碱的分析浓度。它包括溶液中已离解和未离解的碱的总浓度。

碱度是指溶液中已离解的氢氧根离子的浓度，即［OH^{-}］，其大小与碱的种类及浓度有关。碱度常用pOH表示，pOH=−lg［OH^{-}］。可见碱的浓度与碱度在概念上是不一样的。

25℃时，无论何种水溶液，pH和pOH的关系是：pH+pOH=14.00

二、酸碱溶液pH的计算

（一）强酸（强碱）溶液

强酸、强碱在溶液中完全电离，pH的计算很简单。在其浓度不是很低（$c_a \geqslant 10^{-6}$mol/L、$c_b \geqslant 10^{-6}$mol/L）时，可忽略水的电离。则一元强酸的［H^{+}］=c_a，一元强碱的［OH^{-}］=c_b。

【例3-1】0.10mol/L的HCl溶液的pH是多少？

解：HCl溶液是强酸，HCl在水溶液中完全电离：

$$HCl = H^{+}+Cl^{-}$$

$$[H^{+}]=c(HCl)=0.10mol/L$$

$$pH=-lg[H^{+}]=-lg0.10=1.00$$

（二）一元弱酸（弱碱）溶液

弱酸、弱碱在水溶液中只有部分电离，它电离出的阴阳离子和未电离的分子之间存在着电离平衡。

（1）若HA为一元弱酸，其起始浓度为c，它在水溶液（水的离子积为K_w）中存在下列电离平衡：

$$HA \rightleftharpoons H^+ + A^-$$

达到平衡时，$K_a=\dfrac{[H^+][A^-]}{[HA]}$

当$cK_a \geqslant 20K_w$，并且$\dfrac{c}{K_a}<500$时，$[H^+]$的近似公式为：

$$[H^+]=\frac{-K_a+\sqrt{K_a^2+4K_ac}}{2} \tag{3-1}$$

当$cK_a \geqslant 20K_w$，并且$\dfrac{c}{K_a}\geqslant 500$时，$[H^+]$的最简公式为：

$$[H^+]=\sqrt{cK_a} \tag{3-2}$$

（2）同理，对一元弱碱，

当$cK_b \geqslant 20K_w$，并且$\dfrac{c}{K_b}<500$时，$[OH^-]$的近似公式为：

$$[OH^-]=\frac{-K_b+\sqrt{K_b^2+4K_bc}}{2} \tag{3-3}$$

当$cK_b \geqslant 20K_w$，并且$\dfrac{c}{K_b}\geqslant 500$时，$[OH^-]$的最简公式为：

$$[OH^-]=\sqrt{cK_b} \tag{3-4}$$

使用以上各类近似公式计算溶液pH时，由此引入的相对误差一般小于5%。

【例3-2】计算0.10mol/L HAc溶液的pH。

解：
$$HAc \rightleftharpoons H^+ + Ac^-$$

已知c=0.10mol/L，查附录得HAc的离解常数$K_a=1.8\times10^{-5}$。

$\because cK_a=0.10\times1.8\times10^{-5}=1.8\times10^{-6}>20K_w$，

$$\frac{c}{K_a}=\frac{0.10}{1.8\times10^{-5}}>500$$

$\therefore$采用一元弱酸$[H^+]$的最简公式

$$[H^+]=\sqrt{cK_a}=\sqrt{0.10\times1.8\times10^{-5}}=\sqrt{1.8\times10^{-6}}=1.3\times10^{-3}\text{mol/L}$$

$$pH=-\lg[H^+]=-\lg1.3\times10^{-3}=2.89$$

【例3-3】计算0.10mol/L $NH_3\cdot H_2O$溶液的pH。

解：
$$NH_3\cdot H_2O \rightleftharpoons NH_4^+ + OH^-$$

已知c=0.10mol/L，查附录得$NH_3\cdot H_2O$的$K_b=1.8\times10^{-5}$，

$\because cK_b=0.10\times1.8\times10^{-5}=1.8\times10^{-6}>20K_w$,

$$\frac{c}{K_b}=\frac{0.10}{1.8\times10^{-5}}>500$$

$\therefore$采用一元弱碱［H^+］的最简公式

$$[OH^-]=\sqrt{cK_b}=\sqrt{0.10\times1.8\times10^{-5}}=\sqrt{1.8\times10^{-6}}=1.3\times10^{-3}mol/L$$

$$pOH=-lg[OH^-]=-lg1.3\times10^{-3}=2.89$$

$$pH=14-2.89=11.11$$

【例3-4】有一元弱酸，其浓度为0.0010mol/L，$K_a=1.8\times10^{-4}$，计算溶液的pH。

解：已知$c=0.0010mol/L$，$K_a=1.8\times10^{-4}$，

$\because cK_a=0.0010\times1.8\times10^{-4}=1.8\times10^{-7}>20K_w$,

$$\frac{c}{K_a}=\frac{0.0010}{1.8\times10^{-4}}<500$$

$\therefore$采用一元弱酸［H^+］的近似公式

$$[H^+]=\frac{-K_a+\sqrt{K_a^2+4K_ac}}{2}=3.4\times10^{-4}mol/L$$

$$pH=-lg[H^+]=-lg3.4\times10^{-4}=3.47$$

（三）多元弱酸（弱碱）溶液

多元弱酸（弱碱）溶液在溶液中是分级电离的，每一级都有相应的电离平衡。以二元酸H_2A为例，它在溶液中的电离方程式为：

$$H_2A \rightleftharpoons H^++HA^- \qquad K_{a_1}=\frac{[H^+][HA^-]}{[H_2A]}$$

$$HA^- \rightleftharpoons H^++A^{2-} \qquad K_{a_2}=\frac{[H^+][A^{2-}]}{[HA^-]}$$

如果$\frac{K_{a_1}}{K_{a_2}}\geqslant10^2$，说明二级电离比一级电离困难得多，因此可认为溶液中［H^+］浓度主要来自H_2A的第一级电离，第二级电离的H^+极少，可以忽略不计。所以，二元弱酸可按一元弱酸的方法计算。

当$cK_{a_1}\geqslant20K_w$，并且$\frac{c}{K_{a_1}}<500$时，应用近似公式，即：

$$[H^+]=\frac{-K_{a_1}+\sqrt{K_{a_1}^2+4K_{a_1}c}}{2} \qquad (3-5)$$

当$cK_{a_1}\geqslant20K_w$，并且$\frac{c}{K_{a_1}}\geqslant500$时，应用最简公式，即：

$$[H^+]=\sqrt{cK_{a_1}} \qquad (3-6)$$

二元以上的酸也按上述的办法处理。

同理，多元碱也以第一级电离为主。如二元弱碱，若$\frac{K_{b_1}}{K_{b_2}} \geqslant 10^2$，当$cK_{b_1} \geqslant 20K_w$，并且$\frac{c}{K_{b_1}} \geqslant 500$时，应用最简公式计算，即：

$$[OH^-]=\sqrt{cK_{b_1}} \qquad (3\text{-}7)$$

【例3-5】计算0.050mol/L的H_2CO_3饱和溶液的pH。

解：已知c=0.050mol/L，查附录得H_2CO_3的离解常数分别：

$K_{a_1}=4.2\times10^{-7}$，$K_{a_2}=5.6\times10^{-11}$，

因为$\frac{K_{a_1}}{K_{a_2}}=\frac{4.2\times10^{-7}}{5.6\times10^{-11}}=7.5\times10^3>10^2$，可按一元弱酸处理：

$cK_{a_1} \geqslant 20K_w$，并且$\frac{c}{K_{a_1}} \geqslant 500$，所以可采用最简公式计算：

$$[H^+]=\sqrt{cK_{a_1}}=\sqrt{0.050\times4.2\times10^{-7}}=1.4\times10^{-4}\text{mol/L}$$

$$pH=-\lg[H^+]=-\lg1.4\times10^{-4}=3.85$$

在应用公式计算时，必须注意各个公式的使用条件，这样才能保证计算结果的准确性。计算酸碱溶液的酸碱度的公式总结如表3-1所示。

表3-1　酸碱溶液的酸碱度计算公式

溶液	酸碱度的计算公式	使用条件
一元强酸	$[H^+]=c_a$	$c_a \geqslant 10^{-6}$
一元强碱	$[OH^-]=c_b$	$c_b \geqslant 10^{-6}$
一元弱酸	$[H^+]=\sqrt{cK_a}$	（最简公式） $cK_a \geqslant 20K_w$，并且$\frac{c}{K_a} \geqslant 500$
	$[H^+]=\frac{-K_a+\sqrt{K_a^2+4K_ac}}{2}$	（近似公式） $cK_a \geqslant 20K_w$，并且$\frac{c}{K_a}<500$
一元弱碱	$[OH^-]=\sqrt{cK_b}$	（最简公式） $cK_b \geqslant 20K_w$，并且$\frac{c}{K_b} \geqslant 500$
	$[OH^-]=\frac{-K_b+\sqrt{K_b^2+4K_bc}}{2}$	（近似公式） $cK_b \geqslant 20K_w$，并且$\frac{c}{K_b}<500$

续表

溶液	酸碱度的计算公式	使用条件
多元弱酸	$[H^+]=\sqrt{cK_{a_1}}$	（最简公式） $\frac{K_{a_1}}{K_{a_2}}\geqslant 10^2$，$cK_{a_1}\geqslant 20K_w$，并且 $\frac{c}{K_{a_1}}\geqslant 500$
	$[H^+]=\frac{-K_{a_1}+\sqrt{K_{a_1}^2+4K_{a_1}c}}{2}$	（近似公式） $\frac{K_{a_1}}{K_{a_2}}\geqslant 10^2$，$cK_{a_1}\geqslant 20K_w$，并且 $\frac{c}{K_{a_1}}<500$

知识点三　酸碱缓冲溶液

溶液的pH是直接影响化学反应的重要条件之一。许多反应必须在一定的pH范围内进行，才能达到要求。因此，在反应中常需要控制溶液的酸度，使其pH基本不变，这时就需要用到缓冲溶液。

一、酸碱缓冲溶液

酸碱缓冲溶液是一种对溶液的酸度起稳定作用的溶液，它具有对抗外加的少量酸碱或稀释，而使其pH不发生显著变化的性质，这种性质称缓冲作用。

二、酸碱缓冲溶液的组成

缓冲溶液的组成有以下几类。

（1）由浓度较大的弱酸及其弱酸盐混合溶液组成，如HAc-NaAc，一般pH<7。

（2）由浓度较大的弱碱及其弱碱盐混合溶液组成，如$NH_3\cdot H_2O$-NH_4Cl，pH>7。

（3）高浓度的强酸或强碱溶液组成。pH<2的强酸或pH>12的强碱溶液可作为缓冲溶液。

（4）酸式盐及其次级盐组成，如$NaHCO_3$–Na_2CO_3、NaH_2PO_4–Na_2HPO_4等。

三、缓冲容量和缓冲范围

每一种缓冲溶液都具有一定的缓冲能力，其大小可用缓冲容量来衡量。所谓缓冲容量，就是使1L缓冲溶液的pH改变1个单位时所需加入的强酸或强碱的物质的量。加入强酸pH减少，加入强碱pH增大。所需加入强酸或强碱的量越大，则缓冲容量越大。

缓冲范围是指缓冲溶液所能控制的pH范围。

酸性缓冲溶液的缓冲范围为：$pH=pK_a\pm1$，在此范围内缓冲溶液有较好的缓冲效果，超出该范围，缓冲能力显著下降。例如HAc–NaAc缓冲溶液，其$pK_a=4.74$，其缓冲范围为pH=3.73~5.74，它可将溶液酸度控制在3.73~5.74范围之内。

碱性缓冲溶液的缓冲范围为：$pH=14-(pK_b\pm1)$或$pOH=pK_b\pm1$，例如$NH_3\cdot H_2O$–NH_4Cl缓冲溶液，其$pK_b=4.74$，其缓冲范围为pH=8.26~10.26。

四、缓冲溶液的选择和配制

用于控制溶液酸度的缓冲溶液很多，通常根据实际情况选择不同的缓冲溶液，选择的原则是：

（1）缓冲溶液对分析反应没有干扰；

（2）有足够的缓冲容量；

（3）其pH应在所要求的稳定的酸度范围以内。为此，组成缓冲溶液的酸的pK_a应等于或接近于所需的pH，或组成缓冲溶液的碱的pK_b应等于或接近于所需的pOH。

缓冲溶液的种类很多，表3–2列出了常用的缓冲溶液。

表3–2　常用的缓冲溶液

缓冲溶液	pK_a	缓冲pH范围
HAc–NaAc	4.74	3.7～5.7
$NH_3\cdot H_2O$–NH_4Cl	9.26	8.3～10.3
NaH_2PO_4–Na_2HPO_4	7.20	6.2～8.2
$NaHCO_3$–Na_2CO_3	10.25	9.3～11.3
邻苯二甲酸氢钾–盐酸	2.95	1.9～3.9
六亚甲基四胺–盐酸	5.15	4.2～6.2

例如，若要控制溶液的酸度在pH=5左右，可以选择HAc–NaAc缓冲溶液；

若需要pH=9.5的缓冲溶液，可选择$NH_3 \cdot H_2O$-NH_4Cl缓冲溶液。

知识点四　酸碱指示剂

利用酸碱滴定法测定物质含量的反应，绝大多数没有外观上的变化，因此必须借助酸碱指示剂颜色的变化来确定滴定终点是否到达。

一、酸碱指示剂

酸碱指示剂是指能随着溶液的pH变化而改变颜色，从而指示滴定终点的物质。酸碱指示剂通常是一些结构比较复杂的有机弱酸或弱碱（用HIn表示），其共轭酸碱对具有不同的结构和颜色。当溶液的pH变化时，指示剂由于自身结构的变化而引起颜色的变化。

例如，酚酞指示剂是一种弱酸型指示剂，它在水溶液中发生如下电离：

$$HIn \rightleftharpoons H^+ + In^-$$

酸式色　　碱式色

无色　　红色

当溶液为酸性时，酚酞主要以酸式结构（HIn）存在，呈无色；当向溶液加入碱时，OH^-浓度增大时，平衡向右移动，酚酞主要以碱式结构（In^-）存在，呈红色。

由此可见，酸碱指示剂颜色变化的内因是指示剂本身结构的变化，外因是溶液pH的变化。

二、酸碱指示剂的变色范围

酸碱指示剂在水溶液中存在如下离解平衡：

$$HIn \rightleftharpoons H^+ + In^-$$

酸式色　　碱式色

$$K_{HIn} = \frac{[H^+][In^-]}{[HIn]} \tag{3-8}$$

$$\frac{[In^-]}{[HIn]} = \frac{K_{HIn}}{[H^+]}$$

$$pH = pK_{HIn} + \lg\frac{[In^-]}{[HIn]} \tag{3-9}$$

溶液的颜色决定于指示剂碱式与酸式的浓度比值，即$\frac{[In^-]}{[HIn]}$值。对一定的指示剂而言，在指定条件下K_{HIn}是常数。因此，由式（3-8）可以看出，

$\frac{[In^-]}{[HIn]}$值只决定于$[H^+]$，$[H^+]$不同时，$\frac{[In^-]}{[HIn]}$数值就不同，溶液将呈现不同的颜色。

一般来说，当一种颜色的浓度大于另一种颜色浓度的10倍时，人眼通常只能看到浓度大的颜色，因此

当$\frac{[In^-]}{[HIn]} \leqslant \frac{1}{10}$，即$pH \leqslant pK_{HIn} + \lg\frac{1}{10} = pK_{HIn} - 1$时，只能看到酸式色；

当$\frac{[In^-]}{[HIn]} \geqslant 10$，即$pH \geqslant pK_{HIn} + \lg 10 = pK_{HIn} + 1$时，只能看到碱式色；

当$\frac{[In^-]}{[HIn]}$在$\frac{1}{10}$~10时，看到的是酸式色与碱式色复合后的颜色。

从上述讨论可见，当溶液pH由$pK_{HIn}-1$变化到$pK_{HIn}+1$时，溶液的颜色才由酸式色变为碱式色，这时才能明显看出指示剂颜色的变化。因此理论上把$pH=pK_{HIn} \pm 1$称为指示剂的变色范围。

指示剂的理论变色范围为两个pH单位，但实际测得大多数指示剂的变化范围并不都是两个pH单位，且指示剂的理论变色点也不是变色范围的中间点。这是由于人们对不同颜色的敏感程度不同而造成的。

指示剂的变色范围越窄越好，因为pH稍有改变，指示剂就可立即由一种颜色变成另一种颜色，即指示剂变色敏锐，有利于提高测定结果的准确度。人们观察指示剂颜色的变化约为0.2~0.5pH单位的误差。

常用的酸碱指示剂列于表3-3中。

表3-3　几种常用的酸碱指示剂的变色范围

指示剂	变色范围（pH）	颜色变化	pK_{HIn}	质量浓度/(g/L)	用量/(滴/10mL试液)
百里酚蓝（第一次变色）	1.2~2.8	红~黄	1.7	1g/L的20%乙醇溶液	1~2
甲基黄	2.9~4.0	红~黄	3.3	1g/L的90%乙醇溶液	1
甲基橙	3.1~4.4	红~黄	3.4	0.5g/L的水溶液	1
溴酚蓝	3.0~4.6	黄~紫	4.1	1g/L的20%乙醇溶液或其钠盐水溶液	1
溴甲酚绿	4.0~5.6	黄~蓝	4.9	1g/L的20%乙醇溶液或其钠盐水溶液	1~3

续表

指示剂	变色范围（pH）	颜色变化	pK_{HIn}	质量浓度/(g/L)	用量/(滴/10mL试液)
甲基红	4.4~6.2	红~黄	5.0	1g/L的60%乙醇溶液或其钠盐水溶液	1
溴百里酚蓝	6.2~7.6	黄~蓝	7.3	1g/L的20%乙醇溶液或其钠盐水溶液	1
中性红	6.8~8.0	红~黄橙	7.4	1g/L的60%乙醇溶液	1
苯酚红	6.8~8.4	黄~红	8.0	1g/L的60%乙醇溶液或其钠盐水溶液	1
百里酚蓝（第二次变色）	8.0~9.6	黄~蓝	8.9	1g/L的20%乙醇溶液	1~4
酚酞	8.0~10.0	无色~红	9.1	1g/L的90%乙醇溶液	1~3
百里酚酞	9.4~10.6	无色~蓝	10.0	1g/L的90%乙醇溶液	1~2

三、混合指示剂

表3-3所列指示剂都是单一指示剂，它们的变色范围一般都较宽，其中有些指示剂，例如甲基橙，变色过程中还有过渡颜色，不易于辨别颜色的变化。在某些酸碱滴定中，由于化学计量点附近pH突跃小，使用单一指示剂确定终点无法达到所需要的准确度，可考虑采用混合指示剂。

混合指示剂是由人工配制而成的。配制方法有两种：一种是用一种不随溶液pH变化而改变颜色的染料和一种指示剂混合而成；另一种是由两种指示剂混合而成。混合指示剂具有变色范围窄，变色敏锐、明显等优点。表3-4列出了常用混合指示剂及其配制方法。

表3-4　常用混合指示剂及其配制方法

指示剂溶液的组成	变色时pH	颜色		备注
		酸式色	碱式色	
1份0.1%甲基黄乙醇溶液，1份0.1%次甲基蓝乙醇溶液	3.25	蓝紫	绿	pH=3.2，蓝紫色；pH=3.4，绿色

续表

指示剂溶液的组成	变色时pH	颜色		备注
		酸式色	碱式色	
1份0.1%甲基橙水溶液， 1份0.25%靛蓝二磺酸水溶液	4.1	紫	黄绿	
1份0.1%溴甲酚绿钠盐水溶液， 1份0.2%甲基橙水溶液	4.3	橙	蓝紫	pH=3.5，黄色； pH=4.05，绿色； pH=4.3，浅绿
3份0.1%溴甲酚绿乙醇溶液， 1份0.2%甲基红乙醇溶液	5.1	酒红	绿	
1份0.1%溴甲酚绿钠盐水溶液， 1份0.1%氯酚红钠盐水溶液	6.1	黄绿	蓝紫	pH=5.4，蓝绿色； pH=5.8，蓝色； pH=6.0，蓝带紫； pH=6.2，蓝紫
1份0.1%中性红乙醇溶液， 1份0.1%次甲基蓝乙醇溶液	7.0	蓝紫	绿	pH=7.0，蓝紫
1份0.1%甲酚红钠盐水溶液， 3份0.1%百里酚蓝钠盐水溶液	8.3	黄	紫	pH=8.2，玫瑰红； pH=8.4，紫色
1份0.1%百里酚蓝50%乙醇溶液， 3份0.1%酚酞50%乙醇溶液	9.0	黄	紫	从黄到绿，再到紫
1份0.1%酚酞乙醇溶液， 1份0.1%百里酚酞乙醇溶液	9.9	无色	紫	pH=9.6，玫瑰红； pH=10，紫色
2份0.1%百里酚酞乙醇溶液， 1份0.1%茜素黄R乙醇溶液	10.2	黄	紫	

四、影响酸碱指示剂变色范围的因素

1. 温度

温度的变化会引起指示剂离解常数K_{HIn}的变化，所以变色范围也随之改变。例如18℃时，甲基橙的变色范围为3.1~4.4，而100℃时，则为2.5~3.7。

2. 溶剂

指示剂在不同溶剂中的K_{HIn}不同，故变色范围也不同。例如，甲基橙在水溶液中K_{HIn}为3.4，在甲醇中K_{HIn}则为3.8。

3. 指示剂用量

指示剂的用量直接影响滴定终点的准确到达，即影响滴定结果的准确度。

指示剂用量过多，会使终点颜色变化不明显，并会消耗一定量的滴定剂，从而带来终点误差；但指示剂也不能太少，否则颜色太浅，不易观察到颜色的变化。

4. 滴定顺序

由于深色较浅色更易被人辨别，因此，在滴定顺序选择上应考虑指示剂颜色变化的趋势，尽量做到由浅色向深色方向滴定。例如，用NaOH标准溶液滴定HCl溶液时，选用酚酞指示剂，终点由无色变为红色，变化明显，易于辨认；若用甲基橙作指示剂，终点由红色变为黄色，变色不太明显，标准溶液易滴过量。当用HCl标准溶液滴定NaOH溶液时，则宜选用甲基橙作指示剂。

知识点五　滴定曲线与指示剂的选择

酸碱指示剂的颜色随溶液pH的变化而变化，为了在酸碱滴定中选择适宜的指示剂，就必须了解滴定过程中，尤其是化学计量点前后±0.1%相对误差范围内溶液pH的变化情况。下面分别讨论各种类型的酸碱滴定及其指示剂的选择。

一、强碱滴定强酸

现以0.1000mol/L的NaOH溶液滴定20.00mL 0.1000mol/L的HCl溶液为例，讨论溶液的pH变化情况及指示剂的选择。

溶液中发生下列反应：

$$NaOH+HCl \xlongequal{} NaCl+H_2O$$

其离子反应式为：

$$H^+ + OH^- \xlongequal{} H_2O$$

（一）滴定过程pH变化情况

整个滴定过程可分为四个阶段来考虑：

1. 滴定前

滴定前锥形瓶中是0.1000mol/L的HCl溶液，其pH取决于HCl溶液的起始浓度：

$$[H^+]=0.1000mol/L$$

$$pH=-lg[H^+]=1.00$$

2. 滴定开始至化学计量点前

随着NaOH溶液的加入，HCl不断被中和，酸度越来越小，即pH不断升高，溶液的酸度取决于剩余HCl的物质的量。

例如，当加入18.00mL NaOH标准溶液时，剩余HCl溶液的体积为2.00mL，此时：

$$[H^+]=\frac{0.1000\times2.00}{20.00+18.00}=5.26\times10^{-3}mol/L$$

$$pH=2.28$$

当加入19.98mL NaOH标准溶液时，剩余HCl溶液的体积为0.02mL，此时：

$$[H^+]=\frac{0.1000\times0.02}{20.00+19.98}=5.00\times10^{-5}mol/L$$

$$pH=4.30$$

3. 化学计量点时

加入20.00mL NaOH标准溶液时，NaOH和HCl恰好完全中和，反应到达化学计量点。反应生成NaCl和H_2O，溶液呈中性。此时：

$$[H^+]=1.0\times10^{-7}mol/L$$

$$pH=7.00$$

4. 化学计量点后

HCl已被完全中和，再继续滴入NaOH溶液便过量了，溶液的酸度取决于过量的NaOH的量。

例如，当加入20.02mL NaOH标准溶液时，过量的NaOH溶液体积为0.02mL，此时：

$$[OH^-]=\frac{0.1000\times0.02}{20.00+20.02}=5.00\times10^{-5}mol/L$$

$$pOH=4.30$$

$$pH=9.70$$

按以上方法可计算滴定过程中加入任意体积NaOH溶液的pH。

（二）滴定曲线和滴定突跃范围

逐一计算滴定过程中各点pH，列入表3-5中。以NaOH溶液加入量为横坐标，以溶液的pH为纵坐标作图3-1，即可得到描述滴定过程中溶液pH变化情况的曲线，称为滴定曲线，它能展示滴定过程中pH的变化规律。

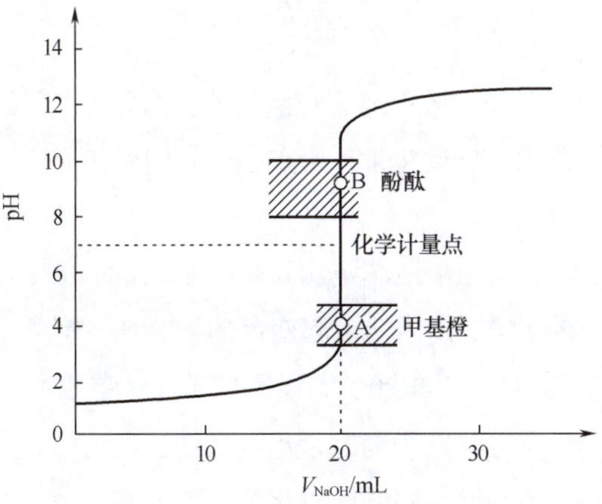

图3-1　0.1000mol/L NaOH溶液滴定20.00mL 0.1000mol/L HCl溶液的滴定曲线

从表3-5数据和图3-1中的滴定曲线可以看出：从滴定开始到加入19.98mL NaOH（即99.9%的HCl被滴定），溶液pH变化缓慢，只改变了3.3个pH单位；再加入0.02mL NaOH溶液（约半滴），此时共滴入20.00mL NaOH溶液，剩下的HCl全部被中和，正好到达化学计量点，pH迅速增至7.00；再滴加0.02mL NaOH溶液，pH变为9.70，此时，1滴之差（0.04mL的NaOH溶液）使溶液的酸度发生巨大变化，其pH由4.30急剧增加到9.70，增大了5.40个pH单位，形成滴定曲线中的"突跃"部分。此后，继续滴加NaOH溶液，溶液的pH变化越来越小，曲线趋于平坦。

一般将滴定剂加入量在化学计量点前后±0.1%时溶液pH的变化范围，称为滴定的pH突跃范围，简称突跃范围。指示剂的选择以此突跃范围作为依据。

表3-5 用0.1000mol/L NaOH溶液滴定20.00mL 0.1000mol/L HCl溶液时pH的变化

加入NaOH溶液体积/mL	剩余HCl溶液体积/mL	过量NaOH溶液体积/mL	$[H^+]$/(mol/L)	pH	
0.00	20.00		1.00×10^{-1}	1.00	
18.00	2.00		5.26×10^{-3}	2.28	
19.80	0.20		5.02×10^{-4}	3.30	
19.98	0.02		5.00×10^{-5}	4.30	突跃范围
20.00	0.00		1.00×10^{-7}	7.00	突跃范围
20.02		0.02	2.00×10^{-10}	9.70	突跃范围
20.20		0.20	2.01×10^{-11}	10.70	
22.00		2.00	2.10×10^{-12}	11.68	
40.00		20.00	3.00×10^{-13}	12.52	

（三）指示剂的选择

选择指示剂的原则是：指示剂的变色范围应部分或全部处于滴定突跃范围内。指示剂的变色范围越接近化学计量点越好。同时还应注意人的视觉对颜色的敏感性。

对于0.1000mol/L NaOH溶液滴定20.00mL 0.1000mol/L HCl溶液来说，凡在突跃范围（pH=4.30~9.70）以内能引起变色的指示剂，都可作为该滴定的指示剂，如酚酞（变色范围为8.0~10.0）、甲基橙（变色范围为3.1~4.4）和甲基红（变色范围为4.4~6.2）等。其中酚酞指示剂最佳。

需要指出的是：强碱滴定强酸的滴定突跃范围的大小，不仅与体系的性质有关，而且还与酸碱溶液的浓度有关。酸碱溶液浓度越大，滴定突跃范围越宽，指示剂的选择也就越方便。酸碱溶液浓度越小，指示剂的选择就越受限制。

图3-2给出了不同浓度的强酸强碱滴定突跃范围。从图中可以看出：当酸碱浓度增大10倍时，滴定突跃范围增加2个pH单位，即用1.000mol/L NaOH溶液滴定1.000mol/L HCl溶液的突跃范围为3.3~10.7；当酸碱浓度减小10倍时，滴定突跃范围减少2个pH单位，即用0.010mol/L NaOH溶液滴定0.010mol/L HCl溶液的突跃范围为5.3~8.7。

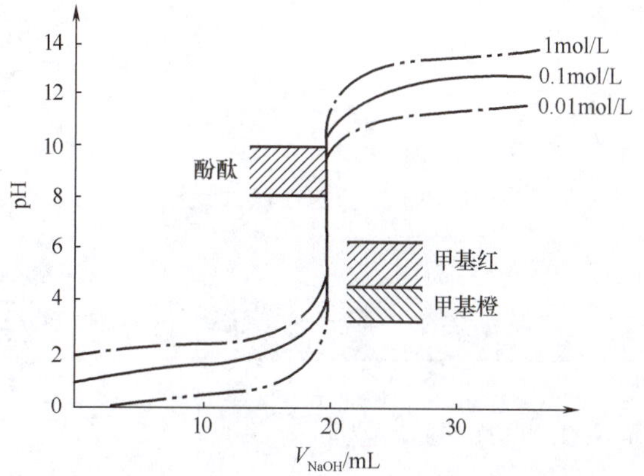

图3-2 不同浓度NaOH溶液滴定不同浓度HCl溶液的滴定曲线

显然，溶液越浓，突跃范围越大；溶液越稀，突跃范围越小。在浓溶液滴定中选用的指示剂，在稀溶液中不一定适用。 如用1.000mol/LNaOH溶液滴定1.000mol/L HCl溶液时，可选用甲基橙指示剂，但用0.010mol/L NaOH溶液滴定0.010mol/L HCl溶液时，再选用甲基橙就不合适了。

强酸滴定强碱的滴定曲线与强碱滴定强酸的滴定曲线相对称，pH变化相反。

二、强碱滴定弱酸

现以0.1000mol/L的NaOH溶液滴定20.00mL 0.1000mol/L的HAc溶液为例，讨论溶液的pH变化情况及指示剂的选择。

溶液中发生下列反应：

$$NaOH+HAc = NaAc+H_2O$$

其离子反应式为：

$$OH^-+HAc = Ac^-+H_2O$$

（一）滴定过程pH变化情况

滴定过程可分为四个阶段，分别是滴定前、滴定开始至化学计量点前、化学计量点时、化学计量点后，选择具有代表意义的点计算其pH，所得结果列于表3-6。

表3-6　用0.1000mol/L NaOH溶液滴定20.00mL 0.1000mol/L HAc溶液时pH的变化

加入NaOH溶液体积/mL	剩余HAc溶液体积/mL	过量NaOH溶液体积/mL	pH	
0.00	20.00		2.87	
18.00	2.00		5.70	
19.80	0.20		6.74	
19.98	0.02		7.74	突跃范围
20.00	0.00		8.72	突跃范围
20.02		0.02	9.70	突跃范围
20.20		0.20	10.70	
22.00		2.00	11.70	
40.00		20.00	12.50	

（二）滴定曲线和滴定突跃范围

以NaOH溶液加入量为横坐标，以溶液的pH为纵坐标作图，即可得到NaOH溶液滴定HAc溶液的滴定曲线，如图3-3所示。

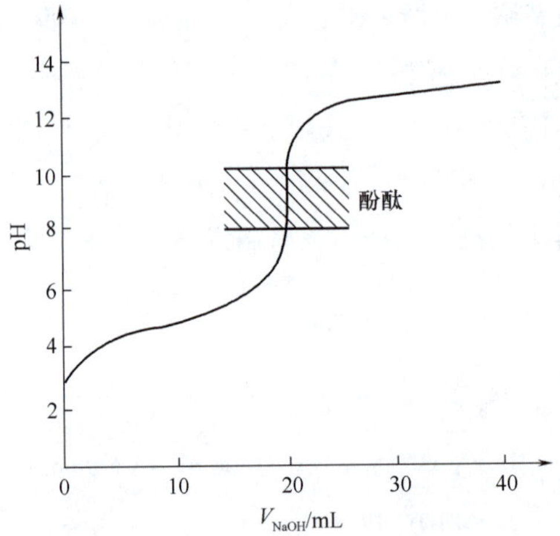

图3-3　0.1000mol/L NaOH溶液滴定20.00mL0.1000mol/L HAc溶液的滴定曲线

1. 滴定前

滴定曲线的起点抬高。HAc溶液的pH为2.87，比HCl溶液的大（pH=1.00），是由于HAc为弱酸的缘故。

2. 滴定开始到化学计量点前

曲线形成一个由倾斜到平坦又到倾斜的坡度。

滴定开始后，由于NaAc不断产生，形成NaAc-HAc缓冲溶液，pH增加较慢，曲线较平坦。接近化学计量点时，由于剩余的HAc浓度已很少，缓冲能力减弱，随着NaOH标准溶液的不断滴入，溶液的pH升高逐渐变快，在化学计量点附近出现滴定突跃。

3. 化学计量点时

由于滴定产物NaAc的水解，溶液呈碱性，pH=8.72。

4. 化学计量点后

溶液的pH变化与NaOH标准溶液滴定HCl溶液相同。

5. 滴定突跃范围

pH为7.74~9.70，处于碱性范围。

（三）指示剂的选择

由于滴定突跃范围pH为7.74~9.70，突跃范围较小，且处于碱性范围，可选择在弱碱性范围内变色的指示剂，如酚酞、百里酚蓝、百里酚酞等，酚酞的变色点（pH=9.1）恰好在滴定突跃之内，所以用酚酞作指示剂最好。而在酸性范围内变色的指示剂，如甲基橙和甲基红等不能使用。

强碱滴定弱酸的滴定突跃范围除了与浓度有关之外，还与弱酸的强度有关，强度越强，突跃范围越大，强度越弱，突跃范围越窄，可供选择的指示剂越少，甚至选不到指示剂。

通常将$cK_a \geqslant 10^{-8}$作为弱酸能被强碱溶液直接准确滴定的基本条件。

三、强酸滴定弱碱

强酸滴定弱碱，以0.1000mol/L HCl溶液滴定20mL 0.1000mol/L $NH_3 \cdot H_2O$溶液为例。其滴定反应为：

$$NH_3 \cdot H_2O + HCl = NH_4Cl + H_2O$$

离子方程式为：

$$NH_3 \cdot H_2O + H^+ = NH_4^+ + H_2O$$

滴定过程与NaOH溶液滴定20.00mL 0.1000mol/L HAc溶液相似，但滴定过程中pH变化方向相反，滴定曲线如图3-4所示。随着HCl的加入，pH不断由高到低变化，化学计量点时，NH_4Cl水溶液呈酸性（pH=5.28），滴定突跃范围为pH=6.25~4.30，可选甲基红、溴甲酚绿等在酸性范围变色的指示剂，不能选用酚酞等在碱性范围内的指示剂。

同样，对于弱碱，只有满足$cK_b \geqslant 10^{-8}$时，该弱碱才能被强酸溶液直接滴定。

四、强碱滴定多元酸

常见的多元酸是弱酸，在水溶液中分步电离。所以，对于多元酸的滴定主

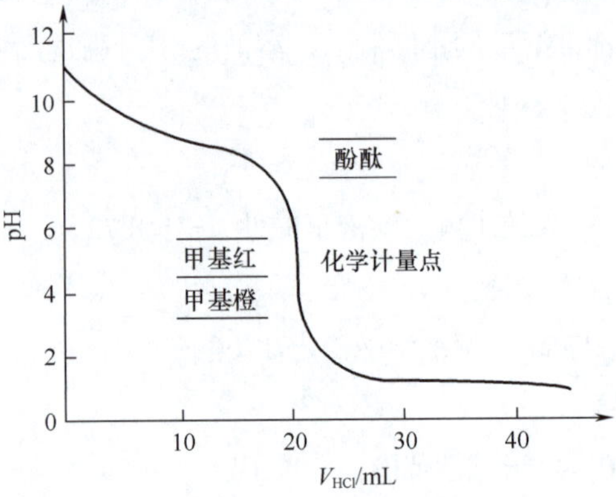

图3-4 0.1000mol/L HCl溶液滴定20mL 0.1000mol/L $NH_3 \cdot H_2O$溶液的滴定曲线

要看能否分步滴定，选什么指示剂。

例如，对于二元酸，滴定原则是：

（1）当$cK_{a_1} \geqslant 10^{-8}$，$cK_{a_2} \geqslant 10^{-8}$时，一级、二级离解的$H^+$都可以被准确滴定，若同时满足$\frac{K_{a_1}}{K_{a_2}} \geqslant 10^5$，则两级$H^+$可以分步滴定；

（2）当$cK_{a_1} \geqslant 10^{-8}$，$cK_{a_2} < 10^{-8}$，那么第一级离解的$H^+$可以被滴定，第二级离解的$H^+$则不能被准确滴定；

（3）当$cK_{a_1} \geqslant 10^{-8}$，$cK_{a_2} \geqslant 10^{-8}$，但$\frac{K_{a_1}}{K_{a_2}} < 10^5$，则两级可一起被滴定，但不能被分别滴定。

多元酸的滴定过程计算比较复杂，在实际工作中，一般只需计算化学计量点时的pH，然后选择在此pH附近变色的指示剂。

例如，用0.1000mol/L NaOH溶液滴定0.1000mol/L H_3PO_4溶液，H_3PO_4为三元弱酸，在溶液中分三步电离：

$$H_3PO_4 \rightleftharpoons H^+ + H_2PO_4^- \qquad K_{a_1}=7.6 \times 10^{-3}$$

$$H_2PO_4^- \rightleftharpoons H^+ + HPO_4^{2-} \qquad K_{a_2}=6.3 \times 10^{-8}$$

$$HPO_4^{2-} \rightleftharpoons H^+ + PO_4^{3-} \qquad K_{a_3}=4.4 \times 10^{-13}$$

根据滴定原则，因为$cK_{a_1} > 10^{-8}$，$cK_{a_2} \approx 10^{-8}$，同时满足$\frac{K_{a_1}}{K_{a_2}} > 10^5$，所以一级、二级离解的$H^+$都可以被分步滴定得到两个突跃。由于$cK_{a_3} < 10^{-8}$，第三级离解的$H^+$不能被直接滴定。

滴定到第一化学计量点时，发生下面反应：

$$H_3PO_4 + NaOH = NaH_2PO_4 + H_2O$$

此时溶液pH=4.66，可选择甲基红、溴甲酚绿作指示剂。

滴定到第二化学计量点时，发生下面反应：

$$NaH_2PO_4+NaOH \xlongequal{} Na_2HPO_4+H_2O$$

此时溶液pH=9.78，可选择酚酞或百里酚酞作指示剂。

五、强酸滴定多元碱

强酸滴定多元碱，其情况与多元酸的滴定相似，因此，有关多元酸滴定的结论也适合多元碱的情况。

例如，用0.1000mol/L HCl溶液滴定0.1000mol/L Na_2CO_3溶液，Na_2CO_3是二元弱酸H_2CO_3与强碱生成的盐，Na_2CO_3的$K_{b_1}=1.8\times10^{-4}$，$K_{b_2}=2.4\times10^{-8}$，在满足一般分析的要求下，还是能够进行分步滴定的，只是滴定突跃范围小。

滴定达到第一化学计量点时，发生下面反应：

$$HCl+Na_2CO_3 \xlongequal{} NaHCO_3+NaCl$$

此时溶液中pH=8.32，可选用酚酞指示剂（变色范围为8.0~10.0），但终点误差较大。若选用甲酚红–百里酚蓝混合指示剂（变色范围为8.2~8.4），可获得较为准确的滴定结果。

滴定达到第二化学计量点，发生下面反应：

$$NaHCO_3+HCl \xlongequal{} NaCl+H_2O+CO_2\uparrow$$

此时溶液中pH=3.89，可选用甲基橙为指示剂。国标中采用效果更好的溴甲酚绿–甲基红混合指示剂代替甲基橙指示剂。

知识点六　酸碱标准溶液的配制和标定

酸碱滴定法中常用的酸标准溶液是盐酸、硫酸溶液，盐酸溶液因其价格低廉，易于得到，稀盐酸溶液无氧化还原性质，酸性强且稳定，因此最常用。硝酸具有氧化性，本身稳定性较差，能破坏某些指示剂，所以应用较少。

碱标准溶液常用NaOH溶液，有时也用KOH溶液。

一、盐酸标准溶液的配制和标定

1. 配制方法

市售盐酸密度为1.19g/mL，含HCl约37%，其物质的量浓度约为12mol/L。配制时取一定体积浓HCl稀释成近似浓度，然后用基准物质标定，以获得准确浓度。因浓盐酸具有挥发性，配制时所取浓盐酸的量应适当多于计算量。例如，配制0.1mol/L的HCl溶液500mL，计算需浓盐酸4.2mL，实际可量取4.5mL，用水稀释到500mL。

配制浓度为c的稀盐酸溶液VmL，所需质量分数为ω、密度为ρ的浓盐酸的体积V_1为：

$$\rho \times V_1 \times \omega = c \times V \times 10^{-3} \times M(\text{HCl})$$

$$V_1 = \frac{c \times V \times 10^{-3} \times M(\text{HCl})}{\rho \times \omega} \tag{3-10}$$

式中　c——稀盐酸溶液的浓度，mol/L；

V——稀盐酸溶液的体积，mL；

$M(\text{HCl})$——HCl的摩尔质量，g/mol；

ρ——浓盐酸溶液的密度，g/mL；

ω——浓盐酸溶液的质量分数，%；

V_1——所需浓盐酸溶液的体积，mL。

2. 标定

标定HCl标准溶液浓度常用的基准物质有无水碳酸钠（Na_2CO_3）或硼砂（$Na_2B_4O_7 \cdot 10H_2O$）。其中，Na_2CO_3应用较为普遍。下面介绍用无水Na_2CO_3标定HCl标准溶液的方法。

由于Na_2CO_3易吸收空气中的水分，因此在使用前应在270~300℃干燥至恒重，然后密封于称量瓶内，保存在干燥器中备用。

标定反应为：

$$Na_2CO_3 + 2HCl \xlongequal{\quad} 2NaCl + CO_2\uparrow + H_2O$$

用Na_2CO_3标定0.1mol/L HCl溶液，化学计量点时溶液的pH为3.89。可选用甲基橙做指示剂，用HCl溶液滴定至快到终点时，应将溶液加热煮沸赶除CO_2，冷却后继续滴定，当溶液颜色由黄色变为橙色即为滴定终点。

按照国家标准（GB/T　601—2002）规定，采用溴甲酚绿-甲基红混合指示剂指示终点。用盐酸溶液滴定至溶液由绿色变为暗红色，煮沸2min，冷却后继续滴定至溶液再呈暗红色即为终点。

结果计算及表示：

$$c(\text{HCl}) = \frac{m(Na_2CO_3)}{V(\text{HCl})\,M(\frac{1}{2}Na_2CO_3)} \tag{3-11}$$

式中　$c(\text{HCl})$——盐酸标准溶液的浓度，mol/L；

$m(Na_2CO_3)$——无水碳酸钠的质量，g；

$V(\text{HCl})$——滴定时消耗盐酸标准溶液的体积，L；

$M(\frac{1}{2}Na_2CO_3)$——$\frac{1}{2}Na_2CO_3$的摩尔质量，g/mol。

【例3-6】称取0.1432g基准物质Na_2CO_3，用待标定的HCl溶液滴定，消耗HCl溶液24.88mL，试求HCl溶液的浓度（Na_2CO_3的摩尔质量为105.99g/mol）。

解：Na_2CO_3和HCl的反应为：

$$Na_2CO_3+2HCl = 2NaCl+CO_2\uparrow+H_2O$$

取$\frac{1}{2}Na_2CO_3$为基本单元，则

$$c(HCl)=\frac{m(Na_2CO_3)}{V(HCl)M(\frac{1}{2}Na_2CO_3)}$$

$$=\frac{0.1432}{24.88\times10^{-3}\times\frac{1}{2}\times105.99}$$

$$=0.1086g$$

二、碱标准溶液的配制和标定

常用的碱标准溶液有NaOH和KOH标准溶液，分析中最常用的碱溶液是NaOH溶液。固体NaOH具有很强的吸附性，易吸收空气中CO_2和H_2O生成少量Na_2CO_3，且含有少量硅酸盐、硫酸盐和氯化物等，因此不能直接配制成NaOH标准溶液，只能用间接法配制，再以基准物质标定其准确浓度。

配制不含Na_2CO_3的NaOH溶液有三种方法，可采用其中任一方法。配制过程中所用的蒸馏水也应为不含CO_2的蒸馏水，即新加热煮沸并冷却的蒸馏水。

1. 配制方法

（1）将氢氧化钠制成饱和溶液，即一份氢氧化钠固体加一份水制备成溶液，此溶液氢氧化钠的浓度约为16mol/L，在这种浓碱液中，Na_2CO_3几乎不溶解而沉淀下来，吸取上层澄清液，用无CO_2的蒸馏水稀释至所需浓度。该法为国家标准中采用的方法。

（2）预先配制一种较浓的NaOH溶液（如1mol/L），加入$Ba(OH)_2$或$BaCl_2$使Na_2CO_3生成$BaCO_3$沉淀。取出上层澄清液用无CO_2的蒸馏水稀释。

（3）称取比需要量稍多的NaOH固体于烧杯中，用少量新鲜的蒸馏水迅速清洗2~3次，除去固体表面形成的Na_2CO_3，然后溶解在无CO_2的蒸馏水中。

由于NaOH溶液易腐蚀玻璃，浓碱液应贮存在聚乙烯塑料瓶中。一般情况下，稀溶液也可贮存于玻璃瓶中，但必须用橡皮塞而不能用玻璃塞，以免瓶塞被黏住。

2. 标定

标定NaOH标准溶液浓度的基准物质有邻苯二甲酸氢钾（$KHC_8H_4O_4$）或草酸（$H_2C_2O_4\cdot2H_2O$）。常用邻苯二甲酸氢钾基准物质进行标定。

邻苯二甲酸氢钾是有机弱酸，在水溶液中呈酸性，故可用NaOH溶液滴定。用邻苯二甲酸氢钾标定0.1mol/L的NaOH溶液，滴定到达化学计量点时pH=9.12，溶液呈碱性，选用酚酞为指示剂，滴定至溶液由无色变为粉红色（30s不褪色）即为终点。

标定反应为：$KHC_8H_4O_4+NaOH = KNaC_8H_4O_4+H_2O$

结果计算及表示：

$$c(\mathrm{NaOH})=\frac{m(\mathrm{KHC_8H_4O_4})}{V(\mathrm{NaOH})\,M(\mathrm{KHC_8H_4O_4})} \tag{3-12}$$

式中 c（NaOH）——氢氧化钠标准溶液的浓度，mol/L；

m（$KHC_8H_4O_4$）——邻苯二甲酸氢钾的质量，g；

V（NaOH）——滴定时消耗氢氧化钠标准溶液的体积，L；

M（$KHC_8H_4O_4$）——邻苯二甲酸氢钾的摩尔质量，g/mol。

【例3-7】选用邻苯二甲酸氢钾标定浓度为0.2mol/L NaOH溶液的准确浓度。今欲控制消耗NaOH溶液的体积在25mL左右，应称取基准物质多少克？如改用草酸（$H_2C_2O_4 \cdot 2H_2O$）作基准物质，又应称取多少克？

解：（1）邻苯二甲酸氢钾与NaOH的反应为：

$$KHC_8H_4O_4+NaOH = KNaC_8H_4O_4+H_2O$$

邻苯二甲酸氢钾的基本单元为$KHC_8H_4O_4$，设应称取的邻苯二甲酸氢钾的质量为m_1，则

$$\begin{aligned} m_1 &= c(\mathrm{NaOH})\,V(\mathrm{NaOH})\,M(\mathrm{KHC_8H_4O_4}) \\ &= 0.2\times 25\times 10^{-3}\times 204.22 \\ &= 1.0\mathrm{g} \end{aligned}$$

（2）草酸与NaOH的反应为：

$$H_2C_2O_4+2NaOH = Na_2C_2O_4+2H_2O$$

草酸的基本单元为$\frac{1}{2}H_2C_2O_4 \cdot 2H_2O$，设应称取的草酸的质量为$m_2$，则

$$\begin{aligned} m_2 &= c(\mathrm{NaOH})\,V(\mathrm{NaOH})\,M\left(\frac{1}{2}\mathrm{H_2C_2O_4\cdot 2H_2O}\right) \\ &= 0.2\times 25\times 10^{-3}\times \frac{1}{2}\times 126.07 \\ &= 0.32\mathrm{g} \end{aligned}$$

知识点七 酸碱滴定法的应用

酸碱滴定法在生产实际中应用极为广泛，能直接测定许多酸、碱，以及间接测定能与酸、碱发生定量反应的物质含量。在我国的国家标准中，许多试样

如化学试剂、化工产品、食品添加剂、水样等，凡涉及酸度、碱度项目的，多数都采用简便易行的酸碱滴定法。

一、直接滴定法

以下物质可以直接进行滴定：

（1）各种强酸、强碱；

（2）$cK_a \geq 10^{-8}$或$cK_b \geq 10^{-8}$的无机弱酸或弱碱以及能溶于水的有机弱酸或弱碱；

（3）$\frac{K_{a_1}}{K_{a_2}} \geq 10^5$，各级$cK_a \geq 10^{-8}$的多元酸；$\frac{K_{b_1}}{K_{b_2}} \geq 10^5$，各级$cK_b \geq 10^{-8}$的多元碱。

（一）食醋中总酸度的测定

HAc是一种重要的农产加工品，又是合成有机农药的一种重要原料。而食醋的主要成分是HAc，也有少量其他弱酸，如乳酸等。

测定时，将食醋用不含CO_2的蒸馏水适当稀释后，用NaOH标准溶液滴定。中和后产物为NaAc，化学计量点时pH=8.7左右，应选用酚酞为指示剂，滴定至呈现粉红色（30s不褪色）即为终点。由所消耗的NaOH标准溶液的体积及浓度计算食醋的总酸度。

（二）混合碱的测定

工业品烧碱（NaOH）中常含有Na_2CO_3，纯碱Na_2CO_3中也常含有$NaHCO_3$，这两种工业品都称为混合碱。混合碱的测定常用双指示剂法与氯化钡法，氯化钡法比较准确但较费时，所以在工业分析中多用双指示剂法，这里主要介绍双指示剂法。

所谓双指示剂法，就是测定混合碱试样中各组分含量，用HCl标准溶液滴定，根据滴定过程中pH变化的情况，选用两种不同指示剂，分别指示第一、第二化学计量点（或终点）的到达，从而求出各组分的含量。

1. 烧碱中NaOH和Na_2CO_3含量的测定

烧碱（氢氧化钠）在生产和存放过程中，因吸收空气中的CO_2而产生部分Na_2CO_3。在测定烧碱中NaOH含量的同时，常常要测定Na_2CO_3的含量。

烧碱中NaOH和Na_2CO_3含量的测定，可用甲基橙和酚酞两种指示剂，以酸标准溶液连续滴定。具体做法是：准确称取一定质量的烧碱试样m_s（g），溶解后先以酚酞为指示剂，用HCl标准溶液滴定至溶液由红色变为无色，这是第一化学计量点（pH=8.3），设用去的HCl溶液的体积为V_1（mL），此时NaOH全部被中和，而Na_2CO_3被中和到$NaHCO_3$。反应如下：

$$NaOH+HCl = NaCl+H_2O$$

$$Na_2CO_3+HCl \xlongequal{} NaCl+NaHCO_3$$

然后加入甲基橙指示剂，继续用HCl标准溶液滴定，使溶液由黄色变为橙色，这是第二化学计量点（pH=3.9），又用去的HCl溶液体积为V_2（mL）。反应式为：

$$NaHCO_3+HCl \xlongequal{} NaCl+H_2O+CO_2\uparrow$$

整个滴定过程所消耗HCl溶液的体积关系可用图3-5表示。

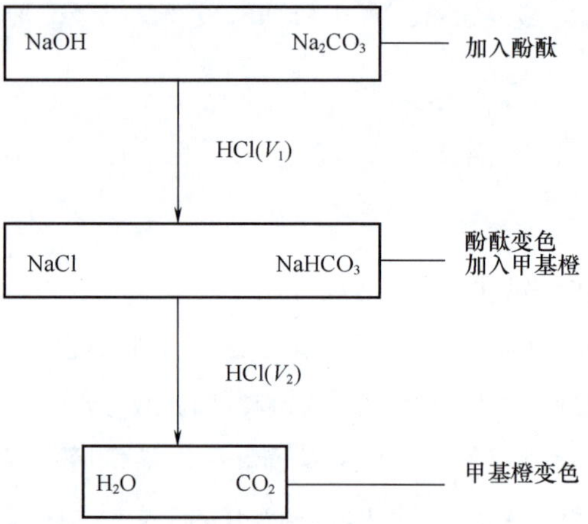

图3-5 HCl滴定烧碱的过程

显然，V_2是滴定$NaHCO_3$所消耗的HCl的体积。因Na_2CO_3被中和至$NaHCO_3$与$NaHCO_3$被中和至H_2CO_3所消耗的HCl体积是相等的，故中和Na_2CO_3所消耗HCl溶液的体积为$2V_2$，中和NaOH所消耗HCl溶液的体积为V_1-V_2。

计算NaOH和Na_2CO_3的质量分数为：

$$\omega(\text{NaOH})=\frac{c(\text{HCl})\times(V_1-V_2)\times10^{-3}\times M(\text{NaOH})}{m_s}\times100\%$$

$$\omega(\text{Na}_2\text{CO}_3)=\frac{c(\text{HCl})\times2V_2\times10^{-3}\times M(\frac{1}{2}\text{Na}_2\text{CO}_3)}{m_s}\times100\%$$

2. 纯碱（Na_2CO_3）中Na_2CO_3和$NaHCO_3$的测定

纯碱（Na_2CO_3）俗称苏打，常常含有少量$NaHCO_3$，测定方法为双指示剂法。先以酚酞为指示剂，到第一化学计量点时消耗的HCl溶液体积为V_1，反应方程式为：

$$Na_2CO_3+HCl \xlongequal{} NaCl+NaHCO_3$$

再用甲基橙为指示剂，到第二化学计量点时消耗的HCl溶液体积为V_2，反应方程式为：

$$NaHCO_3+HCl = NaCl+H_2O+CO_2\uparrow$$

整个滴定过程所消耗HCl溶液的体积关系可用图3-6表示。

计算NaOH和Na_2CO_3的质量分数为：

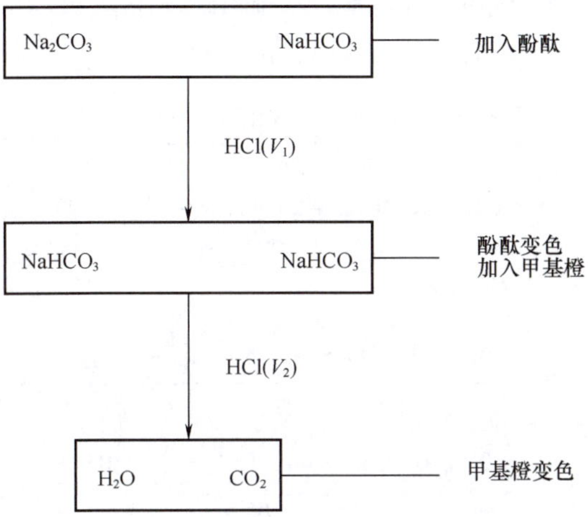

图3-6　HCl溶液滴定纯碱的过程

$$\omega(Na_2CO_3)=\frac{c(HCl)\times 2V_1\times 10^{-3}\times M\left(\frac{1}{2}Na_2CO_3\right)}{m_s}\times 100\%$$

$$\omega(NaHCO_3)=\frac{c(HCl)\times(V_2-V_1)\times 10^{-3}\times M(NaHCO_3)}{m_s}\times 100\%$$

用双指示剂法测定混合碱时，根据测定消耗HCl的体积V_1和V_2的大小就可判断混合碱的成分，其关系如表3-7所示。

表3-7　混合碱的五种组合形式

消耗HCl溶液的体积	混合碱的组成	消耗HCl溶液的体积	混合碱的组成
$V_1=0$，$V_2>0$	$NaHCO_3$	$V_1>V_2>0$	$NaOH+Na_2CO_3$
$V_1>0$，$V_2=0$	NaOH	$V_2>V_1>0$	$Na_2CO_3+NaHCO_3$
$V_1=V_2$	Na_2CO_3		

【例3-8】称取含NaOH和Na_2CO_3的试样1.1869g，溶解后用0.2800mol/L的HCl标准溶液滴定到酚酞变色时，用去HCl溶液46.25mL，再加入甲基橙指示剂后继续滴定，又消耗了HCl溶液23.46mL。计算试样中NaOH和Na_2CO_3的质量分数。

解：酚酞作指示剂时，滴定到第一化学计量点，发生的化学反应是

$$NaOH+HCl \xlongequal{} NaCl+H_2O$$

$$Na_2CO_3+HCl \xlongequal{} NaCl+NaHCO_3$$

再加甲基橙指示剂，滴定到第二化学计量点，发生的化学反应是：

$$NaHCO_3+HCl \xlongequal{} NaCl+H_2O+CO_2\uparrow$$

因为m_s=1.1869g，c（HCl）=0.2800mol/L，V_1=46.25mL，V_2=23.46mL，

$$\omega(\mathrm{NaOH})=\frac{c(\mathrm{HCl})\times(V_1-V_2)\times10^{-3}\times M(\mathrm{NaOH})}{m_s}\times100\%$$

$$=\frac{0.2800\times(46.25-23.46)\times10^{-3}\times40.00}{1.1869}\times100\%$$

$$=21.51\%$$

$$\omega(\mathrm{Na_2CO_3})=\frac{c(\mathrm{HCl})\times2V_2\times10^{-3}\times M(\frac{1}{2}\mathrm{Na_2CO_3})}{m_s}\times100\%$$

$$=\frac{0.2800\times2\times23.46\times10^{-3}\times\frac{1}{2}\times105.99}{1.1869}\times100\%$$

$$=58.66\%$$

二、置换滴定法

有些物质本身没有酸碱性，或者其酸碱性很弱，不能直接滴定。这时可利用某些化学反应使它们转化为相当量的酸或碱，然后再用标准碱溶液或标准酸溶液进行滴定。

例如，硼酸是一种极弱的酸（K_a=5.8×10^{-10}），不能用NaOH标准溶液直接滴定。如果在硼酸溶液中加入一些甘油或甘露醇等多元醇，可与硼酸根形成稳定的配合物，从而增加硼酸在水中的解离，使硼酸转变为配合物，该配合物的酸性很强，可用NaOH标准溶液准确滴定，以酚酞做指示剂。

三、间接滴定法

对于某些非酸、碱的有机物质，可以通过某些化学反应释放出相当量的酸或碱，从而可用碱或酸标准溶液进行滴定，间接地测定出其含量。

例如测定氯化铵、硝酸铵、硫酸铵中氮的含量，这些铵盐的水溶液酸性很弱，不能直接用碱标准溶液滴定。向铵盐试样溶液中加入过量的浓碱溶液，加热使NH_3蒸馏逸出，用过量的硼酸溶液吸收，然后用HCl标准溶液滴定硼酸吸收液。

反应式为：

$$NH_4^+ +OH^- \xlongequal{} NH_3\uparrow+H_2O$$

$$NH_3+H_3BO_3 \xlongequal{} H_2BO_3^- + NH_4^+$$

$$H_2BO_3^- + H^+ \xlongequal{} H_3BO_3$$

思考练习

一、名词解释

酸碱滴定法　酸度　pH突跃范围　酸碱缓冲溶液　缓冲容量　酸碱指示剂

二、填空题

1. 在酸碱滴定中，借助________颜色变化来确定________终点。

2. 酸碱指示剂颜色变化的内因是________，外因是________。

3.影响指示剂变色范围的因素是________、________、________、________。

4. 列举4种缓冲溶液的组成________、________、________、________。

5. 甲基橙的变色范围是________，在pH＜3.1时呈______色；甲基红的变色范围是________，在pH＞6.2时呈________色；酚酞的变色范围是________，在pH＞9.6时呈______色。

6. 配制HCl标准溶液时，所取浓盐酸的体积应比理论值稍____，这是因为________。

7. 标定HCl标准溶液常用的基准物质是________、________。

8. 配制NaOH标准溶液时，所采用的蒸馏水应为________，制备方法为________。

9. 标定0.1mol/L NaOH标准溶液常用的基准物质是________，滴定选用的指示剂是______。

10. 滴定突跃范围的大小与酸碱的______和______有关。

三、选择题

1. 酸碱滴定中选择指示剂的原则是（　　）。

A. 指示剂变色范围与化学计量点完全符合

B. 指示剂应在pH=7.00时变色

C. 指示剂的变色范围应全部或部分落入滴定pH突跃范围之内

D. 指示剂变色范围应全部落在滴定pH突跃范围之内

2. 将甲基橙指示剂加到无色水溶液中，溶液呈黄色，该溶液的酸碱性为（　　）。

A. 中性　　B. 碱性　　C. 酸性　　D. 不定

3. 将酚酞指示剂加到无色水溶液中，溶液呈红色，该溶液的酸碱性为（　　）。

A. 中性　　B. 碱性　　C. 酸性　　D. 不定

4. 作为基准物质的无水碳酸钠吸水后，标定HCl溶液，则所标定的HCl溶液浓度将（　　）。

A. 偏高　　B. 偏低　　C. 产生随机误差　　D. 没有影响

5. 欲配制pH为5左右的缓冲溶液，应选用的物质是（　　）。

A. HAc-NaAc　　B. HAc-NH_4Ac

C. $NH_3 \cdot H_2O$-NH_4Cl　　D. NaH_2PO_4-Na_2HPO_4

6. 用基准物无水碳酸钠标定0.1mol/L盐酸，宜选用（　　）作指示剂。

A. 溴甲酚绿-甲基红　　B. 酚酞　　C. 百里酚蓝　　D. 二甲酚橙

7. 用NaOH标准溶液测定食醋的总酸量，最合适的指示剂是（　　）。

A. 甲基橙　　B. 甲基红　　C. 酚酞　　D. 百里酚蓝

8. 双指示剂法测混合碱，加入酚酞指示剂时，消耗HCl标准溶液体积为23.20mL；加入甲基橙指示剂，继续滴定又消耗了HCl标准溶液26.25mL，那么溶液中存在（　　）。

A. Na_2CO_3　B. Na_2CO_3+ $NaHCO_3$　C. $NaHCO_3$　D. NaOH+Na_2CO_3

9. 用0.1000mol/L HCl标准溶液滴定0.1mol/L $NH_3 \cdot H_2O$溶液的pH突跃范围为6.3~4.5，则可选用下列（　　）指示剂。

A. 甲基橙　　B. 酚酞　　C. 百里酚蓝　　D. 甲基红

10. 下列物质中能用强碱溶液直接滴定的是（　　）。

A. 0.1mol/L NH_4Cl溶液

B. 0.1mol/L C_2H_5COOH溶液（$K_a=1.34\times10^{-5}$）

C. 0.1mol/L $NH_3 \cdot H_2O$溶液

D. 0.1mol/L H_3BO_3溶液（$K_a=5.8\times10^{-10}$）

四、判断题

1. 常用的酸碱指示剂是一些有机弱酸或弱碱。（　　）
2. 酚酞和甲基橙都可作为强碱滴定弱酸的指示剂。（　　）
3. 缓冲溶液在任何pH条件下都能起缓冲作用。（　　）
4. 强酸滴定弱碱达到化学计量点时pH＞7。（　　）
5. 双指示剂就是混合指示剂。（　　）
6. 配制酸碱标准溶液时，直接用量筒量取HCl溶液，用电子天平称取NaOH固体。（　　）
7. 化学计量点前后，滴定体积在相对误差±0.1%范围内溶液pH的变化，称为滴定的突跃范围。（　　）
8. 在选择指示剂时，主要是以滴定曲线上的滴定突跃为依据，因此，最理想的酸碱指示剂应该恰好在滴定反应的化学计量点变色。（　　）

9. 通常情况下，酸度就是酸的浓度。（　　）

10. 测定食醋中总酸量时，用甲基橙为指示剂，用NaOH标准溶液滴定。（　　）

11. HCl标准溶液应保存在玻璃试剂瓶中，NaOH标准溶液应保存在聚乙烯塑料瓶中。（　　）

12. 在纯水中加入一些碱，则溶液中的［H^+］［OH^-］乘积会变大。（　　）

13. 欲使溶液的pH由3增加到5，需要加碱。（　　）

五、简答与计算题

1.为什么不能用直接法配制NaOH标准溶液？装溶液的试剂瓶为什么不宜用玻璃塞？

2. 举例说明酸的浓度和酸度有何不同？

3. 某溶液使酚酞呈无色，使甲基红呈黄色。指出该溶液的pH范围。

4. 计算下列溶液的pH。

（1）0.060mol/L的HCl溶液

（2）0.300 mol/L的HAc溶液

（3）0.060mol/L的NaOH溶液

（4）0.300 mol/L的$NH_3 \cdot H_2O$溶液

5. 酸碱指示剂为什么能变色？指示剂变色范围是怎样产生的？

6. 何谓滴定突跃？它的大小与哪些因素有关？酸碱滴定中选择指示剂的原则是什么？

7. 如何配制不含Na_2CO_3的NaOH溶液？

8.用无水Na_2CO_3标定HCl溶液浓度，若要消耗约30mL浓度为0.10mol/L的HCl溶液，应称取Na_2CO_3多少克？

9. 称取0.1325g无水Na_2CO_3基准物标定盐酸溶液，用去25.00mL HCl溶液。计算HCl溶液的浓度是多少？

10. 称取1.2710g邻苯二甲酸氢钾基准物标定NaOH溶液，用去30.10mL NaOH溶液。计算NaOH溶液的浓度是多少？

11. 称取混合碱试样0.8719g，加酚酞指示剂，用0.3000mol/L HCl标准溶液滴定至终点，用去HCl溶液28.60mL，再加甲基橙指示剂滴定至终点，又耗去HCl溶液24.10mL，求试样中各组分的质量分数。

阅读与拓展

资料一　酸碱指示剂的发现

三百多年前，英国著名化学家、近代化学的奠基人罗伯特·波义耳在一次实验中，不小心将浓盐酸溅到一束紫罗兰上，为了洗掉花瓣上的酸，他把花浸泡在水中。过一会儿，他惊奇地发现紫罗兰变成红色，他认为，可能是盐酸使紫罗兰颜色变红色，为进一步验证这一现象，他立即取了当时已知的几种酸的稀溶液，把紫罗兰花瓣分别放入这些稀酸中，结果现象完全相同，紫罗兰都变为红色。由此他推断，不仅盐酸，而且其他各种酸都能使紫罗兰变为红色。

偶然的发现激发了科学家的探求欲望。后来，他采集了药草、牵牛花，苔藓、月季花、树皮和各种植物的根……泡出了多种颜色的不同浸液做试验，有些浸液遇酸变色，有些浸液遇碱变色，不过有趣的是，他从石蕊苔藓中提取的紫色浸液，酸能使它变红色，碱能使它变蓝色，这就是最早的石蕊试液，波义耳把它称作指示剂。

为使用方便，波义耳用一些浸液把纸浸透、烘干制成纸片，使用时只要将小纸片放入被检测的溶液，纸片上就会发生颜色变化，从而显示出溶液是酸性还是碱性。今天，我们使用的石蕊试纸、酚酞试纸、pH试纸，就是根据波义耳的发现原理研制而成的。

资料二　酸雨

酸雨是指pH小于5.6的雨雪或其他形式的降水。雨、雪等在形成和降落过程中，吸收并溶解了空气中的二氧化硫、氮氧化合物等物质，形成了pH低于5.6的酸性降水。酸雨主要是人为地向大气中排放大量酸性物质所造成的。中国的酸雨主要是由于大量燃烧含硫量高的煤而形成的，多为硫酸雨，少为硝酸雨，此外，各种机动车排放的尾气也是形成酸雨的重要原因。我国深入推进环境污染防治，经过多年不懈的努力，已显著改善酸雨污染状况。

酸雨的危害主要表现如下。

（1）危害水生系统　会影响鱼类和其他生物群落，改变营养物和有毒物的循环，使有毒金属溶解到水中，并进入食物链，使物种减少和生产力下降。

（2）危害陆地生态系统，重点影响土壤和植物　对土壤的影响包括抑制有机物的分解和氮的固定，淋洗钙、镁、钾等营养元素，使土壤贫瘠化；对植物，酸雨损害新生的叶芽，影响其生长发育，导致森林生态系统退化。

（3）影响人体的健康　一是通过食物链使汞、铅等重金属进入人体，诱发癌症和阿尔茨海默病；二是酸雾侵入肺部，诱发肺水肿或导致死亡；三是长期生活在含酸沉降物的环境中，诱使产生过多的氧化脂，导致动脉硬化、心肌梗死等疾病概率增加。

（4）直接腐蚀建筑物、机械和市政设施、文物、古迹。

酸雨给地球生态环境和人类社会经济、生活都带来严重影响和破坏，酸雨的全球性危害已经受到了广泛关注。世界各国应齐心协力共同治理酸雨灾害。我们要坚持绿水青山就是金山银山的理念，牢固树立环境保护意识，共同保护地球生态环境，共建我们的美好家园。

实训操作

实训一　盐酸标准溶液的配制和标定

一、目的要求

（1）掌握HCl标准溶液的配制方法。

（2）掌握用无水Na_2CO_3作基准物质标定HCl溶液的基本原理、操作方法和计算。

（3）熟练减量法称量操作、滴定操作。

（4）掌握溴甲酚绿-甲基红混合指示剂的使用和滴定终点的判断。

二、原理

市售盐酸密度为1.19g/mL，含HCl约37%，其物质的量浓度约为12mol/L。由于浓盐酸容易挥发，不能用它们来直接配制具有准确浓度的标准溶液，需量取一定量的浓盐酸稀释至近似浓度的溶液，然后用基准物质标定它们的准确浓度。

准确称量适量基准物无水Na_2CO_3，以蒸馏水溶解后用HCl溶液直接滴定，可选用甲基橙做指示剂，滴定至溶液由黄色变为橙色为滴定终点。近终点煮沸赶除CO_2，冷却后继续滴定至橙色为滴定终点。

按照国家标准（GB/T　601—2002）规定，采用溴甲酚绿-甲基红混合指示剂，滴定至溶液由绿色变为暗红色，煮沸2min，冷却后继续滴定至溶液再呈暗红色为滴定终点。

其反应式如下：

$$Na_2CO_3+2HCl = 2NaCl+CO_2\uparrow+H_2O$$

三、仪器和试剂

1. 仪器

（1）电子天平；

（2）50mL酸式滴定管；

（3）称量瓶；

（4）250mL锥形瓶；

（5）量筒（10、100mL）；

（6）玻璃试剂瓶；

（7）500mL烧杯；

（8）玻璃棒；

（9）标签纸；

（10）胶头滴管。

2. 试剂

（1）浓盐酸　密度为1.19g/mL（分析纯）；

（2）基准无水碳酸钠　于270~300℃灼烧至恒重；

（3）溴甲酚绿-甲基红混合指示剂　3份0.1%溴甲酚绿乙醇溶液和1份0.1%甲基红乙醇溶液混合；

（4）甲基橙指示剂（0.1%水溶液）。

四、实训内容

1. 配制c（HCl）=0.1 mol/L的盐酸标准溶液

用10mL洁净的量筒量取4.5mL浓盐酸，小心倒入已盛有300mL蒸馏水的烧杯中，用玻璃棒搅拌均匀，再稀释至500mL。转入试剂瓶中，盖好瓶塞，摇匀并贴上标签，待标定。

2. 标定

（1）用溴甲酚绿-甲基红混合指示剂指示终点　用减量法准确称取已烘干的基准物质无水碳酸钠0.15~0.2g，置于250mL锥形瓶中，加入50mL蒸馏水溶解，加10滴溴甲酚绿-甲基红指示剂，用配制好的盐酸溶液滴定至溶液由绿色变为暗红色，煮沸2min，冷却后继续滴定至溶液再呈暗红色。记录消耗HCl标准溶液的体积。平行测定三次。

（2）用甲基橙指示剂指示终点　用减量法准确称取已烘干的基准物质无水碳酸钠0.15~0.2g，置于250mL锥形瓶中，加入25mL蒸馏水溶解，加入1滴甲基橙指示剂，用配制好的盐酸溶液滴定至溶液由黄色变为橙色，加热煮沸2min，冷却后继续滴定至溶液呈橙色为终点。记录消耗HCl标准溶液的体积。平行测定三次。

五、数据记录与结果计算

1. 数据记录

内容＼次数	1	2	3
称量瓶和无水碳酸钠的质量/g			
倾倒后称量瓶和无水碳酸钠的质量/g			
无水碳酸钠的质量m/g			

续表

内容＼次数	1	2	3
HCl溶液体积初读数/mL			
HCl溶液体积终读数/mL			
消耗HCl溶液的体积V（HCl）/mL			
HCl标准溶液的浓度c（HCl）/（mol/L）			
平均值c（HCl）/（mol/L）			
平行测定结果的极差/（mol/L）			
极差与平均值之比/%			

2. 结果计算

按下式计算HCl标准溶液的浓度：

$$c(\mathrm{HCl})=\frac{m(\mathrm{Na_2CO_3})\times 1000}{V(\mathrm{HCl})\times M(\frac{1}{2}\mathrm{Na_2CO_3})}$$

式中　c（HCl）——盐酸标准溶液的浓度，mol/L；

m（Na_2CO_3）——无水碳酸钠的质量，g；

V（HCl）——滴定消耗盐酸标准溶液的体积，mL；

$M(\frac{1}{2}\mathrm{Na_2CO_3})$ —— $\frac{1}{2}$ Na_2CO_3的摩尔质量，g/mol。

六、注意事项

（1）干燥至恒重的无水碳酸钠有吸湿性，因此在准确称取无水碳酸钠时，宜采用减量法称取，并应迅速将称量瓶加盖密闭。

（2）在滴定过程中产生的二氧化碳，使终点变色不够敏锐。因此，在溶液滴定进行至临近终点时，应将溶液加热煮沸，以除去二氧化碳，待冷却至室温后，再继续滴定。

七、问题探究

（1）HCl标准溶液为什么不能采用直接配制法？如果配制0.1mol/L HCl溶液1 000mL，取浓HCl溶液多少毫升？如何计算？

（2）基准无水碳酸钠为什么要干燥处理？称量时为什么要用减量法？

（3）标定HCl溶液浓度，为什么接近终点时，溶液要煮沸2min？

（4）为什么向滴定管中加入标准溶液前需用该溶液润洗3次？滴定用的锥形瓶是否也要用标准溶液润洗？

实训二 氢氧化钠标准溶液的配制和标定

一、目的要求

（1）掌握NaOH标准溶液的配制方法。

（2）掌握用邻苯二甲酸氢钾作基准物质标定NaOH溶液的基本原理、操作方法和计算。

（3）熟练减量法称量操作、滴定操作。

（4）掌握酚酞指示剂的使用和滴定终点的判断。

二、原理

市售的NaOH试剂易吸收空气中CO_2和H_2O，生成少量Na_2CO_3，且含有少量硅酸盐、硫酸盐和氯化物等，不能用直接法配制成标准溶液，应先配成近似浓度的溶液，再用基准物质标定其准确浓度。

配制NaOH标准溶液时，为了防止碳酸盐存在影响分析结果，可先配成NaOH饱和溶液（此时碳酸盐不溶），静置后吸取上层清液，加水稀释，再标定。

准确称取适量基准物邻苯二甲酸氢钾，溶解后用NaOH溶液直接滴定，以酚酞为指示剂，滴定至溶液由无色变为粉红色半分钟不褪色为终点。标定反应式为：

$$KHC_8H_4O_4+NaOH \longrightarrow KNaC_8H_4O_4+H_2O$$

三、仪器和试剂

1. 仪器

（1）电子天平；

（2）台秤；

（3）50mL碱式滴定管；

（4）称量瓶；

（5）250mL锥形瓶；

（6）量筒（10、100mL）；

（7）聚乙烯塑料瓶（2个）；

（8）烧杯（100、500mL）；

（9）玻璃棒；

（10）标签纸；

（11）胶头滴管。

2. 试剂

（1）氢氧化钠固体　分析纯；

（2）基准邻苯二甲酸氢钾　于105~110℃干燥至恒重；

（3）酚酞指示剂（10g/L）　1g酚酞加100mL的95%乙醇溶液。

四、实训内容

1. 配制c（NaOH）=0.1 mol/L的氢氧化钠标准溶液

用小烧杯在台秤上称取110g氢氧化钠固体，溶于100mL无二氧化碳的水中，用玻璃棒搅拌均匀，注入聚乙烯容器中，密闭放置至溶液清亮。

吸取上层清液2.7mL置于500mL无二氧化碳的蒸馏水中，用玻璃棒搅拌均匀，转移至聚乙烯塑料试剂瓶中，贴上标签。待标定。

2. 标定

用减量法准确称取基准试剂邻苯二甲酸氢钾0.5~0.6g，置于250mL锥形瓶中，加入50mL温热的蒸馏水，溶解冷却后，加2滴酚酞指示剂，用配制好的氢氧化钠溶液滴定至溶液呈粉红色，并保持30s不褪色。记录消耗NaOH标准溶液的体积。平行测定三次。

五、数据记录与结果计算

1. 数据记录

内容＼次数	1	2	3
称量瓶和邻苯二甲酸氢钾的质量/g			
倾倒后称量瓶和邻苯二甲酸氢钾的质量/g			
邻苯二甲酸氢钾的质量m/g			
NaOH溶液体积初读数/mL			
NaOH溶液体积终读数/mL			
消耗NaOH溶液的体积V（NaOH）/mL			
NaOH标准溶液的浓度c（NaOH）/（mol/L）			
平均值c（NaOH）/（mol/L）			
平行测定结果的极差/（mol/L）			
极差与平均值之比/%			

2. 结果计算

按下式计算NaOH标准溶液的浓度：

$$c(NaOH)=\frac{m(KHC_8H_4O_4)\times1000}{V(NaOH)M(KHC_8H_4O_4)}$$

式中 $c(NaOH)$——氢氧化钠标准溶液的浓度，mol/L；

$m(KHC_8H_4O_4)$——邻苯二甲酸氢钾的质量，g；

$V(NaOH)$——消耗氢氧化钠溶液的体积，mL；

$M(KHC_8H_4O_4)$——邻苯二甲酸氢钾的摩尔质量，g/mol。

六、注意事项

（1）称量NaOH固体时，应在台秤上用小烧杯称量。

（2）用来配制NaOH溶液的蒸馏水，应加热煮沸放冷，除去其中的CO_2。

（3）加热有助于$KHC_8H_4O_4$的溶解，待完全溶解并冷却至室温后，再进行标定。如果溶解不完全，会造成较大的误差。

（4）$KHC_8H_4O_4$较重，采用减量法称量时注意小心慢敲称量瓶，以免超出称量范围。

（5）滴定近终点时不要剧烈摇动锥形瓶，以免吸收空气中的CO_2。

七、问题探究

（1）能否用称量纸直接称取NaOH固体？为什么？

（2）配制NaOH标准溶液时，为什么先配成饱和溶液，再吸取一定量的上层清液稀释至所需浓度？

（3）配制好的NaOH标准溶液应如何保存？

（4）称入基准物邻苯二甲酸氢钾的锥形瓶，其内壁是否需要干燥？溶解邻苯二甲酸氢钾所用水的体积是否需要准确？为什么？

（5）做平行试验时，为什么每次滴定管读数均要从“零”开始？

实训三 食醋中总酸量的测定

一、目的要求

（1）掌握强碱滴定弱酸的基本原理及指示剂的选择原则。

（2）掌握食醋中总酸量的测定原理和方法。

（3）熟练掌握移液管、容量瓶、碱式滴定管的使用方法。

二、原理

食醋的主要成分是醋酸（CH_3COOH），常简写为HAc，此外还含有少量其他有机弱酸如乳酸等。

醋酸是弱酸（$K_a=1.8\times10^{-5}$），可用NaOH标准溶液直接准确滴定。用酚酞作指示剂，用NaOH标准溶液滴定至溶液由无色变为微红色。其滴定反应式为：

$$HAc+NaOH = NaAc+H_2O$$

测定时，不仅醋酸与NaOH作用，食醋中可能存在的其他各种形式的酸也与NaOH作用，所以测得的是总酸量，以醋酸的质量浓度 ρ（HAc）表示，单位为g/100mL。食醋中醋酸的质量浓度一般在3%~5%，应适当稀释后再进行滴定。

三、仪器和试剂

1. 仪器

（1）25mL移液管（2支）；

（2）50mL碱式滴定管；

（3）250mL容量瓶；

（4）250mL锥形瓶；

（5）100mL烧杯；

（6）洗耳球；

（7）标签纸。

2. 试剂

（1）氢氧化钠标准溶液 c（NaOH）=0.1mol/L；

（2）食醋样品（白米醋）；

（3）酚酞指示剂（10g/L）：1g酚酞加100mL的95%乙醇溶液。

四、实训内容

1. 配制食醋稀释溶液

用移液管吸取25.00mL食醋样品，放入250mL容量瓶中，然后用无CO_2的蒸馏水稀释至刻度，摇匀，贴上标签纸。备用。

2. 移液

用另一支移液管移取25.00mL的食醋稀释试液于锥形瓶中，滴加1~2滴酚酞指示剂。

3. 测定

用NaOH标准溶液滴定到溶液呈微红色，30s内不褪色即为终点。记录消耗NaOH标准溶液的体积。平行测定三次。

五、数据记录与结果计算

1. 数据记录

内容＼次数	1	2	3
移取的食醋样品溶液的体积V（HAc）/mL			
氢氧化钠标准溶液的浓度c（NaOH）/（mol/L）			
NaOH溶液体积初读数/mL			
NaOH溶液体积终读数/mL			
消耗NaOH溶液的体积V（NaOH）/mL			
总酸量ρ（HAc）/（g/100mL）			
平均值ρ（HAc）/（g/100mL）			
平行测定结果的极差/（g/100mL）			
极差与平均值之比/%			

2. 结果计算

按下式计算食醋的总酸量：

$$\rho(\mathrm{HAc})=\frac{c(\mathrm{NaOH})V(\mathrm{NaOH})M(\mathrm{HAc})\times10^{-3}}{V(\mathrm{HAc})\times\frac{25.00}{250.0}}\times100$$

$$=\frac{c(\mathrm{NaOH})V(\mathrm{NaOH})M(\mathrm{HAc})}{V(\mathrm{HAc})}$$

式中 ρ（HAc）——食醋的总酸量，g/100mL；

c（NaOH）——氢氧化钠标准溶液的浓度，mol/L；

V（NaOH）——滴定消耗氢氧化钠溶液的体积，mL；

M（HAc）——HAc的摩尔质量，g/mol；

V（HAc）——移取的食醋样品溶液的体积V（HAc），mL。

六、注意事项

（1）食醋样品的浓度较大，故必须稀释后再进行滴定。

（2）为消除CO_2对实验的影响，减少实验误差，配制NaOH溶液和稀释食醋的蒸馏水在实验前应加热煮沸2~3min，尽可能除去溶解的CO_2，并快速冷却至室温。

（3）使用移液管前，需用对应的待移取溶液润洗移液管3次。当移取食醋溶液进行稀释时，应用食醋原液润洗移液管；当移取食醋稀释溶液进行测定时，应用食醋稀释溶液润洗移液管。

七、问题探究

（1）测定食醋中总酸量时，为什么用酚酞指示剂？能否用甲基橙或甲基红？

（2）酚酞指示剂滴入溶液变红后，在空气中放置一段时间后又变为无色，原因是什么？

（3）测定醋酸含量时，所用的蒸馏水不能含二氧化碳，为什么？NaOH标准溶液能否含有二氧化碳，为什么？

（4）如果本次实验吸取10mL食醋溶液稀释到250mL容量瓶中再进行测定，那么如何表达计算公式？

模块四　配位滴定法

学习目标

1. 掌握配位滴定法的基本原理。
2. 掌握EDTA及其配合物的特点，知道副反应对滴定的影响和条件稳定常数的应用。
3. 掌握金属指示剂的作用原理和使用条件。
4. 了解提高配位滴定选择性的方法。
5. 了解配位滴定常用的滴定方式及其应用。
6. 了解EDTA标准溶液的配制和标定方法。
7. 通过配位滴定实验养成规范操作和书写实验报告的习惯，提高检验技能。

必备知识

知识点一　配位滴定法概述

以配位反应为基础进行滴定以测定物质含量的滴定分析方法称为配位滴定法。能够形成配合物的反应很多，但能用于配位滴定的却不多。用于配位滴定的配位反应必须具备以下条件。

（1）生成的配合物必须很稳定，配合物越稳定，反应越完全；

（2）反应必须按化学计量关系定量进行；

（3）反应速度要足够快；

（4）要有适当方法确定滴定终点；

（5）滴定过程中生成的配合物是可溶的。

用于配位反应的配位剂可分为无机配位剂和有机配位剂两大类。许多无机配位剂和中心离子形成的配合物属于简单配合物，稳定性不高，有分级配位现象，且各级配合物稳定性相近，因此很难确定他们的化学计量关系和滴定终点。因此这类配位反应很少用于配位滴定。

而很多有机配位剂可与中心离子形成稳定的、组成一定的配合物，避免了无机配位剂的缺陷，可用作配位滴定的滴定剂和掩蔽剂。目前主要使用的滴定剂是氨羧配位剂。这是一类以氨基二乙酸为主体的配位剂的总称。其分子含有两个以上的配位原子，与中心离子配合时，形成低配位比的具有环状结构的螯合物。这使配合物具有特殊的稳定性。

其中，以乙二胺四乙酸（EDTA）应用最为广泛。目前大多数的配位滴定是以EDTA作为配位剂的。因此，接下来将重点介绍EDTA滴定法。

知识点二　EDTA及其配合物

一、乙二胺四乙酸

乙二胺四乙酸为白色结晶，简称EDTA或EDTA酸，常用H_4Y表示。其结构如下：

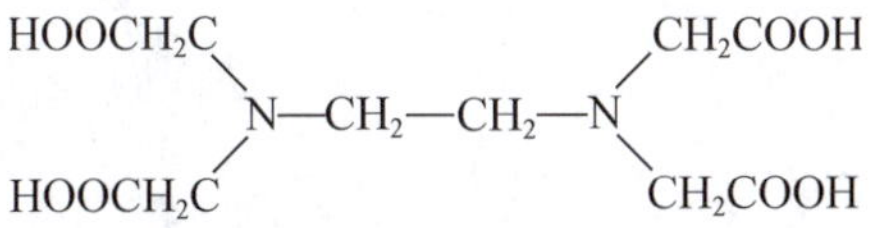

EDTA中的氮原子电负性强，因此其两个羧基上的H^+可以转移到氮原子上，形成双偶极离子。

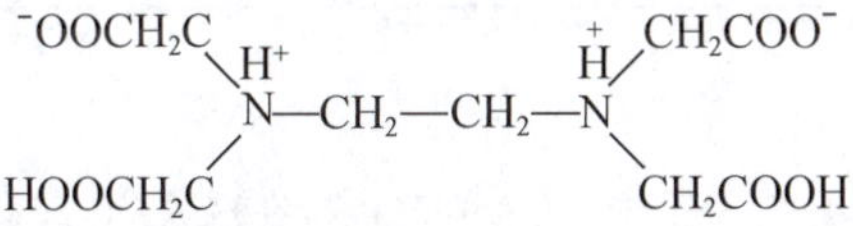

EDTA是含有羧基和氨基的螯合剂，能与多种阳离子形成稳定的螯合物。在化学分析中，除了用于配位滴定外，还在各种分离和测定方法中用作掩蔽剂。

EDTA本身在水中溶解度小，故通常把它制成二钠盐，用$Na_2H_2Y \cdot 2H_2O$表示，仍简称EDTA，或EDTA二钠盐。在室温下，每100mL水能溶解11.1g，此时溶液浓度约为0.3mol/L，水溶液显弱酸性，pH约为4.4。

当H_4Y溶解于水时，如果溶液的酸度很高，它的两个羧基可再接受H^+，形成H_6Y^{2+}，这样，EDTA就相当于六元酸，有六级解离平衡：

$$H_6Y^{2+} \rightleftharpoons H^+ + H_5Y^+ \qquad K_{a_1}=\frac{[H^+][H_5Y^+]}{[H_6Y^{2+}]}=1.26\times10^{-1} \qquad pK_{a_1}=0.90$$

$$H_5Y^+ \rightleftharpoons H^+ + H_4Y \qquad K_{a_2}=\frac{[H^+][H_4Y]}{[H_5Y^+]}=2.51\times10^{-2} \qquad pK_{a_2}=1.60$$

$$H_4Y \rightleftharpoons H^+ + H_3Y^- \qquad K_{a_3}=\frac{[H^+][H_3Y^-]}{[H_4Y]}=1.00\times10^{-2} \qquad pK_{a_3}=2.00$$

$$H_3Y^- \rightleftharpoons H^+ + H_2Y^{2-} \qquad K_{a_4}=\frac{[H^+][H_2Y^{2-}]}{[H_3Y^-]}=2.14\times10^{-3} \qquad pK_{a_4}=2.67$$

$$H_2Y^{2-} \rightleftharpoons H^+ + HY^{3-} \qquad K_{a_5}=\frac{[H^+][HY^{3-}]}{[H_2Y^{2-}]}=6.92\times10^{-7} \qquad pK_{a_5}=6.15$$

$$HY^{3-} \rightleftharpoons H^+ + Y^{4-} \qquad K_{a_6}=\frac{[H^+][Y^{4-}]}{[HY^{3-}]}=5.50\times10^{-11} \qquad pK_{a_6}=10.26$$

由于分步解离，EDTA在任何水溶液中，总是以H_6Y^{2+}、H_5Y^+、H_4Y、H_3Y^-、H_2Y^{2-}、HY^{3-}、Y^{4-}这七种形式存在。在不同酸度下，各种形式存在的浓度不同。从以上平衡可以看到，酸度升高，平衡向左移动，酸度降低，平衡向右移动。它们的分布如图4-1所示。

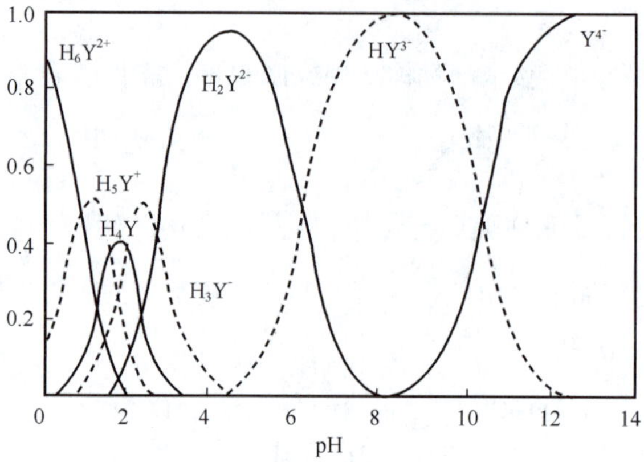

图4-1 EDTA溶液中各种存在形式的分布图

从图4-1可以看出，在pH＜1的强酸性溶液中，EDTA主要以H_6Y^{2+}的形式存在；在pH为2.67~6.16的溶液中则主要以H_2Y^{2-}的形式存在，只有在pH＞10的碱性溶液中，EDTA才主要以Y^{4-}的形式存在，此时EDTA的配位能力最强。

二、EDTA与金属离子的配合物

（1）EDTA与金属离子发生配位反应时，它的两个氨基氮原子和四个羧基的氧原子均可与金属离子键合，形成多个五元环的螯合物，使配合物的稳定性增加。EDTA与二价金属离子形成螯合物的结构如图4-2所示。

（2）一般情况下，这些螯合物中的EDTA与金属离子的配位比都是1∶1。生成螯合物的反应式如下：

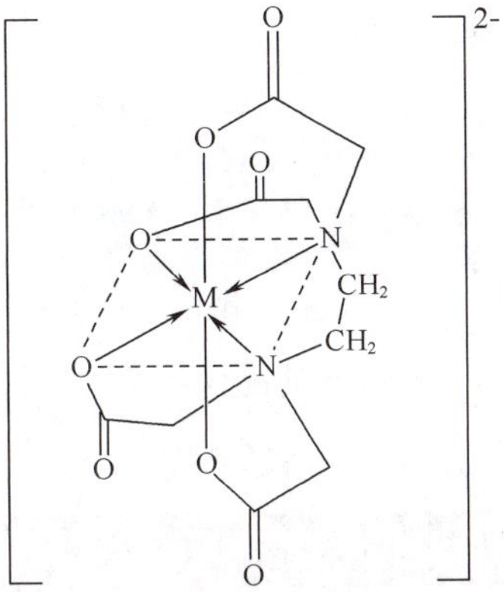

图4-2　EDTA与金属离子形成配合物的立体结构示意图

$$M^{2+} + Y^{4-} \rightleftharpoons MY^{2-}$$

$$M^{3+} + Y^{4-} \rightleftharpoons MY^{-}$$

$$M^{4+} + Y^{4-} \rightleftharpoons MY$$

为方便起见，略去电荷，则这些反应可以写成通式

$$M + Y \rightleftharpoons MY$$

（3）形成的配合物颜色主要取决于金属离子的颜色。EDTA与无色金属离子生成无色的配合物，这有利于滴定终点颜色的判断；与有色金属离子则一般生成颜色更深的配合物，若浓度太大，颜色太深，会使终点确定发生困难。部分有色EDTA螯合物如表4-1所示。

表4-1　部分EDTA螯合物及其颜色

螯合物	颜色	螯合物	颜色
CoY^{2-}	紫红	$Fe(OH)Y^{2-}$	褐
CrY^{-}	深紫	FeY^{-}	黄
$Cr(OH)Y^{2-}$	蓝	MnY^{2-}	紫红
CuY^{2-}	蓝	NiY^{2-}	蓝绿

（4）此外，EDTA与金属离子形成的配合物大多带有电荷，水溶性较好。

三、配合物的稳定常数

配合物的稳定性常用其平衡常数，即稳定常数$K_{稳}$表示，又称为形成常数。在金属离子M与Y的配位反应中，稳定常数的表达式为：

$$M + Y \rightleftharpoons MY$$

$$K_{稳}=\frac{[MY]}{[M][Y]} \tag{4-1}$$

显然，$K_{稳}$或者$\lg K_{稳}$越大，表示生成配合物的倾向越大，即配合物越稳定。以Ca^{2+}与EDTA的配位反应为例：

$$Ca^{2+} + Y^{4-} \rightleftharpoons CaY^{2-}$$

$$K_{稳}=\frac{[CaY^{2-}]}{[Ca^{2+}][Y^{4-}]}=4.90\times10^{10}$$

$$\lg K_{稳}=10.69$$

常见的EDTA与金属离子所形成的配合物的$\lg K_{稳}$如表4-2所示。

表4-2　部分金属离子与EDTA所形成的配合物的$\lg K_{稳}$值（25℃）

金属离子	$\lg K_{稳}$	金属离子	$\lg K_{稳}$	金属离子	$\lg K_{稳}$
Na^{+}	1.66	Fe^{2+}	14.33	Cu^{2+}	18.80
Li^{+}	2.79	Al^{3+}	16.30	Hg^{2+}	21.7
Ag^{+}	7.32	Co^{2+}	16.31	Sn^{2+}	22.11
Ba^{2+}	7.86	Cd^{2+}	16.46	Bi^{3+}	27.94
Mg^{2+}	8.79	Zn^{2+}	16.50	Cr^{3+}	23.40
Ca^{2+}	10.69	Pb^{2+}	18.04	Fe^{3+}	25.10
Mn^{2+}	13.87	Ni^{2+}	18.62	Co^{3+}	36.00

从表4-2可以看出，各种金属离子和EDTA生成的配合物的稳定性各不相同。一般认为，只有$\lg K_{稳}$接近或大于8时，生成的配合物才足够稳定，能用于配位滴定。

四、副反应系数和条件稳定常数

在使用EDTA滴定时，主反应是被滴定的金属离子M与EDTA阴离子Y反应，生成配合物MY。同时，反应物M、Y和生成物MY均有可能与溶液中同时存在的其他组分发生反应，使主反应受到影响。常见的副反应由存在于溶液中的H^{+}、OH^{-}、其他配位剂、干扰金属离子N等引起。

发生副反应时，溶液中常见的配位平衡移动情况如下式表示：

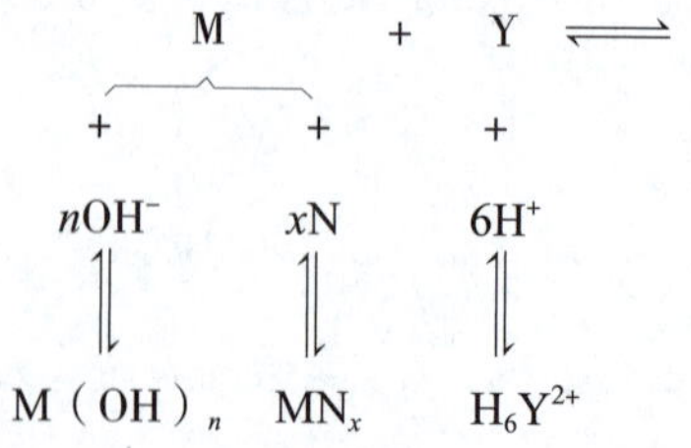

根据上述平衡关系，求出未参加主反应的M和Y的总浓度与平衡浓度[M]和[Y]的比值，得到的系数称为副反应系数。下面就介绍两种最常见的副反应及其副反应系数。

1. 酸效应

从上式可以看出，当M和Y发生配位反应时，如果有H^+存在，就会与Y结合形成其共轭酸。此时［Y］下降，使MY解离倾向增大，主反应受到影响。这种由于H^+存在，使配位体参与主反应能力降低的现象称为酸效应。反之，当H^+浓度下降，则Y浓度增加，将有利于MY生成，使反应完全。但pH太高时，金属离子可能水解生成氢氧化物沉淀，同样会促进MY的解离。因此，选择适当的酸度是配位滴定的重要条件。

H^+引起副反应时，副反应系数称为酸效应系数，通常用$\alpha_{L(H)}$表示。在EDTA出现酸效应时，则以$\alpha_{Y(H)}$表示。其意义为未与M配位的EDTA的总浓度［Y′］与未与M配位的游离EDTA酸根离子浓度［Y］的比值，即：

$$\alpha_{Y(H)}=\frac{[Y']}{[Y]} \qquad (4\text{–}2)$$

α越大，表示［Y］越小，即副反应越严重。若没有发生副反应，则表示未配位的EDTA全部以Y的形式存在，即α=1。由于副反应系数变化范围很大，因此常常使用其对数值，$\lg\alpha_{Y(H)}$表示。在分析工作中，常用EDTA在不同pH条件下的$\lg\alpha_{Y(H)}$绘制成pH–$\lg\alpha_{Y(H)}$曲线图（图4–3）。

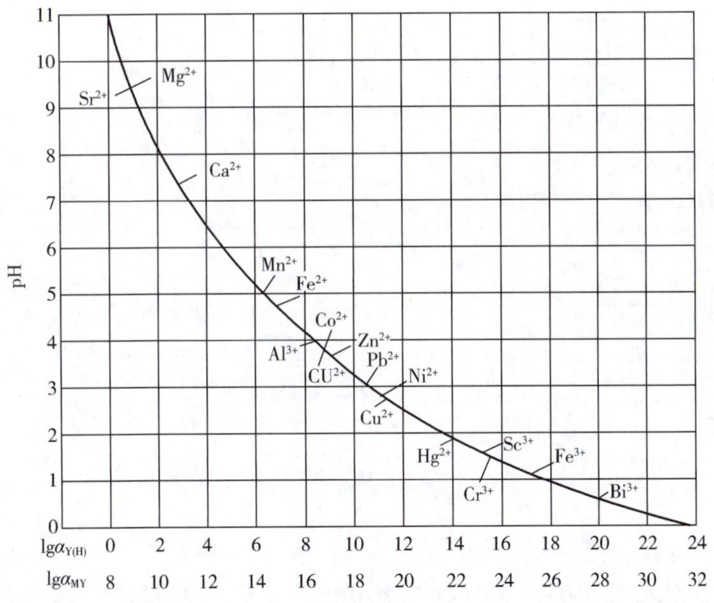

图4–3　EDTA酸效应曲线

2. 配位效应

当M与Y反应时，如有另一种配位剂L存在，L与M能形成配合物，则主反应也会受到影响，即MY的解离倾向增大。这种由于其他配位剂存在使金属离子参加主反应能力降低的现象，称为配位效应。

在配位滴定中，为维持溶液pH，常需加入一定量的缓冲溶液，如氨-氯化铵缓冲溶液；另外，经常使用各种掩蔽剂如三乙醇胺、KCN等掩蔽杂质离子。这些物质都是配位剂，它们有可能与被测离子形成配合物，降低被测离子浓度，使MY稳定性下降。

配位效应的副反应系数称为配位效应系数，通常用$\alpha_{M(L)}$表示。其意义为未与EDTA配位的金属离子M的总浓度［M′］与M的平衡浓度［M］的比值：

$$\alpha_{M(L)}=\frac{[M']}{[M]} \tag{4-3}$$

α越大，表示金属离子与配位剂L的反应越完全，即副反应越严重。若没有发生副反应，即$\alpha=1$。

3. 条件稳定常数和最高酸度

如前所述，配合物的稳定性可用稳定常数$K_{稳}$表示。但如果有副反应发生，EDTA与金属离子形成配合物的稳定性降低。为了反映不同pH条件下配合物的实际稳定性，因而需要引入条件稳定常数K'_{MY}，用来表示具体情况下未参与主反应的金属离子和EDTA的浓度［M′］、［Y′］和［MY′］之间的平衡关系。

$$K'_{MY}=\frac{[MY']}{[M'][Y']} \tag{4-4}$$

从前边副反应系数的公式我们可以看出：

$$[M']=\alpha_M[M]$$

$$[Y']=\alpha_Y[Y]$$

而MY的副反应常可忽略不计，则

$$[MY']=[MY]$$

代入上式，得

$$K'_{MY}=\frac{[MY]}{\alpha_M[M]\alpha_Y[Y]} \tag{4-5}$$

即

$$K'_{MY}=K_{MY}\frac{1}{\alpha_M\alpha_Y}$$

$$\lg K'_{MY}=\lg K_{MY}-(\lg \alpha_M+\lg \alpha_Y) \tag{4-6}$$

从上式可见，在有副反应存在的情况下，要使金属离子（c_M=0.01mol/L）能被准确滴定，即$\lg K'_{MY}>8$，副反应系数不能太大。如果只考虑酸效应，有

$$\lg K'_{MY}=\lg K_{MY}-\lg \alpha_{Y(H)}>8$$

即

$$\lg \alpha_{Y(H)}<\lg K_{MY}-8 \tag{4-7}$$

从酸效应曲线上，即可查出准确滴定所需的最低pH。由于不同的配合物

稳定性不同，其酸效应系数要求也不一样。因此，配位滴定反应要控制不同的pH。稳定性较低的配合物，在pH较高的条件下即可解离，如MgY^{2-}的$\lg K_{稳}$=8.69，需要在pH=10左右的弱碱性溶液中才能准确滴定；稳定性较高的配合物在酸性强时才会解离，如ZnY^{2-}的$\lg K_{稳}$=16.50，可在弱酸性溶液中滴定，而更稳定的FeY^{-}在pH=1~2的溶液中仍可进行滴定。所以，用EDTA滴定不同金属离子，需要控制不同的pH，这被称为滴定该金属离子的最低pH（最高酸度）。表4-3为用EDTA滴定部分金属离子的最低pH。

表4-3　部分金属离子被EDTA滴定的最低pH

金属离子	$\lg K_{稳}$	pH	金属离子	$\lg K_{稳}$	pH
Mg^{2+}	8.79	9.7	Zn^{2+}	16.50	3.9
Ca^{2+}	10.69	7.5	Pb^{2+}	18.04	3.2
Mn^{2+}	13.87	5.2	Ni^{2+}	18.62	3.0
Fe^{2+}	14.33	5.0	Cu^{2+}	18.80	2.9
Al^{3+}	16.30	4.2	Hg^{2+}	21.80	1.9
Co^{2+}	16.31	4.0	Sn^{2+}	22.11	1.7
Cd^{2+}	16.46	3.9	Fe^{3+}	25.10	1.0

从表4-3可以看出，不同的配合物在不同酸度下保持稳定。因此可以利用调节pH的方法在多种金属离子混合溶液中分别滴定不同的离子。如Fe^{3+}和Mg^{2+}的混合溶液，可以先在酸性条件下滴定Fe^{3+}，然后调节pH到碱性继续滴定Mg^{2+}。一般认为，两种离子能通过调节酸度分别滴定的条件是它们的条件稳定常数乘以浓度的对数值的差大于5，即$\Delta \lg K' c \geqslant 5$。

需要注意的是，在EDTA和金属离子反应的过程中会不断释放H^{+}，使溶液酸度提高，如：

$$Mg^{2+} + H_2Y^{2-} \rightleftharpoons MgY^{2-} + 2H^{+}$$

为了消除这些H^{+}的影响，在滴定前需要加入一定量的缓冲溶液来维持pH在一定范围内。

知识点三　金属指示剂

一、金属指示剂的作用原理

在配位滴定中，通常利用一些能与金属离子生成有色配合物的显色剂来指示滴定终点，这些显色剂被称为金属指示剂。金属指示剂通常是一些有机染料，它本身具有一定的颜色，在一定pH条件下，与金属离子M生成与指示剂本身的颜色明显不同的配合物。金属指示剂以In表示。

$$\underset{\text{金属离子}}{M} + \underset{\substack{\text{指示剂}\\\text{颜色甲}}}{In} \rightleftharpoons \underset{\substack{\text{配合物}\\\text{颜色乙}}}{MIn}$$

在滴定开始前，部分金属离子与指示剂形成配合物，使溶液呈现颜色乙。

$$M + \underset{\text{颜色甲}}{In} \rightleftharpoons \underset{\text{颜色乙}}{MIn}$$

当在被测溶液中滴入EDTA时，金属离子逐渐与EDTA形成配合物。接近化学计量点时，由于金属离子与指示剂所形成的配合物（MIn）的稳定性小于其与EDTA所形成的配合物（MY）的稳定性，金属离子被EDTA从MIn中夺出，使指示剂游离出来，引起颜色的变化，从而指示终点。

$$\underset{\text{颜色乙}}{MIn} + Y \rightleftharpoons MY + \underset{\text{颜色甲}}{In}$$

二、金属指示剂的条件

（1）金属离子与指示剂形成配合物的颜色与指示剂本身的颜色要有显著差别。这样，终点颜色变化才明显，易于观察。

（2）指示剂与金属离子形成配合物（MIn）的稳定性要适当。它既要有足够的稳定性，但又要比该金属离子与EDTA的配合物（MY）稳定性小。通常要求$K_{稳(MIn)} > 10^4$，而$\lg K_{稳(MY)} - \lg K_{稳(MIn)} \geqslant 2$，即MY的稳定性比MIn的稳定性大100倍以上。适当的稳定性可使MIn在接近终点时仍稳定存在，令变色敏锐。若其稳定性太低，则会提前解离，终点提前出现，且变色不敏锐。反之，则使其不能在计量点马上解离，使终点推后。

（3）指示剂与金属离子配位反应要灵敏、快速、可逆。

（4）指示剂应比较稳定，便于贮存和使用。

（5）指示剂应溶于水。若生成沉淀，会使变色不明显。

三、指示剂的封闭和僵化

1. 指示剂的封闭现象

指示剂在化学计量点附近应有敏锐的颜色变化。但在实际操作中，有时会出现当滴定达到化学计量点时颜色仍不变化的现象，这种现象称为指示剂的封闭现象。

产生指示剂封闭现象的原因，是MIn的稳定性大于MY的稳定性。比如，测定Fe^{3+}、Al^{3+}、Cu^{2+}等离子时，如使用铬黑T作指示剂，EDTA无法将它们从配合物中置换出来，溶液颜色不会发生改变。又如在滴定Mg^{2+}时，溶液有少量Fe^{3+}等杂质离子存在，也会发生上述情况，使指示剂无法变色。

要消除指示剂封闭现象，一是需要选择适当的指示剂和滴定方法。比如在测定Al^{3+}时，采用返滴定法，先加入过量EDTA使其与Al^{3+}反应完全，再用Zn^{2+}作为标准溶液滴定剩余的EDTA。二是加入掩蔽剂，使干扰离子不再与指示剂以及EDTA作用。如在溶液中加入三乙醇胺、氰化钾或硫化钠等可以将Fe^{3+}、Al^{3+}等掩蔽从而消除指示剂封闭现象。

2. 指示剂的僵化现象

有些金属离子与指示剂形成的配合物因溶解度小等因素，使EDTA与MIn之间的反应减慢，造成终点不明显或拖后，这种现象称作指示剂的僵化现象。可加入适当的有机溶剂促进难溶物的溶解，或将溶液适当加热以加快置换速率而消除。

四、常用的金属指示剂

1. 铬黑T

铬黑T简称EBT，属于偶氮类染料。铬黑T结构见图4-4。在溶液中，它随着pH的不同而显示出不同颜色。pH＜6时显紫红色，pH=7~11时显蓝色，pH＞12时显橙色。由于铬黑T与金属离子的配合物多为红色，因此适宜使用的pH是7~11，其中pH=9~10.5时变色最灵敏，为最佳酸度，终点从红色变为蓝色。

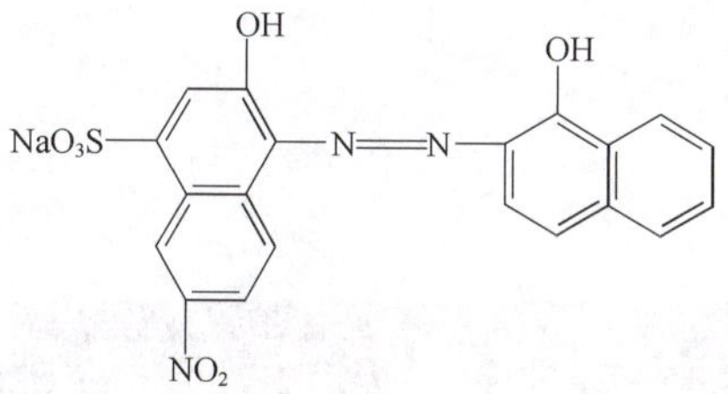

图4-4　铬黑T的结构

铬黑T是测定Mg^{2+}、Zn^{2+}、Pb^{2+}、Mn^{2+}、Cd^{2+}、Hg^{2+}等离子的常用指示剂。固体铬黑T性质较稳定，而水溶液却容易发生聚合或氧化反应，只能保存数天。因此常用固体铬黑T与NaCl以1：100的比例混合研细，于干燥器中密闭保存；或将其溶于三乙醇胺中，防止聚合反应的发生。

2. 钙指示剂

钙指示剂，简称NN，又称钙红，亦为偶氮类染料。钙指示剂结构见图4-5。钙指示剂水溶液的颜色也随pH不同而不同，pH＜8时显红色，pH=8~13时显蓝色，pH＞13时显红色。钙指示剂与Ca^{2+}形成酒红色配合物，因此常在pH=12~13时用于钙镁混合物中钙的测定，终点从红色变为蓝色，颜色变化灵

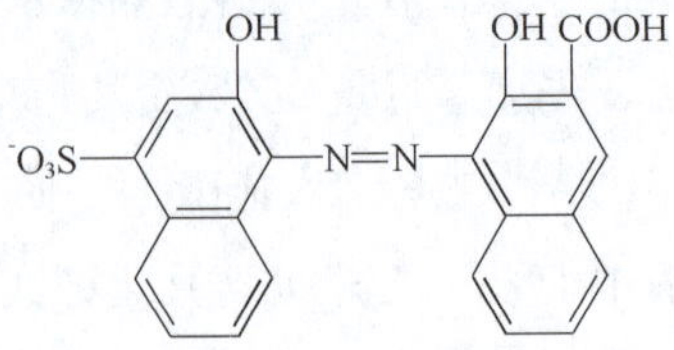

图4-5　钙指示剂的结构

敏。此时Mg^{2+}生成$Mg(OH)_2$沉淀，不被滴定。钙指示剂纯品为紫黑色粉末，很稳定。能溶于水和乙醇，但其水溶液和乙醇溶液均不稳定。故一般与固体NaCl配成固体混合物（1∶100）使用。

3. 二甲酚橙

二甲酚橙简称XO，属于三苯甲烷类显色剂。二甲酚橙的结构见图4-6。XO是紫色粉末，易溶于水，常配成0.5%的水溶液使用，可保存2~3周。其在pH>6.3时显红色，pH<6.3时显黄色，pH=6.3时呈中间色。XO与金属离子的配合物呈红紫色，因此，它只能在酸性溶液中使用，终点从红色变成亮黄色，变色灵敏，能作为Bi^{3+}、Pb^{2+}、Zn^{2+}、Cd^{2+}、Hg^{2+}等多种离子被滴定时的指示剂。

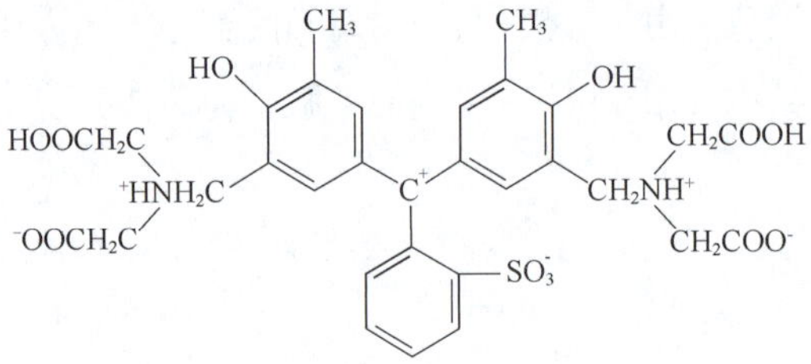

图4-6　二甲酚橙的结构

知识点四　提高配位滴定选择性的方法

EDTA具有相当强的配位能力，能与大多数金属离子生成稳定的配合物。如果溶液中存在多种金属离子，而要用EDTA滴定其中一种，其他离子的存在往往会有较大干扰。要消除干扰，一般有以下几种方法。

1. 选择适合的酸度

用EDTA滴定金属离子时，与溶液酸度有很大关系。当待测溶液中含有两种以上金属离子时，如果它们的条件稳定常数相差足够大，则只需要控制溶液的酸度，就能选择滴定其中一种离子而不会被另一种干扰。一般认为两种离子能分别准确滴定的条件是$\Delta \lg K'c \geqslant 5$。

2. 配位掩蔽法

当两种离子的稳定常数不能满足上述要求时，则难以通过调节酸度的方式分别滴定，需要使用其他方法降低干扰离子的浓度。配位掩蔽法是用配位剂作为掩蔽剂加入溶液中，与干扰离子形成稳定配合物而不与被测离子形成稳定配合物，从而降低干扰离子的浓度，以消除干扰的方法。这是最常用的掩蔽方法。如在测定Mg^{2+}时，Fe^{3+}、Al^{3+}等离子的存在会干扰测定。可加入三乙醇胺与Fe^{3+}、Al^{3+}形成更稳定的配合物，使之不能与EDTA和指示剂反应从而消除干扰。若需对不同离子分别滴定，可在滴定一种离子后加入解蔽剂使被掩蔽离子释放出来再进行滴定。如分别滴定溶液中的铅和锌时，可先加入KCN掩蔽Zn^{2+}，用EDTA滴定Pb^{2+}，然后用甲醛溶液破坏$[Zn(CN)_4]^{2-}$释放出Zn^{2+}，再进行滴定。表4-4列出几种常见掩蔽剂。

表4-4　常见配位掩蔽剂及其使用范围

掩蔽剂名称	pH范围	被掩蔽离子
氰化钾	>8	Co^{2+}、Ni^{2+}、Cu^{2+}、Zn^{2+}、Hg^{2+}、Cd^{2+}、Ag^{+}
氟化铵	4~6	Al^{3+}、Ti（Ⅳ）、Sn^{4+}、Zr^{4+}、W（Ⅳ）
	10	Al^{3+}、Mg^{2+}、Ca^{2+}、Sr^{2+}、Ba^{2+}
三乙醇胺	10	Al^{3+}、Ti（Ⅳ）、Sn^{4+}、Fe^{3+}
	11~12	Al^{3+}、Fe^{3+}
二巯基丙醇	10	Bi^{3+}、Zn^{2+}、Hg^{2+}、Cd^{2+}、Ag^{+}、Pb^{2+}
酒石酸	1.2	Sb^{3+}、Fe^{3+}、Sn^{4+}、Cu^{2+}
	2	Fe^{3+}、Sn^{4+}、Mn^{2+}
	5.5	Al^{3+}、Fe^{3+}、Sn^{4+}、Ca^{2+}
	6~7.5	Cu^{2+}、Mg^{2+}、Al^{3+}、Fe^{3+}、Sb^{3+}、Mo^{4+}
	10	Sn^{4+}、Al^{3+}

3. 沉淀掩蔽法

在溶液中加入沉淀剂，利用沉淀反应使其中的干扰离子浓度下降，这种消除干扰的方法称为沉淀掩蔽法。例如，在滴定Ca^{2+}时加入强碱，使pH>12，此时Mg^{2+}形成$Mg(OH)_2$沉淀，不干扰Ca^{2+}测定。此时，OH^-就是Mg^{2+}的沉淀掩蔽剂。使用沉淀掩蔽法时，需要注意以下几点：生成的沉淀溶解度要小，沉淀反应要完全；生成的沉淀不能对被测离子有明显吸附；沉淀不能体积太大或颜色太深，否则干扰测定。

4. 氧化还原掩蔽法

当某种价态的共存离子对滴定有干扰时，利用氧化还原反应改变干扰离子的价态以消除干扰的方法，称为氧化还原掩蔽法。例如，$\lg K_{Fe(III)Y}=25.1$，$\lg K_{Fe(II)Y}=14.3$，因此，在Fe^{3+}对一些$\lg K_{MY}$与其相近的离子如Zr^{4+}存在干扰时，可以在溶液中加入抗坏血酸将Fe^{3+}还原为Fe^{2+}，从而消除干扰。

5. 其他滴定剂的应用

氨羧配位剂的种类很多，除了EDTA外，其他许多配位剂也能与金属离子生成稳定配合物，但其稳定性与金属离子和EDTA形成的配合物有时差异较大。因此选择这些配位剂，有可能提高滴定某些金属离子时的选择性。例如，使用EGTA（乙二醇二乙醚二胺四乙酸）（结构见图4-7），在大量Mg^{2+}存在下滴定Ba^{2+}或Ca^{2+}，干扰较小。

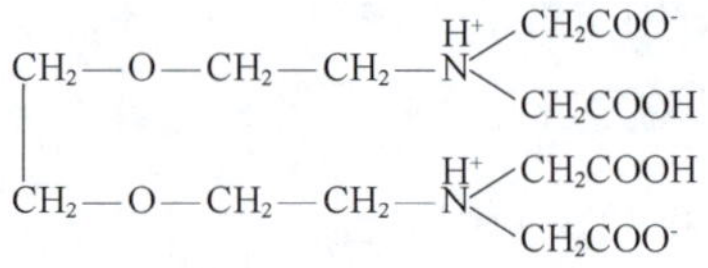

图4-7　EGTA结构

EDTP（乙二胺四丙酸）（结构见图4-8）和Cu^{2+}形成的配合物稳定性较高，控制一定的pH，用EDTP滴定Cu^{2+}，Zn^{2+}、Cd^{2+}、Mn^{2+}、Mg^{2+}都不干扰。

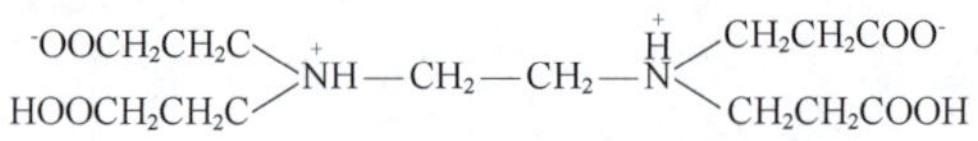

图4-8　EDTP结构

三乙撑四胺（Trien）（结构见图4-9）：在Mn^{2+}和Pb^{2+}存在下滴定Ni^{2+}，若用EDTA滴定，干扰很大；改用三乙撑四胺，Mn^{2+}影响很小，Pb^{2+}容易掩蔽。

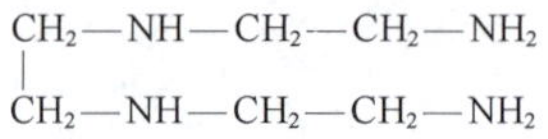

图4-9　三乙撑四胺结构

知识点五　配位滴定的方式和应用

一、直接滴定法

直接滴定法是配位滴定中的基本方法。这种方法是将试样处理成溶液后，调节至所需的pH，加入必要的其他试剂和指示剂，直接用EDTA标准溶液进行滴定。

采用直接滴定法，需要符合以下条件：

（1）被测离子和EDTA形成的配合物要足够稳定，$\lg K'_{MY}$应该在8以上；

（2）配位反应速度要快；

（3）指示剂变色敏锐且没有封闭现象；

（4）在滴定时被测离子不发生水解和沉淀反应。

金属离子的水解沉淀反应是可以防止的。例如在pH=10的条件下滴定Pb^{2+}，可以在酸性条件下加入酒石酸盐，使其与Pb^{2+}配合，然后调节酸度到pH=10进行滴定，即可防止Pb^{2+}水解。在这里，酒石酸盐是属于辅助配位剂。

【例4-1】葡萄糖酸锌的含量测定。

称取葡萄糖酸锌0.6866g，加水溶解，加氨-氯化铵缓冲溶液5mL和铬黑T指示剂少许，用EDTA标准溶液（0.05022mol/L）滴定至溶液从紫红色变为纯蓝色即为终点，消耗了EDTA标准溶液29.85mL。求葡萄糖酸锌的质量分数。$M(C_{12}H_{22}O_{14}Zn)$=455.78g/mol

解：

$$\omega(C_{12}H_{22}O_{14}Zn)=\frac{c(\mathrm{EDTA})V(\mathrm{EDTA})M(C_{12}H_{22}O_{14}Zn)\times10^{-3}}{m_s}\times100\%$$

$$=\frac{0.05022\times29.85\times455.78\times10^{-3}}{0.6866}\times100\%$$

$$=99.5\%$$

二、返滴定法

返滴定法是在被测溶液中加入一定量且过量的EDTA标准溶液，待与测定的组分反应完全后，再用另一种金属离子标准溶液滴定反应后剩余的EDTA，根据消耗的两种标准溶液的浓度和体积，即可计算出被测金属离子的浓度。

返滴定所采用的金属离子标准溶液，其与EDTA的配合物应该有足够的稳定性，但不能超过被测离子配合物的稳定性太多，否则在接近终点时，容易置换出被测离子使终点推后，而且变色不敏锐。

这种方法主要用于以下情况：

（1）采用直接滴定法时缺乏灵敏的指示剂，或者指示剂发生封闭现象；

（2）被测离子和EDTA反应的速度慢；

（3）被测离子发生水解反应等现象。

例如，Al^{3+}就是用返滴定法进行测定的。该离子有以下几个问题使其无法使用直接滴定法进行测定：

（1）Al^{3+}对二甲酚橙等指示剂有封闭作用；

（2）Al^{3+}与EDTA配位的速率慢；

（3）Al^{3+}在测定条件下会水解生成一系列产物，即使把溶液的pH调到其最低测定pH依然无法消除水解现象的发生。

为了解决这些问题，可以采用返滴定的方法进行测定。先在pH=3.5的条件下加入EDTA标准溶液并煮沸，这时酸度较高，Al^{3+}不会发生水解，EDTA加入过量，可以促进平衡移动使Al^{3+}反应完全。待反应完全后，调pH到5~6，此时Al^{3+}

已形成稳定配合物，不会水解。此时加入二甲酚橙，可以用Zn^{2+}顺利滴定。

【例4-2】氢氧化铝的含量测定。

准确称取氢氧化铝0.5632g，加盐酸和水煮沸溶解后放冷，转移至250mL容量瓶中，稀释至刻度。用移液管量取25.00mL，加氨水中和至析出沉淀再滴加稀盐酸至沉淀恰好溶解，加醋酸—醋酸铵缓冲溶液（pH=6.0），再加入0.04924mol/L EDTA标准溶液25.00mL，煮沸3~5min，放冷，加二甲酚橙指示剂1mL，用0.05011mol/L锌标准溶液滴定至溶液由黄色变为红色，消耗了锌标准溶液10.34mL，求氢氧化铝的质量分数。$M[Al(OH)_3]=78.00g/mol$

解：Al^{3+}、Zn^{2+}与EDTA的配位比都是1∶1，因此

$$c(\mathrm{EDTA})V(\mathrm{EDTA})=\frac{m[\mathrm{Al(OH)_3}]}{M[\mathrm{Al(OH)_3}]}+c(\mathrm{Zn^{2+}})V(\mathrm{Zn^{2+}})$$

即

$$\omega[\mathrm{Al(OH)_3}]=\frac{[c(\mathrm{EDTA})V(\mathrm{EDTA})-c(\mathrm{Zn^{2+}})V(\mathrm{Zn^{2+}})]M[\mathrm{Al(OH)_3}]}{m_s\times\frac{25.00}{250.0}}\times100\%$$

$$=\frac{(0.04924\times25.00-0.05011\times10.34)\times78.00\times10^{-3}}{0.5632\times\frac{25.00}{250.0}}\times100\%$$

$$=98.73\%$$

三、置换滴定法

利用置换反应，置换出等物质的量的金属离子或者一定量的EDTA，再进行滴定的方法就是置换滴定法。这种方法可以有多种实施方式。

例如，Ag^{+}与EDTA的配合物不稳定，无法直接滴定。为此，可以将Ag^{+}加入$[Ni(CN)_4]^{2-}$溶液中，可发生如下置换反应：

$$2Ag^{+}+[Ni(CN)_4]^{2-}\rightleftharpoons2[Ag(CN)_2]^{-}+Ni^{2+}$$

此时，溶液中的Ag^{+}被置换成了Ni^{2+}，可以用EDTA标准溶液滴定，并间接计算出Ag^{+}的含量。

又如，在测定锡合金中的锡时，存在着Pb^{2+}、Zn^{2+}、Cd^{2+}、Bi^{3+}等离子。可以先加入过量的EDTA将它们全部配位，再用Zn^{2+}标准溶液滴定剩余EDTA，然后再加入NH_4F，选择性地将SnY中的EDTA置换出来，继续用Zn^{2+}标准溶液滴定，即可计算出Sn的含量。

另外，可以利用这个原理改善某些滴定的终点的敏锐性。例如，铬黑T与Ca^{2+}显色不敏锐，而与Mg^{2+}的显色则很灵敏。可以在滴定Ca^{2+}时加入少量Mg-EDTA配合物的溶液。此时，Ca^{2+}将Mg^{2+}从配合物中置换出来，同时总物质的量

保持不变。加入指示剂后，Mg^{2+}和指示剂形成配合物，并在EDTA滴定完钙离子后被EDTA夺走，指示终点的到来。由于滴定前后MgY的总量是不变的，所以不会影响滴定结果。

四、间接滴定法

在有些离子不和EDTA反应的情况下可以考虑采用间接滴定法。但此法往往步骤较多，处理繁琐，容易引入误差，因此不是一种很理想的滴定方法。

思考练习

一、名词解释

配位滴定法　金属指示剂　指示剂的封闭现象　酸效应　条件稳定常数

二、选择题

1. 配位滴定法是以（　　）为基础的滴定分析方法。

A. 中和反应　B. 沉淀反应　C. 配位反应　D. 氧化还原反应

2. 使用铬黑T指示剂，最适合的pH范围是（　　）。

A. 7~8　B. 9~10　C. 11~12　D. 13~14

3. 某溶液主要含有Ca^{2+}、Mg^{2+}及少量Fe^{3+}和Al^{3+}。在pH=10时，加入三乙醇胺后以EDTA滴定该溶液，用铬黑T为指示剂，则测出的是（　　）。

A. Mg^{2+}含量　B. Ca^{2+}含量　C. Ca^{2+}和Mg^{2+}总量　D. Fe^{3+}和Al^{3+}总量

4. 当溶液的pH≥12时，EDTA的主要存在形式为（　　）。

A. H_4Y　B. H_3Y^-　C. HY^{3-}　D. Y^{4-}

5. 对金属指示剂与金属离子形成的配合物的稳定性要求是（　　）。

A. $\lg K_{稳(MY)}-\lg K_{稳(MIn)}\geqslant 2$　B. $\lg K_{稳(MY)}-\lg K_{稳(MIn)}\leqslant 2$

C. $\lg K_{稳(MY)}-\lg K_{稳(MIn)}\geqslant 1$　D. $\lg K_{稳(MY)}-\lg K_{稳(MIn)}\leqslant 1$

6. 一般认为，通过控制溶液酸度，可以使两种金属离子被分别滴定的条件是（　　）。

A. $\Delta\lg K'c\geqslant 3$　B. $\Delta\lg K'c\geqslant 5$　C. $\Delta\lg K'c\geqslant 7$　D. $\Delta\lg K'c\geqslant 9$

7. 在pH=5.0的条件下，下列离子中不能被准确滴定的是（　　）。

A. Cu^{2+}　B. Zn^{2+}　C. Fe^{3+}　D. Ca^{2+}

8. 用EDTA滴定金属离子M，要使滴定能顺利进行，则滴定的酸效应系数必须满足的条件是（　　）。

A. $\lg\alpha_{Y(H)}<\lg K_{MY}-5$　B. $\lg\alpha_{Y(H)}<\lg K_{MY}+5$

C. $\lg\alpha_{Y(H)}<\lg K_{MY}+8$　D. $\lg\alpha_{Y(H)}<\lg K_{MY}-8$

9. 在用配位滴定法测定水中总硬度时，加入氨-氯化铵溶液的作用是（　　）。

A. 掩蔽干扰离子　　B. 加快反应速率

C. 控制pH　　D. 增加配合物溶解度

10. 配位滴定终点时呈现的颜色是（　　）。

A. 指示剂和金属离子配合物的颜色　　B. EDTA和金属离子配合物的颜色

C. 游离指示剂的颜色　　D. 游离金属离子的颜色

三、填空题

1. EDTA的化学名称为________。配位滴定常用水溶性较好的________来配制标准滴定溶液。

2.EDTA的结构式中含有两个________和四个________，是可以提供六个________的螯合剂。

3. EDTA与金属离子相键合，形成稳定性较强的具有__________，具有这种环形结构的配合物称为________；不论金属离子是几价，绝大多数都是以________的比例配合。

4. 在配位滴定中，由于________的存在，使________参加主反应能力降低的效应称为酸效应。

5. 由于__________的存在，使__________参加主反应能力降低的效应称为配位效应。

6. 有些金属离子与指示剂形成的配合物因溶解度小等因素，使EDTA与MIn之间的反应减慢，造成终点不明显或拖后，这种现象称作________。

7. 钙指示剂的水溶液和乙醇溶液均_______。故一般与_______按_______的比例配成固体混合物使用。

8. 提高配位滴定选择性的方法有：__________、_________、_________、__________和__________。

9. 在测定水的总硬度时，加入三乙醇胺或氰化钾作为__________。

10. 二甲酚橙简称__________，用它在酸性溶液中滴定Pb^{2+}、Zn^{2+}等离子时，终点颜色从__________变成__________。

四、判断题

1. EDTA为目前最为常用的配位滴定剂。（　　）

2. 只要EDTA与被测离子的配位比是1：1，即可准确滴定之。（　　）

3. 用EDTA滴定不同金属离子，需要控制不同的pH，必须低于相应的pH才能准确滴定。（　　）

4. 在配位滴定中，为维持溶液pH，常需加入一定量的缓冲溶液。（　　）

5. 金属指示剂与金属离子形成的配合物要有足够高的稳定性，其稳定常数要比

EDTA与金属离子的配合物更高。（　　）

6. 溶液的酸度越高，配位反应的条件稳定常数越高。（　　）

7. 指示剂僵化现象可通过加入适当的有机溶剂促进难溶物的溶解，或将溶液适当加热以加快置换速率而消除。（　　）

8.　常用固体铬黑T与NaCl以1：100的比例混合研细，于干燥器中密闭保存，是因为其水溶液易发生聚合或氧化反应而不稳定。（　　）

9.　钙指示剂常在pH=12~13时用于钙镁混合物中钙的测定，当pH低于12时，因其显红色而不能准确指示终点的到来。（　　）

10. 若EDTA与金属离子的反应速度较慢，可用置换滴定的方法解决。（　　）

五、简答与计算题

1. 什么是配位滴定法？能用于配位滴定法的化学反应有哪些条件？

2. EDTA和金属离子形成的配合物有什么特点？

3. 为什么在配位滴定的过程中要维持一定的酸度？

4. 为什么要引入条件稳定常数？

5. 金属指示剂有哪些条件？

6. 什么是指示剂的封闭现象？如何避免指示剂封闭？

7. 配位滴定的方式有几种？分别在什么情况下应用？

8. 准确称取800℃灼烧至恒重的基准氧化锌0.1456g，加稀盐酸2mL使其溶解，加水100mL，用10%氨水调节溶液pH至7~8，加10mL氨-氯化铵缓冲溶液及5滴铬黑T指示液，用配制好的EDTA溶液滴定至溶液变为纯蓝色，消耗EDTA溶液35.87mL。求此EDTA溶液的浓度。

9.取硫酸镁样品0.2533g，加水溶解，加氨-氯化铵缓冲溶液10mL和铬黑T指示剂少许，用0.05008mol/L EDTA标准溶液滴定至溶液从紫红色变为纯蓝色，消耗EDTA标准溶液20.15mL。求硫酸镁的质量分数。［$M(MgSO_4 \cdot 7H_2O)$ = 246.47g/mol］

10.称取100.0mL水样，用氨-氯化铵溶液调节pH=10，以铬黑T为指示剂，用0.02033mol/L EDTA标准溶液滴定至终点，消耗22.58mL，求水样的总硬度。

阅读与拓展

资料一　EDTA用处多

EDTA作为一种配位能力强大的螯合剂，除了能用于配位滴定外，还在食品工业、水质处理、日用化工、纺织印染、造纸、金属处理、土壤修复等领域起到重要的作用。充分利用其特点，对治理水和土壤污染、推进绿色发展具有重要意义。

如果你有留意食品标签的习惯，你可能会在果酱、饮料、八宝粥罐头等包装上看到配料表上出现“乙二胺四乙酸二钠”，也就是大家熟悉的EDTA。根据GB2760《食品安全国家标准　食品添加剂卫生标准》，EDTA可以作为稳定剂、凝固剂、抗氧化剂和防腐剂在果酱、蔬菜罐头、杂粮罐头、复合调味料、饮料等食品中按规定用量使用。在生物体内，有很多处于螯合状态的金属离子，如叶绿素中的镁、血红蛋白和肌红蛋白中的铁等。在加工过程中，这些离子可能被释放出来，引发一系列反应，造成食品品质的改变，如变色、浑浊、氧化酸败、味道改变等。EDTA可以和这些金属离子形成稳定的螯合物，阻止其有害作用，从而起到稳定食品品质的作用。另外，EDTA本身没有抗氧化作用，但和金属离子形成螯合物，使金属离子氧化酶不能激活，与其他抗氧化剂一起使用，可以增加抗氧化效果。EDTA还常和维生素C、柠檬酸等一起使用，是果汁饮料或蔬菜汁的良好的护色剂。

锅炉在运行过程中，如果水质不符合要求，容易产生大量水垢。既浪费能源，又会使锅炉受热不均匀造成危险。在除垢时，可使用掩蔽剂与有害金属离子形成稳定的水溶性螯合物。

在制造合成洗涤剂（如洗衣服）时，添加少量EDTA可以掩蔽金属离子，增加表面活性剂和生成泡沫的稳定性，增强洗涤剂的洗净力、起泡力、浸透力和乳化力，有利于提高清洁效率。EDTA还用于固体皂和液体皂中。

纺织工业所用原料如棉花、人造纤维或羊毛中，常有微量金属离子，对产品质量影响很大，因此EDTA等掩蔽剂在纺织工序中已普遍应用。例如最初用肥皂或洗涤剂洗去纤维表面蜡质或油脂时，加入少量聚合磷酸盐，羟基酸或EDTA等掩蔽剂使水软化，能防止由于钙皂和镁皂使织物出现斑点或染色暗淡不均的不足。

在造纸过程中，纤维素常含有各种金属离子，其中Fe^{3+}较难除去，它能使纸变色并且破裂，在碱性纸浆中加入EDTA，就能将Fe^{3+}掩蔽。在未经漂白的亚硫酸盐纸浆中加入EDTA等，能防止磺酸木质素因微量金属离子的催化作用而被空气氧化而显现红色，同时还能制止纸浆中的脂肪酸和树脂酸生成不溶性松脂沉淀。

金属和合金表面氧化物虽可浸入强酸的溶液中使之除去，但由于金属氧化物的生成，丧失表面韧性，因此在微酸性或碱性介质中使用掩蔽剂对去锈更为有利。EDTA作为掩蔽剂在电镀工艺中的应用主要是控制金属离子的浓度，维持电镀过程中金属离子的配位平衡，从而稳定镀液。

金属尾矿中重金属含量通常很高，其堆存则是一个普遍存在的环境污染源。用EDTA作为萃取剂，采用化学萃取修复技术能有效地从土壤中萃取多种金属。在浅层土壤中，EDTA对酸可提态的金属的萃取效果尤为显著。

资料二 水的硬度

所谓天下至柔，莫过于水。可是，原来水也有“硬”和“软”的区别。而且，水的硬度对人们的生产和生活影响很大。下面，就介绍一下水的硬度。

水的硬度是指水中钙、镁离子的总浓度。凡不含或含有少量钙、镁离子的水称为软水，反之称为硬水。钙、镁总量越高，水的硬度越大。水的硬度成分，有些是暂时性的，有些是永久性的。如果硬度是由碳酸氢钙或碳酸氢镁引起的，称为暂时硬度。将水煮沸后，碳酸氢根分解，生成不溶性的碳酸钙与碳酸镁而沉淀，水的硬度下降。如果硬度是由含有钙、镁的硫酸盐或氯化物等引起的，称为永久硬度。通过烧煮也不能将其除去。在天然水中，远离城市未受污染的雨水、雪水多属于软水；泉水、溪水、江河水、水库水，多属于暂时性硬水，部分地下水属于高硬度水。

水的总硬度不能过大。如果硬度过大，对人体健康与日常生活有一定影响。

在生活上，水的硬度过高，会对洗涤剂的使用造成影响。钙和镁会使肥皂中的脂肪酸盐产生沉淀，使其洗涤效果降低，这种使肥皂发生沉淀的作用也是“硬度”这个词的来源。用硬水洗衣物易使纺织物纤维变硬发脆而损坏；用硬水洗澡、洗头时有发涩感觉；用硬水烧豆与肉类不易熟烂；用硬水烧开水易使水壶结垢，浪费燃料。用硬水泡茶会改变茶的色香味而降低饮用乐趣。用硬水做豆腐不仅会使产量降低，而且会影响豆腐的营养成分。酿酒的水其硬度不得过高，否则酒质混浊不清，酒味也会受到影响。而硬水中硫酸镁等矿物质存在时，水会发咸发苦，影响我们的感官感受。

在人体健康上，饮用高硬水易使人患暂时性胃肠不适、腹胀、泻肚、排气多，甚至引起肾结石等疾病。不仅如此，水壶与暖水瓶使用一段时间后，其内壁就会结满一层白色的水垢，除大部分为碳酸钙、碳酸镁外，还可能夹杂有汞、镉、铅、砷等有害元素，如不及时清除，反复使用后，有害元素积累会越来越多，并可能再次溶于水中，从而危害人体健康。高硬度水中钙镁离子与硫酸根结合，会使水产生苦涩味，还会使人的胃肠功能紊乱，出现暂时性腹胀、排气多、腹泻等现象。我国北方地区饮用硬度高的地下水，所以久居南方的人初到北方的开始一段时间会因此出现“水土不服”的现象。据考察，目前我国不少地方病是由于水的硬度过高引起的。

但饮用水也不一定是越软越好。国外有研究表明，饮水的硬度特性与心血管疾病（心脏病、高血压和中风）以及少数几种其他疾病之间具有明显的统计学联系。比如，美国和加拿大的研究表明，饮用极软水的人群中，心血管病的死亡率比饮用硬水的人群高15%~20%。英国报道的这种差异可能高达40%。有些研究认为，硬水对疾病的保护作用系由于钙和镁的存在。另外，有研究认为，软水较硬水更具侵蚀性，因此软水中发现的某些微量金属浓度高于硬水。

已经提出了镉、铅、铜、锌等几种金属可能与软水和心血管疾病的增加有关。

在工业上，硬水同样会对生产造成各种影响。纺织工业用水硬度过大会导致染色不均匀；各种复杂的管道，锅炉和水箱等，水质过硬就会造成沉淀结垢，直接影响设备的正常运转，缩短设备的寿命。特别是锅炉用水，硬度高了十分危险，因为水垢导致锅炉内管道受热不均匀，容易局部过热，引起管道变形或损坏，严重时还可能引起爆炸。

因此，生产和生活用水的硬度适当是很重要的。如果水的硬度过高，往往需要进行软化处理。生活中硬水软化常用的方法主要有煮沸法。多数硬水煮沸后，硬度下降并可灭菌。

另外，对硬水加以软化处理，是工业生产不可忽视的重要环节。除了加入一定的沉淀剂使钙镁离子沉淀外，还常使用离子交换剂交换水中的钙、镁离子使水质软化。

实训操作

实训一 EDTA标准溶液的配制和标定

一、目的要求

（1）掌握EDTA标准溶液的配制和标定方法，学会判断配位滴定法的滴定终点。

（2）学会计算EDTA标准溶液浓度的方法。

（3）进一步熟悉减量法的称量操作。

（4）进一步熟悉滴定管等容量仪器的使用。

二、原理

EDTA难溶于水，通常采用易溶于水的EDTA二钠盐（也称EDTA）来配制标准溶液。尽管EDTA二钠盐可制成基准物质，但提纯方法复杂，因此一般常用分析纯的EDTA二钠盐配制溶液，然后用基准物质进行标定。

用于标定EDTA的基准物质较多，多种纯金属如Zn等均可。它们必须有很高的纯度，并且用砂纸磨去表面的氧化膜，然后洗涤干净，烘干后使用。也可以用金属的氧化物或者盐类进行标定，如ZnO、$CaCO_3$等。他们的化学组成必须与化学式完全相符。使用前也须预先处理，如烘干等。

为了减少系统误差，EDTA标定的条件应尽可能与测定条件相同，如选用与被测元素相同的金属作为基准物质、与测定在同样酸度下进行等。根据中华人民共和国国家标准GB/T 601—2002《化学试剂　标准滴定溶液的制备》，标定EDTA标准溶液，采用800℃条件下灼烧至恒重的ZnO作为基准物质，在pH=10的条件下，用铬黑T作指示剂，用EDTA溶液滴定至溶液由紫红色变为纯蓝色。不同浓度的EDTA标定和计算的步骤不同。

三、仪器和试剂

1. 仪器

（1）万分之一电子天平；

（2）50mL酸式滴定管；

（3）250mL容量瓶；

（4）20mL移液管；

（5）150mL锥形瓶；

（6）称量瓶；

（7）100mL烧杯；

（8）量筒（10mL，100mL）；

（9）表面皿；

（10）玻璃棒；

（11）胶头滴管。

2. 试剂

（1）乙二胺四乙酸二钠，分析纯；

（2）基准氧化锌，800℃干燥至恒重，在干燥器中保存；

（3）氨-氯化铵缓冲溶液，pH=10称取5.4氯化铵，加水20mL溶解，加浓氨水35mL，加水稀释至100mL；

（4）20%盐酸溶液，540mL浓盐酸加水稀释至1000mL；

（5）10%氨水溶液，400mL浓氨水加水稀释至1000mL；

（6）5g/L铬黑T指示液；

（7）蒸馏水。

四、实训内容

1. EDTA标准溶液的配制

根据需要的浓度，按下表的规定量称取乙二胺四乙酸二钠，加1000mL水，加热溶解，冷却，摇匀。

EDTA的浓度[c（EDTA）]/（mol/L）	EDTA的质量m/g
0.1	40
0.05	20
0.02	8

2. EDTA标准溶液的标定

（1）EDTA标准溶液［c（EDTA）=0.1mol/L］，［c（EDTA）=0.05mol/L］按下表的规定量，称取于（800±50）℃的高温炉中灼烧至恒重的基准试剂氧化锌，用少量水湿润，加2mL盐酸溶液（20%）溶解，加100mL水，用氨水溶液（10%）调节溶液pH至7~8，加10mL氨-氯化铵缓冲溶液（pH=10）及5滴铬黑T指示液（5g/L），用配制好的EDTA溶液滴定至溶液由紫红色变为纯蓝色。

EDTA的浓度［c（EDTA）］/（mol/L）	基准氧化锌的质量m/g
0.1	0.3
0.05	0.15

（2）EDTA标准滴定溶液［c（EDTA）=0.02mol/L］ 称取0.42g于（800±50）℃的高温炉中灼烧至恒重的基准试剂氧化锌，用少量水湿润，加3mL盐酸溶液（20%）溶解，移入250mL容量瓶中，稀释至刻度，摇匀。取35.00~40.00mL，加70mL水，用氨水溶液（10%）调节溶液pH至7~8，加10mL氨-氯化铵缓冲溶液（pH=10）及5滴铬黑T指示液（5g/L），用配制好的乙二胺四乙酸二钠溶液滴定至溶液由紫色变为纯蓝色。

五、数据记录与结果计算

1.EDTA标准溶液的标定［c（EDTA）=0.1mol/L］，［c（EDTA）=0.05mol/L］

（1）数据记录

内容 \ 次数	1	2	3
称量瓶和氧化锌试样的质量/g			
倾倒后称量瓶和氧化锌试样的质量/g			
氧化锌试样的质量m/g			
EDTA溶液体积初读数/mL			
EDTA溶液体积终读数/mL			
消耗EDTA溶液的体积V（EDTA）/mL			
EDTA标准溶液的浓度c（EDTA）/（mol/L）			
平均值c（EDTA）/（mol/L）			
平行测定结果的极差/（mol/L）			
极差与平均值之比/%			

（2）结果计算

$$c(\text{EDTA})=\frac{m(\text{ZnO})\times 1000}{V(\text{EDTA})\,M(\text{ZnO})}$$

式中　m（ZnO）——氧化锌的质量，g；

V（EDTA）——滴定消耗的乙二胺四乙酸二钠溶液的体积，mL；

M（ZnO）——氧化锌的摩尔质量，g/mol。

2. EDTA标准溶液的标定［c（EDTA）=0.02mol/L］

（1）数据记录

内容＼次数	1	2	3
称量瓶和氧化锌试样的质量/g			
倾倒后称量瓶和氧化锌试样的质量/g			
氧化锌试样的质量m/g			
移取的Zn^{2+}溶液的体积V_1			
EDTA溶液体积初读数/mL			
EDTA溶液体积终读数/mL			
消耗EDTA溶液的体积V_2/mL			
EDTA标准溶液的浓度c（EDTA）/（mol/L）			
平均值c（EDTA）/（mol/L）			
平行测定结果的极差/（mol/L）			
极差与平均值之比/%			

（2）结果计算

$$c(\mathrm{EDTA})=\frac{m(\mathrm{ZnO})\times\frac{V_1}{250}\times1000}{V_2M(\mathrm{ZnO})}$$

式中　m（ZnO）——氧化锌的质量，g；

V_1——氧化锌溶液的体积，mL；

V_2——滴定消耗的乙二胺四乙酸二钠溶液的体积，mL；

M（ZnO）——氧化锌的摩尔质量，g/mol。

六、注意事项

（1）配制过程中，乙二胺四乙酸二钠含有少量乙二胺四乙酸，不易即时完全溶解，可采用加热促使其完全溶解，或在配制放置数日后再行标定。配制浓度较高时，即使加热有时也难以完全溶解。此时可加入少量NaOH溶液提高其pH，促使EDTA溶解。

（2）氧化锌在空气中能缓缓吸收二氧化碳，因此在标定前需在800℃灼烧至恒重。

（3）滴定时溶液的pH要控制，因此加稀盐酸（不宜过多）溶解后需加水稀释并用氨水中和，加入氨-氯化铵缓冲溶液，以将溶液pH控制在10左右。

（4）EDTA溶液比较稳定，但贮存过程中可能与玻璃中的杂质离子发生配位反应影响其浓度。因此，EDTA隔一段时间后须重新标定。

（5）滴定到接近终点时，反应速率较慢，EDTA溶液应逐滴加入，充分摇匀后再加下一滴。

七、问题探究

（1）如果配制EDTA溶液的水中含有少量Ca^{2+}、Mg^{2+}，标定结果会如何变化？

（2）为什么0.02mol/L的EDTA溶液不是称取基准物质后直接标定，而是移取基准物质的稀释溶液进行标定？

（3）滴定过程中为什么要加入氨水和氨-氯化铵溶液？

实训二　水中总硬度的测定

一、目的要求

（1）掌握用配位滴定法测定水中总硬度的原理和方法。

（2）学会自来水的取样方法。

（3）熟悉配位滴定法的滴定终点判断。

（4）熟悉滴定分析的操作。

二、原理

水的总硬度原系指沉淀肥皂的程度。使肥皂沉淀的原因主要是水中钙和镁离子，此外，铁、铝、锰、锶、锌等也有同样作用。总硬度可将上述离子浓度相加。但这样比较烦琐，而且一般情况下除了钙和镁，其他离子浓度都很低，因此多采用测定钙和镁离子总量的方法来表示水的总硬度。

各国对水的硬度表示方法有所不同。我国的国标GB 5749—2006《生活饮用水卫生标准》中规定，总硬度（以$CaCO_3$计）限量为450mg/L。除了对饮用水的总硬度有一定要求外，各种工业用水对总硬度也有不同的要求。因此，测定水的总硬度有很重要的实际意义。

根据GB/T 5750—2006《生活饮用水标准检验方法》的规定，钙镁离子总量主要通过乙二胺四乙酸二钠滴定法测定。水样中的钙、镁离子与铬黑T指示剂形成紫红色螯合物，这些螯合物的稳定常数小于乙二胺四乙酸钙和镁螯合物的稳定常数。当pH=10时，乙二胺四乙酸二钠先与钙离子，再与镁离子形成螯合物，滴定至终点时，溶液呈现出铬黑T指示剂的纯蓝色。

以该法测定水中总硬度时，铁、锰、铝、铜、镍、钴等金属离子能使指示剂封闭或终点不明显。可采用加入掩蔽剂、沉淀剂、还原剂等方法将它们掩蔽。

该法除适用于生活饮用水外，还适用于水源水、锅炉用水、冷却水、地下水、污染不严重的地表水等。

三、仪器和试剂

1. 仪器

（1）25mL酸式滴定管；

（2）150mL锥形瓶；

（3）50mL或100mL移液管；

（4）量筒。

2. 试剂

（1）EDTA标准溶液（0.01mol/L）；

（2）缓冲溶液（pH=10）：称取16.9g氯化铵，溶于143mL氨水中；

（3）Mg-EDTA溶液：称取0.780g $MgSO_4 \cdot 7H_2O$及1.178g EDTA，溶于50mL纯水中，加入2mL氨-氯化铵缓冲溶液和5滴铬黑T指示液，使溶液呈紫红色（若为纯蓝色，则加少量硫酸镁至紫红色），再用EDTA标准溶液滴定至溶液变为纯蓝色。将溶液与上述氨-氯化铵溶液合并，稀释至250mL。

（4）5g/L铬黑T指示液：称取0.5g铬黑T，用乙醇溶解稀释至100mL；

（5）三乙醇胺溶液（1：2）：100mL三乙醇胺与200mL水混合均匀；

（6）硫化钠溶液（50g/L）：称取50g $Na_2S \cdot 9H_2O$溶于水中并稀释至100mL；

（7）盐酸羟胺溶液（10g/L）：称取1.0g盐酸羟胺溶液溶于水中并稀释至100mL；

（8）蒸馏水。

四、实训内容

1. 取样

此次实验使用取自水龙头的末梢水。

将容器用水和洗涤剂清洗，然后用自来水冲洗干净，然后用稀硝酸或稀盐酸浸泡8h，取出沥干后用自来水冲洗3次，并用蒸馏水充分淋洗干净。

采样前，打开水龙头放水数分钟，然后用水龙头中流出的水样洗涤容器三次，再装满容器。

2. 测定

吸取50.0mL水样（硬度过低的水样，可取100mL，硬度过高的水样，可取适量，用纯水稀释至50mL），置于150mL锥形瓶中。

加入1~2mL缓冲溶液，5滴铬黑T指示剂，立即用EDTA标准溶液滴定至溶液从紫红色变成纯蓝色为止。

若水样中含有干扰离子，使滴定终点延迟或颜色变化不敏锐，可在水样中加入0.5mL盐酸羟胺以及1mL硫化钠溶液、5mL三乙醇胺溶液后再行滴定。

水样中钙、镁的重碳酸盐含量较大时，要预先加入稀盐酸酸化，并加热煮沸，冷却后加氨水中和。

五、数据记录与结果计算

1. 数据记录

内容＼次数	1	2	3
EDTA标准溶液的浓度c（EDTA）/（mol/L）			
水样的体积V/mL			
EDTA溶液体积初读数/mL			
EDTA溶液体积终读数/mL			
消耗EDTA溶液的体积V_1/mL			
水的总硬度ρ（以$CaCO_3$计）/（mg/L）			
水的总硬度平均值ρ（以$CaCO_3$计）/（mg/L）			
平行测定结果的极差/（mg/L）			
极差与平均值之比/%			

2. 结果计算

$$\rho(CaCO_3)=\frac{V_1\times c(\mathrm{EDTA})\times 100.09\times 1000}{V}$$

式中 $\rho(CaCO_3)$——总硬度（以$CaCO_3$计），mg/L；

V_1——滴定中消耗的EDTA标准溶液的体积，mL；

V——水样体积，mL；

c（EDTA）——EDTA标准溶液的浓度，mol/L；

100.09——与1.00mL EDTA标准溶液［c（EDTA）=1.000mol/L］相当的以毫克表示的总硬度（以$CaCO_3$计）。

六、注意事项

（1）根据GB/T 5750—2006《生活饮用水标准检验方法》，掩蔽干扰离子所用掩蔽剂为KCN，但此试剂剧毒，因此在学生实验中改为三乙醇胺作掩蔽剂掩蔽Al^{3+}、Fe^{3+}、Ti^{4+}等离子，配合沉淀剂硫化钠掩蔽少量Co^{2+}、Ni^{2+}、Cu^{2+}、Pb^{2+}、Cd^{2+}、Zn^{2+}、Mn^{2+}等，盐酸羟胺可使高价铁、锰等离子还原避免其干扰。

（2）若水中碳酸盐含量太高，在碱性条件下滴定会使钙和镁生成沉淀，影响准确度。酸化加热可以除去二氧化碳，防止在滴定过程中生成碳酸盐沉淀。

（3）若钙镁总量太高，滴定时容易在碱性条件下生成氢氧化镁等沉淀，因此加入缓冲溶液后，必须立即滴定。终点时反应速度变慢，须逐滴加入EDTA标准溶液并充分摇匀。

（4）缓冲溶液在使用中反复开盖易使氨散失而影响pH，因此放置时间较长后应重新配制。

（5）在缓冲溶液中加入Mg-EDTA是为了使终点变色更敏锐。在某些含镁量较低的水样中，铬黑T变色不灵敏，加入Mg-EDTA可以使钙离子置换出镁离子，改善终点变色的敏锐性。Mg-EDTA除自行配制外，也可使用市售Mg-EDTA试剂，称取1.25g加入上述试剂250mL pH=10的缓冲溶液中即可。

七、问题探究

（1）什么情况下可以不进行水样酸化、煮沸的步骤？

（2）什么情况下可不加入三乙醇胺溶液、硫化钠溶液和盐酸羟胺溶液？

（3）什么情况下可不加入Mg-EDTA溶液？

（4）使用铬黑T指示终点时，适宜的pH范围在7~11。为什么在这里要使用缓冲溶液将pH控制在10？

模块五 氧化还原滴定法

学习目标

1. 能熟练利用能斯特方程式计算电极电位。
2. 了解影响氧化还原反应方向和速度的因素。
3. 掌握高锰酸钾滴定法、重铬酸钾滴定法、碘量法的基本原理，滴定条件和应用。
4. 掌握高锰酸钾标准溶液、碘标准溶液、硫代硫酸钠标准溶液的配制和标定方法。
5. 掌握氧化还原滴定中的基本单元，并应用基本单元进行计算。

必备知识

知识点一 电极电位

一、氧化还原滴定法简介

以氧化还原反应为基础的滴定分析法称为氧化还原滴定法。它是以氧化剂或还原剂为标准溶液来测定还原性或氧化性物质含量的方法。根据所用氧化剂或还原剂不同，可将氧化还原滴定法分为不同类型，有高锰酸钾法、重铬酸钾法、碘量法、溴酸钾法等。其中高锰酸钾法和重铬酸钾法是环境监测中常用的化学分析法。

氧化还原反应是基于氧化剂与还原剂之间的电子转移，但是反应机理比较复杂，有的氧化还原反应虽然可能进行得相当完全，但反应速度却很慢，或者会伴有某些副反应，无法确定计量关系。而且同一种物质在不同条件下进行氧化还原反应时，也可能大不相同。因此，我们讨论氧化还原反应时，除了从平衡观点判断反应的可能性外，还应该考虑各种反应条件及滴定条件对氧化还原反应的影响，在氧化还原反应滴定中控制反应条件使其符合滴定分析的要求。

二、电极电位

在金属活动顺序表中，排在氢前面的金属加入排在氢后面的金属的电解质溶液中，或者排在氢前面的金属加入无氧化性稀酸中，会发生金属之间或金属与氢之间的置换反应。这种置换反应的实质，是金属之间或者金属与氢之间的电子转移，也就是前面所说的氧化还原反应。在电子转移的过程中，会产生电的效应，即金属表面和溶液间会产生电位差，这种电位差称为金属在溶液中的电位或者电极电位。故电极电位就是元素的高价态和低价态之间互相转换过程中产生的电位差。电极电位用 φ表示，单位为伏特（V）。

氧化剂与还原剂的强弱，可以用对应的氧化还原电对的电极电位来衡量。电对的电极电位愈高，其氧化型的氧化能力愈强；电对的电极电位愈低，其还原型还原能力愈强。因此，作为一种氧化剂，它可以氧化电位比它低的还原剂；作为一种还原剂，它可以还原电位比它高的氧化剂。

（一）标准电极电位

氧化还原反应的实质是氧化剂和还原剂之间的电子转移或公共电子对的偏移，任何一个氧化还原反应可视为由两个半反应构成，例如：

$$2Fe^{3+}+Sn^{2+} = 2Fe^{2+}+Sn^{4+}$$

其半反应为：

$$Fe^{3+}+e \rightleftharpoons Fe^{2+}$$

氧化型　　还原型

$$Sn^{4+}+2e \rightleftharpoons Sn^{2+}$$

氧化型　　还原型

其中Fe^{3+}获得了Sn^{2+}给予的电子，$Fe^{3+}+e \rightleftharpoons Fe^{2+}$，由高价态变为低价态，发生了还原反应，它是氧化剂；Sn^{2+}失去电子，将电子给了Fe^{3+}，$Sn^{2+}-2e \rightleftharpoons Sn^{4+}$，由低价态变为高价态，发生了氧化反应，它是还原剂。

氧化还原半反应的一般表示形式为：

$$Ox+ne \rightleftharpoons Red$$

其中，Ox/Red组成了氧化还原电对，简称电对，Ox表示电对的氧化型，Red表示其还原型，如上述反应的两个电对，Fe^{3+}/Fe^{2+}是一个电对，Fe^{3+}称为电对的氧化型，Fe^{2+}为还原型。同样，Sn^{4+}/Sn^{2+}也是一个电对，Sn^{4+}为电对的氧化型，Sn^{2+}为其还原型，每个电对都具有一定的电位。

目前，单个电对的电极电位的绝对值无法测得，为此选用标准氢电极作为标准电极，并人为地规定标准氢电极的电位在任何温度下都为零，即$\varphi^{\theta}_{H^+/H_2}=0.00V$，使各个电对与之比较，得到相对的电极电位数值。

标准电极电位是指氧化型和还原型的浓度均为1mol/L的电对与标准氢电极组成原电池，所测得的原电池的电动势称作该电对的标准电极电位。根据标准电极电位的高低可以初步判断氧化还原反应进行的方向和反应次序。各电对的标准电极电位见本书附录六。

（二）能斯特方程式

对于可逆的氧化还原电对的电极电位，可利用能斯特方程式计算，以 $Ox+ne \rightleftharpoons$ Red为例，能斯特方程式为：

$$\varphi_{Ox/Red}=\varphi^{\ominus}_{Ox/Red}+\frac{RT}{nF}\ln\frac{[Ox]}{[Red]} \tag{5-1}$$

式中 $\varphi_{Ox/Red}$——Ox/Red电对的电极电位，V；

$\varphi^{\ominus}_{Ox/Red}$——Ox/Red电对的标准电极电位，V；

[Ox]——氧化型的浓度，mol/L；

[Red]——还原型的浓度，mol/L；

R——摩尔气体常数，R=8.314J/（mol·K）；

T——热力学温度，K；

F——法拉第常数，F=96485C/mol；

n——电极反应中转移的电子数。

将以上常数代入式（5-1）中，并取常用对数，于25℃时得：

$$\varphi_{Ox/Red}=\varphi^{\ominus}_{Ox/Red}+\frac{0.059}{n}\lg\frac{[Ox]}{[Red]} \tag{5-2}$$

由式（5-2）可以看出，电对电位$\varphi_{Ox/Red}$值不仅与电对的标准电位$\varphi^{\ominus}_{Ox/Red}$有关，而且与氧化型和还原型的浓度比有关。当$\frac{[Ox]}{[Red]}=1$时，则$\varphi_{Ox/Red}=\varphi^{\ominus}_{Ox/Red}$，此时电对的电位等于电对的标准电位。此外，应用能斯特方程式计算非标准条件下电对的电极电位时，应注意以下几个方面：

（1）纯固体或是纯液体的浓度定为常数1，气体浓度用分压来表示；

（2）若电极反应中氧化态、还原态的离子（或分子）式前的系数不为1，则代入能斯特方程式其浓度应为实际浓度的系数次方；

（3）若电极反应中除氧化态、还原态物质外，还有其他离子（或分子）参与反应，则也应将这些离子（或分子）的浓度代入方程式中相应的位置计算；

（4）温度不同时，方程式中的系数也不同，如18℃时，

$$\varphi_{Ox/Red}=\varphi^{\ominus}_{Ox/Red}+\frac{0.058}{n}\lg\frac{[Ox]}{[Red]}$$

（三）条件电极电位

影响电位的因素，一方面是氧化还原电对本身的性质和浓度，另外，溶液中有一些物质虽然不参加电子转移，但对氧化还原过程也可能产生影响，如大量的电解质离子存在、酸度的改变、与氧化态或还原态生成难溶化合物或配合物等。由于这些物质的存在，使得实际的电位与标准的电极电位有很大的

差别。因此，在不同的介质条件下测出的电极电位，称为条件电极电位，用$\varphi^{\ominus'}$表示。在一定温度和介质条件下，当氧化型和还原型物质的浓度都为1mol/L时，$\varphi^{\ominus'}$为一个常数，此时能斯特方程式可写为：

$$\varphi=\varphi^{\ominus'}+\frac{0.059}{n}\lg\frac{[\mathrm{Ox}]}{[\mathrm{Red}]} \quad (5\text{-}3)$$

条件电极电位能反映实际过程中氧化还原电对的实际氧化能力，用它来判断实际氧化还原反应的方向、次序及反应进行程度更为准确，比标准电极电位具有更大的实用意义。在处理有关氧化还原反应的计算时，采用条件电极电位是较为合理的，但由于条件电极电位的数据目前还比较少，在缺乏数据的情况下，可采用条件相近的条件电极电位。对于没有条件电极电位的氧化还原电对，可采用标准电极电位。

【例5-1】当$[Fe^{3+}]$=1mol/L，$[Fe^{2+}]$=0.001mol/L时，计算电对Fe^{3+}/Fe^{2+}的电极电位。

解：查本书附录六得

$$\varphi^{\ominus}_{Fe^{3+}/F^{2+}}=+0.77\mathrm{V}$$

$$\varphi_{Fe^{3+}/F^{2+}}=\varphi^{\ominus}_{Fe^{3+}/F^{2+}}+\frac{0.059}{1}\lg\frac{[Fe^{3+}]}{[Fe^{2+}]}=+0.77+\frac{0.059}{1}\lg\frac{1}{0.001}=+0.95\ \mathrm{V}$$

【例5-2】Cu电极插在Cu^{2+}溶液中，与标准氢电极组成原电池，测得电位是+0.224V，求此时溶液中Cu^{2+}浓度是多少？

解：半反应式为$Cu^{2+}+2e \rightleftharpoons Cu$，查本书附录六得：$\varphi^{\ominus}_{Cu^{2+}/Cu}$=+0.34V，据能斯特方程式

$$\varphi_{Cu^{2+}/Cu}=\varphi^{\ominus}_{Cu^{2+}/Cu}+\frac{0.059}{2}\lg\frac{[Cu^{2+}]}{1}$$

$$\lg[Cu^{2+}]=(\varphi_{Cu^{2+}/Cu}-\varphi^{\ominus}_{Cu^{2+}/Cu})\times\frac{2}{0.059}=(0.224-0.34)\times\frac{2}{0.059}=-3.93$$

解得：$[Cu^{2+}]=1.18\times10^{-4}$mol/L

【例5-3】计算1.0mol/L的HCl溶液中，$c_{Ce^{4+}}$=0.10mol/L，$c_{Ce^{3+}}$=0.001mol/L时电对Ce^{4+}/Ce^{3+}的电位。

解：查本书附录六，$\varphi^{\ominus'}_{Ce^{4+}/Ce^{3+}}$=+1.28V（在1.0mol/L HCl溶液中）

$$\varphi_{Ce^{4+}/Ce^{3+}}=\varphi^{\ominus'}_{Ce^{4+}/Ce^{3+}}+\frac{0.059}{1}\lg\frac{[Ce^{4+}]}{[Ce^{3+}]}=+1.28+\frac{0.059}{1}\lg\frac{0.1}{0.01}=+1.34\mathrm{V}$$

知识点二　氧化还原反应的平衡和速率

一、氧化还原反应的方向

一个氧化还原反应的方向，主要取决于两个反应电对的氧化型、还原型的

氧化还原能力的大小，可以通过对氧化还原电对的条件电极电位的计算来判断氧化还原反应进行的方向。即两电对中标准电极电位较高的电对的氧化型做氧化剂，电极电位较低的电对的还原型做还原剂来进行反应。

【例5-4】在标准状况下，判断反应：

$$2FeCl_3+Cu(s) \rightleftharpoons 2FeCl_2+CuCl_2$$

能否自左向右反应?

解：查本书附录六得

$$\varphi^{\ominus}_{Fe^{3+}/F^{2+}}=+0.77V$$

$$\varphi^{\ominus}_{Cu^{2+}/Cu}=+0.34V$$

$$由于\varphi^{\ominus}_{Fe^{3+}/F^{2+}}>\varphi^{\ominus}_{Cu^{2+}/Cu}$$

所以反应能自左向右进行。

溶液的条件改变时，氧化还原反应的方向也有可能发生改变。影响氧化还原反应方向的因素主要有以下几个方面。

（一）溶液浓度的影响

溶液中氧化剂或还原剂的浓度发生改变时，电对的电极电位也发生改变。由能斯特方程式可以看出，当增加氧化型浓度时，电极电位增高；增加还原型浓度时，电极电位降低。因此，当改变各电对物质的溶液浓度时，电对的电极电位发生改变，氧化还原反应的方向也可能发生改变。当两个氧化还原电对的条件电极电位相差不大时，有可能通过改变氧化剂或还原剂的浓度来改变氧化还原反应的方向。

（二）溶液酸度的影响

氧化还原反应往往有H^+或OH^-参与，因此溶液的酸度对氧化还原电极电位有影响，故可能改变氧化还原反应的方向。

（三）形成配合物的影响

在氧化还原反应中，当加入一种可与氧化型或还原型形成稳定配合物的配位剂时，就可能改变电对的电极电位，影响氧化还原反应的方向。

（四）生成沉淀的影响

在氧化还原反应中，当加入一种可与氧化剂或还原剂形成沉淀的沉淀剂时，就会改变电极电位而改变氧化还原反应的方向。

二、氧化还原反应的次序

溶液中含有几种还原剂时，若加入氧化剂，氧化剂首先与还原能力最强的还原剂作用。同样，溶液中含有几种氧化剂时，若加入还原剂，则其首先与氧化能力最强的氧化剂作用。即在适合的条件下，所有可能发生的氧化还原反应中，电极电位相差最大的电对之间首先进行反应。

【例5-5】判断在含有Fe^{2+}、Sn^{2+}的酸性溶液中，滴加$K_2Cr_2O_7$溶液时，Fe^{2+}和Sn^{2+}的反应次序。

解：查本书附录六得：

$$\varphi^{\ominus}_{Cr_2O_7^{2-}/Cr^{3+}} = +1.33V$$

$$\varphi^{\ominus}_{Fe^{3+}/Fe^{2+}}=+0.77V$$

$$\varphi^{\ominus}_{Sn^{4+}/Sn^{2+}}=+0.15V$$

那么：$\Delta\varphi^{\ominus}_1 = \varphi^{\ominus}_{Cr_2O_7^{2-}/Cr^{3+}} - \varphi^{\ominus}_{Fe^{3+}/Fe^{2+}} = +1.33-0.77=0.56V$

$\Delta\varphi^{\ominus}_2 = \varphi^{\ominus}_{Cr_2O_7^{2-}/Cr^{3+}} - \varphi^{\ominus}_{Sn^{4+}/Sn^{2+}} = +1.33-0.15=1.18V$

因为$\Delta\varphi^{\ominus}_2 > \Delta\varphi^{\ominus}_1$，所以滴入$K_2Cr_2O_7$先与$Sn^{2+}$反应，只有多余的$K_2Cr_2O_7$时才与$Fe^{2+}$反应。

因此用重铬酸钾法滴定Fe^{2+}含量时，在测定前应先除去Sn^{2+}。

三、氧化还原反应完成的程度

在滴定分析中，要求化学反应进行得越彻底越好，反应的完全程度可以用它的平衡常数判断。氧化还原反应的平衡常数可根据能斯特方程式，从有关电对的标准电极电位或条件电极电位求得。氧化还原的平衡常数与标准电极电位的关系为：

$$\lg K= \frac{(\varphi^{\ominus}_1 - \varphi^{\ominus}_2) \times n}{0.059} \qquad (5\text{-}4)$$

式中 $\varphi^{\ominus}_1$——氧化剂电对的标准电极电位，V；

$\varphi^{\ominus}_2$——还原剂电对的标准电极电位，V；

K——氧化还原反应的平衡常数；

n——反应中两电对得失电子数的最小公倍数，即氧化还原中反应中的电子转移数。

若考虑溶液中各种副反应的影响，以相应的条件电位代入得条件平衡常数K'：

$$\lg K' = \frac{(\varphi^{\ominus}_1 - \varphi^{\ominus}_2) \times n}{0.059} \qquad (5\text{-}5)$$

可见，条件平衡常数K'值的大小是由氧化剂和还原剂两个电对的条件电极电位之差和转移的电子数决定。

一般地，$K \geqslant 10^6$或$K' \geqslant 10^6$即表示反应能进行完全。

【例5-6】在1mol/L的硫酸溶液中，用Ce^{4+}滴定Fe^{2+}的反应能反应完全吗？

解：滴定反应式：

$$Ce^{4+} + Fe^{2+} \rightleftharpoons Ce^{3+} + Fe^{3+}$$

查附录六得，在1mol/L的硫酸溶液中：

$$\varphi^{\ominus'}_{Ce^{4+}/Ce^{3+}} = +1.44V$$

$$\varphi^{\ominus'}_{Fe^{3+}/Fe^{2+}} = +0.68V$$

代入式（5-5）得:

$$\lg K' = \frac{(\varphi_1^{\ominus'} - \varphi_2^{\ominus'}) \times n}{0.059} = \frac{(1.44-0.68) \times 1}{0.059} = 12.88$$

解得：$K' = 7.6 \times 10^{12}$

由于$K' = 7.6 \times 10^{12} > 10^6$，故说明该氧化还原反应能进行完全。

四、氧化还原反应速度及其影响因素

氧化还原反应方程式只表示反应的最初状态和最终状态以及它们之间的数量关系，并不能说明反应的真实情况，实际上反应常经历一系列中间步骤，整个反应的速度由其中最慢的步骤决定。不同的氧化还原反应，其反应速度的差别是非常大的。

氧化还原电对的标准电对和条件电对值可以判断、预测反应进行的方向及程度，但无法判断反应进行的速度。为保证测定结果的准确性，滴定分析要求反应速度必须足够快，因此必须了解影响氧化还原反应速度的几个因素。

（一）氧化剂和还原剂的性质

不同的氧化剂和还原剂，反应速度可以相差很大，这与它们的电子层结构以及反应机理有关，并且情况复杂，不易弄清，目前多依靠实践判断。

（二）反应物的浓度

一般来说，反应物的浓度越大，反应的速度越快。例如在酸性溶液中，一定量的重铬酸根和碘离子反应：

$$Cr_2O_7^{2-} + 6I^- + 14H^+ \xlongequal{\quad} 2Cr^{3+} + 3I_2 + 7H_2O$$

增大碘离子浓度或提高酸度都可以使反应速度加快。

（三）温度

通常溶液的温度每增加10℃，反应速度提高2~3倍。例如在酸性溶液中，高锰酸根和草酸根的反应：

$$2MnO_4^- + 5C_2O_4^{2-} + 16H^+ \xlongequal{\quad} 2Mn^{2+} + 10CO_2\uparrow + 8H_2O$$

在室温下，反应速度缓慢。如果将溶液加热，反应速度便大大加快。所以用$KMnO_4$滴定$H_2C_2O_4$时，通常将溶液加热到75~85℃。

应该注意，不是所有情况下都可以通过提高温度加快反应速度的。有些物质（如I_2）挥发性较大，如将溶液加热，则会引起I_2挥发损失。这种情况下，如要提高反应速度，应采取其他方法。

（四）催化剂的影响

有些反应需要在催化剂存在下才能较快地进行。如上述$KMnO_4$滴定$H_2C_2O_4$时，由于Mn^{2+}的存在，能使反应速度大大加快。对于Mn^{2+}的催化作用，有不同的解释。但总的来说，一般认为MnO_4^-和$C_2O_4^{2-}$之间的反应是分步进行的，其反应机理为：在$C_2O_4^{2-}$存在下，Mn^{2+}被MnO_4^-氧化而生成Mn（Ⅲ）或Mn（Ⅳ），它们进一步与草酸根反应生成Mn（Ⅱ）和CO_2。在反应过程中，每一步反应速度都是不同的，有些中间过程速度慢，因而影响整个反应速度。如将高锰酸钾溶液滴入草酸溶液中，最初并不立刻褪色，这说明最初的反应速度慢，随着高锰酸钾溶液的加入，褪色才逐步加快。从这个实验现象可看出，Mn^{2+}起着催化剂的作用。滴定开始时，高锰酸钾溶液中Mn^{2+}含量很少，所以反应速度很慢。随着反应的不断进行，Mn^{2+}不断生成，速度逐步加快，这里的催化剂Mn^{2+}是反应本身生成的。因此，这种催化反应叫自动催化反应。

氧化还原反应中借催化剂以加快反应速度，还有不少，如化学需氧量的测定中，以硫酸银作催化剂；用空气氧化$TiCl_3$时，用Cu^{2+}作催化剂等。

知识点三　氧化还原反应的滴定

一、氧化还原滴定曲线

在酸碱滴定过程中，我们研究的是溶液中pH的变化，而在氧化还原滴定过程中，要研究的则是氧化剂和还原剂的浓度不断发生改变，相应电对的电极电位也随之发生变化的情况。这种电位改变的情况，可以用与其他滴定法相似的滴定曲线来表示。氧化还原滴定曲线可以通过实验方法所测得的数据进行描绘，也可以通过能斯特方程进行计算而绘出。图5-1是在1mol/L H_2SO_4溶液中，用0.1mol/L Ce^{4+} 滴定 0.1mol/L Fe^{2+} 的滴定曲线。

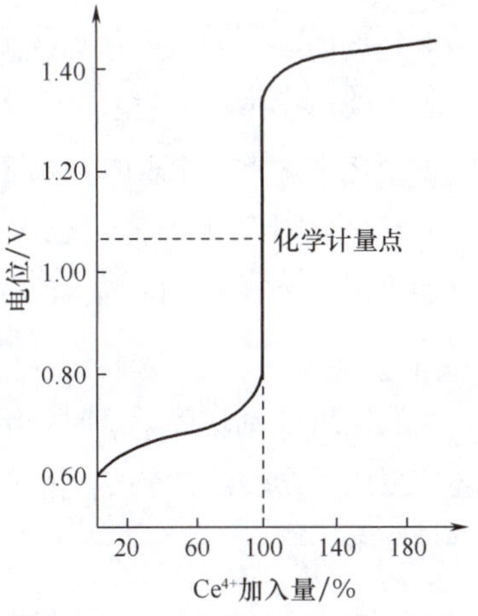

图5-1　Ce^{4+}滴定Fe^{2+}的滴定曲线图

由图5-1可见，氧化还原滴定曲线的形状与酸碱中和滴定曲线相似。在化学计量点附近，滴定剂$Ce(SO_4)_2$溶液由不足0.1%到过量0.1%，使溶液电位由0.86V突跃到1.26V，其化学计量点电位为1.06V。可以证明，滴定突跃的长短与氧化剂、还原剂两电对的条件电位之差有关。电位差较大，滴定突跃较长；电位差较小，滴定突跃较短。一般说来，两电对的条件电位之差大于0.4V时，选用氧化还原指示剂确定终点，才能获得准确结果。

应该注意，当氧化剂与还原剂在反应中转移的电子数$n_1=n_2$时，则滴定曲线在计量点附近是对称的，计量点位于滴定突跃的“中点”。如果$n_1 \neq n_2$则计量点并不居于滴定突跃的“中点”，而是偏向n值较大（即电子转移数较多）的电对一方。

二、氧化还原滴定法的指示剂

氧化还原滴定过程中的指示剂，根据作用不同可分为三类。

（一）自身指示剂

自身指示剂是根据滴定剂本身颜色的出现（或消失）来指示终点，因此称为自身指示剂。例如，在高锰酸钾法中，高锰酸根本身呈紫红色，用它滴定无色的还原剂时，就不用另加指示剂。因为在滴定中MnO_4^-被还原为Mn^{2+}，而Mn^{2+}几乎是无色的，所以，滴定进行到化学计量点后，只要MnO_4^-稍微过量，就可以使溶液呈浅红色，说明达到滴定终点。

实验证明，100mL溶液中，加入0.02 mol/L $KMnO_4$约0.01mL，$KMnO_4$浓度约为0.2×10^{-5}mol/L，就可以使溶液呈浅红色。

（二）专属指示剂

有的物质本身不具氧化还原性，但它能与氧化剂或还原剂作用，产生特殊的颜色，因而可以指示氧化还原滴定的终点。例如，可溶性淀粉与碘溶液反应生成蓝色化合物，当I_2被还原为I^-时，蓝色消失。因此在碘量法中，通常用淀粉溶液作指示剂。

（三）氧化还原指示剂

氧化还原指示剂大都是结构复杂的有机化合物，具有氧化还原性，而且，它的氧化型和还原型具有不同的颜色，可用指示剂的条件电极电位来估计指示剂的变色范围。因而可以指示滴定终点。例如，用$K_2Cr_2O_7$溶液滴定Fe^{2+}，常用二苯胺磺酸钠作指示剂。二苯胺磺酸钠的还原态为无色，氧化态为紫红色，故当滴定至化学计量点附近时，就能使二苯胺磺酸钠由还原态转化为氧化态，溶液呈紫红色，因而可以确定滴定终点。

如果用In（Ox）和In（Red）分别表示指示剂的氧化态和还原态，则：

$$\mathrm{In(Ox)} + ne \rightleftharpoons \mathrm{In(Red)}$$

当滴定反应到达等量点时，溶液电位和$\varphi_{\mathrm{In(Ox)/In(Red)}}$接近，指示剂参加氧化还原反应，使溶液颜色发生相应的变化，从而指示出等量点，指示剂电极电位计算如下：

$$\varphi_{\mathrm{In}}=\varphi^{\ominus}_{\mathrm{In}}+\frac{0.059}{n}\lg\frac{[\mathrm{In(Ox)}]}{[\mathrm{In(Red)}]} \tag{5-6}$$

式中　　$\varphi^{\ominus}_{In}$——指示剂的标准电位，V；

［In（Ox）］——指示剂氧化型的浓度，mol/L；

［In（Red）］——指示剂还原型的浓度，mol/L；

n——电极反应中转移的电子数。

表5-1列出了一些常用的氧化还原指示剂的条件电极电位，选择指示剂时，应使指示剂的条件电极电位尽量与化学反应计量点一致，以减少终点误差。

表5-1　常用氧化还原指示剂

指示剂名称	分子式	颜色变化		$\varphi^{\ominus}_{In}$/V
		氧化态	还原态	[H^+]=1 mol/L
次甲基蓝	$C_{16}H_{18}ClN_3S$	蓝	无色	0.36
二苯胺	$C_{12}H_{11}N$	紫	无色	0.76
二苯胺磺酸钠	$C_{12}H_{10}O_3NSNa$	紫红	无色	0.85
邻苯氨基苯甲酸	$C_{13}H_{11}NO_2$	紫红	无色	0.89
邻二氮菲	$C_{12}H_8N_2$	浅蓝	红	1.06
5-硝基邻二氮杂菲	$C_{12}H_2O_2N_4$	浅蓝	紫	1.25

知识点四　高锰酸钾法

一、高锰酸钾法简介

利用高锰酸钾作为氧化剂的氧化还原滴定法称为高锰酸钾法。高锰酸钾是强氧化剂，应用范围很广，在不同的介质中氧化能力不同。

在强酸性溶液中，高锰酸根获得5个电子被还原为二价锰离子，半反应为：

$$MnO_4^- + 8H^+ + 5e \rightleftharpoons Mn^{2+} + 4H_2O \qquad \varphi^{\ominus}_{MnO_4^-/Mn^{2+}} = +1.51V$$

另外，酸不同时，MnO_4^-还原为Mn^{2+}时的条件电极电位是不同的。如在8mol/L H_3PO_4中，$\varphi^{\ominus}_{MnO_4^-/Mn^{2+}}=+1.27V$；在4.5~7.5mol/L的$H_2SO_4$中，为$\varphi^{\ominus}_{MnO_4^-/Mn^{2+}}=+1.49$~$+1.50V$。

在微酸性、中性或弱碱性溶液中，MnO_4^-获得了3个电子被还原为MnO_2。

半反应为：

$$MnO_4^- + 2H_2O + 3e \rightleftharpoons MnO_2\downarrow + 4OH^- \qquad \varphi^{\ominus}_{MnO_4^-/MnO_2} = +0.588V$$

在强碱性溶液中：

$$MnO_4^- + e \rightleftharpoons MnO_4^{2-} \qquad \varphi^{\ominus}_{MnO_4^-/MnO_4^{2-}} = +0.564V$$

由此可见，高锰酸钾法既可以在酸性条件下使用，也可以在中性、弱碱性或中等碱性条件下使用。在强酸性溶液中氧化能力最强，从强酸反应式中得知$KMnO_4$获得5e，所以$KMnO_4$基本单元为（$\frac{1}{5}KMnO_4$）。从弱酸或碱性反应式中得知$KMnO_4$获得3e，所以$KMnO_4$基本单元为（$\frac{1}{3}KMnO_4$）。用高锰酸钾作滴定剂，可以直接滴定许多还原性物质，但在分析实验中，较少用后一种反应，因为反应后生成的MnO_2为棕色沉淀，影响终点的观察。在酸性溶液中H^+浓度以控制在1~2mol/L为宜，酸度过高，会导致$KMnO_4$分解；酸度过低，会产生MnO_2沉淀。调节酸度必须用H_2SO_4，而不用HNO_3，因为HNO_3是氧化性酸，可能与被测物反应，也不用HCl，因为HCl中的Cl^-有还原性也能与$KMnO_4$反应。

利用高锰酸钾法可直接测定许多还原性物质，例如I^-、Br^-、Fe^{3+}、NO_2^-、$S_2O_3^{2-}$、SO_3^{2-}等。有些氧化性物质不能用$KMnO_4$溶液直接测定，但可以间接测定。如测定Ca^{2+}时，用$C_2O_4^{2-}$ 与Ca^{2+}作用，生成沉淀。溶解沉淀后，用$KMnO_4$滴定$C_2O_4^{2-}$，从而获得Ca^{2+}的含量。

高锰酸钾法的优点是$KMnO_4$氧化能力强，应用广泛，不需另加指示剂，可以利用自身颜色变化指示终点。其主要缺点是$KMnO_4$固体常含有少量杂质，溶液不稳定，不能直接配制标准溶液；由于$KMnO_4$氧化能力强，可以和许多还原性物质发生作用，所以干扰也比较严重。

利用$KMnO_4$标准溶液进行滴定时，可根据被滴定物质的性质采用直接滴定法、返滴定法和间接滴定法三种不同的滴定方式。

二、$KMnO_4$标准溶液的配制与标定

（一）$KMnO_4$标准溶液的配制

市售$KMnO_4$纯度仅为99%左右，其中含有少量的MnO_2及其他杂质，同时蒸馏水中也常含有还原性物质如尘埃、有机物等，这些物质都能促使$KMnO_4$还原。因此$KMnO_4$标准溶液不能用直接法配制，必须先配制成近似浓度，然后再用基准物质标定。为此采取下列步骤配制。

（1）称取稍多于计算用量的$KMnO_4$固体，溶解于体积一定的蒸馏水中，将溶液加热煮沸，保持微沸15min，并放置2周，使还原性物质完全被氧化。

（2）用4号微孔玻璃滤埚过滤，除去MnO_2沉淀，滤液移入棕色瓶中保存，避免$KMnO_4$见光分解。

例如:配制c（$\frac{1}{5}KMnO_4$）=0.1mol/L的$KMnO_4$溶液1L，理论量为3.16g固体高锰酸钾，实际操作时可称取3.3g，然后溶于1050mL水中，缓慢煮沸15min，冷却后置于暗处保存2周，用4号玻璃滤埚（事先用相同浓度的$KMnO_4$溶液煮沸5min）过滤于棕色瓶（用$KMnO_4$溶液洗2~3次）中。

如需要配制$c(\frac{1}{5}KMnO_4)$=0.01mol/L的溶液，通常用新蒸馏的或煮沸后冷却的蒸馏水将$c(\frac{1}{5}KMnO_4)$=0.1mol/L的溶液临时稀释并标定后使用，不宜长期保存。

（二）$KMnO_4$标准溶液的标定

标定$KMnO_4$标准溶液的基准物很多，如$Na_2C_2O_4$、$H_2C_2O_4 \cdot 2H_2O$、$(NH_4)_2Fe(SO_4)_2 \cdot 6H_2O$（分析纯）和纯铁丝等。其中常用的是$Na_2C_2O_4$，因为它易于提纯、稳定，没有结晶水，在105~110℃烘至质量恒定即可使用。

具体标定方法：称取0.2g于105~110℃烘至质量恒定的基准草酸钠，称准至0.0001g。溶于100mL硫酸溶液中，用配制好的$c(\frac{1}{5}KMnO_4)$=0.1mol/L $KMnO_4$溶液滴定，滴定时控制温度在75~85℃，滴定至近终点时温度不低于65℃，继续滴定至溶液呈浅红色保持30s。

草酸盐在H_2SO_4溶液中与$KMnO_4$反应如下：

$$2MnO_4^- + 5C_2O_4^{2-} + 16H^+ = 2Mn^{2+} + 10CO_2\uparrow + 8H_2O$$

该反应速度极慢，为使反应能够较快地、定量地进行，必须掌握好几个滴定条件。

（1）温度　此反应随温度的升高反应速率相应加快。但温度高于90℃时，会使部分$H_2C_2O_4$发生分解，使标定结果偏高。反应为：

$$H_2C_2O_4 = CO_2\uparrow + CO\uparrow + H_2O$$

因而应将溶液加热到75~85℃时进行滴定，近终点时不得低于65℃，是为了$KMnO_4$与$Na_2C_2O_4$的反应完全。

（2）酸度　为了使滴定反应能够按反应式进行，溶液必须保持足够的酸度。酸度不够时，反应产物可能混有MnO_2沉淀。酸度过大又会促使$H_2C_2O_4$分解。一般开始滴定时，溶液酸度约为0.5~1mol/L，滴定终了时，酸度约为0.2~0.5mol/L。

（3）滴定速度　注意开始滴定时由于MnO_2和$C_2O_4^{2-}$的反应速率极慢，故滴定速度要慢，待反应开始后，当有Mn^{2+}存在时，由于Mn^{2+}的催化作用，反应速度变快，滴定速度方可加快。滴定开始时，加入1滴$KMnO_4$后，溶液褪色较慢。必须待红色褪去后，再滴加第2滴，待溶液中有较多的Mn^{2+}生成后，才能稍加快些。但仍不宜过快，否则过多的$KMnO_4$在热溶液中会分解，接近终点时，应逐滴地滴加。

（4）终点的判断　当滴定到终点后，稍微过量，溶液即呈现浅红色，保持30s不褪色即为终点。$KMnO_4$滴定终点不太稳定，这是由于空气中的还原性物质及尘埃等杂质落于溶液中，能使$KMnO_4$缓慢分解而使红色消失。

（三）计算

$KMnO_4$标准溶液的浓度为：

$$c\left(\frac{1}{5}KMnO_4\right)=\frac{m(Na_2C_2O_4)}{M\left(\frac{1}{2}Na_2C_2O_4\right)V(KMnO_4)} \tag{5-7}$$

式中 $c\left(\frac{1}{5}KMnO_4\right)$——高锰酸钾标准溶液的浓度，mol/L；

$m(Na_2C_2O_4)$——草酸钠的质量，g；

$V(KMnO_4)$——滴定时消耗高锰酸钾溶液的体积，L；

$M\left(\frac{1}{2}Na_2C_2O_4\right)$——$\frac{1}{2}Na_2C_2O_4$的摩尔质量，g/mol。

【例5-7】称取0.2020g基准物质$Na_2C_2O_4$，溶于水后，加入适量H_2SO_4酸化，然后在加热情况下用$KMnO_4$溶液滴定，用去28.86mL。求$KMnO_4$溶液的物质的量浓度。

解:滴定反应式

$$2MnO_4^-+5C_2O_4^{2-}+16H^+ \Longrightarrow 2Mn^{2+}+10CO_2\uparrow+8H_2O$$

根据反应可知：

$$n\left(\frac{1}{5}KMnO_4\right)=n\left(\frac{1}{2}Na_2C_2O_4\right)$$

$$c\left(\frac{1}{5}KMnO_4\right)=\frac{m(Na_2C_2O_4)}{M\left(\frac{1}{2}Na_2C_2O_4\right)V(KMnO_4)}$$

$$=\frac{0.2020}{\frac{1}{2}\times 134.00\times 28.86\times 10^{-3}}$$

$$=0.1045\text{mol/L}$$

【例5-8】用$KMnO_4$法测定工业硫酸亚铁的纯度，称样0.9394g，溶解后在酸性条件下，用$c\left(\frac{1}{5}KMnO_4\right)=0.1000$mol/L的$KMnO_4$溶液滴定到终点，耗用了32.02mL，求试样中$FeSO_4\cdot 7H_2O$的质量分数。

解：用$KMnO_4$法测定$FeSO_4\cdot 7H_2O$的纯度时，其离子反应方程式为：

$$5Fe^{2+}+MnO_4^-+8H^+ \Longrightarrow 5Fe^{3+}+Mn^{2+}+4H_2O$$

$$n(FeSO_4\cdot 7H_2O)=n\left(\frac{1}{5}KMnO_4\right)$$

$$\omega(FeSO_4\cdot 7H_2O)=\frac{c\left(\frac{1}{5}KMnO_4\right)V(KMnO_4)M(FeSO_4\cdot 7H_2O)}{m_s}\times 100\%$$

$$=\frac{0.1000\times 32.02\times 10^{-3}\times 278.01}{0.9394}\times 100\%$$

$$=94.76\%$$

三、应用实例——过氧化氢的测定

过氧化氢俗称双氧水，双氧水是医药卫生行业广泛使用的消毒剂，主要成分为H_2O_2，化学式为H_2O_2，相对分子质量为34.02。纯H_2O_2为无色稠厚液体，商品双氧水中含过氧化氢一般为30%。

（一）测定原理

过氧化氢本身具有强氧化性，但遇到氧化性更强的$KMnO_4$时，H_2O_2表现出还原性，二者发生的反应如下：

$$2MnO_4^-+5H_2O_2+6H^+ = 2Mn^{2+}+5O_2\uparrow+8H_2O$$

该反应在酸性溶液中进行，反应开始速率很慢，待Mn^{2+}生成后，由于Mn^{2+}的催化作用反应速度加快。当达化学计量点时，微过量的$KMnO_4$使溶液显微红色，指示终点到达。

由于双氧水本身受热易分解，故反应不可以加热。该反应也属于自身催化反应，所以开始时滴定速度应特别慢，当第一滴$KMnO_4$颜色消失后（即生成了Mn^{2+}）再继续滴定。随着生成Mn^{2+}的催化作用的产生，反应速度加快，这时滴定速度也可以加快。

（二）计算

H_2O_2含量（g/L）的计算公式如下：

$$\rho(H_2O_2)=\frac{c(\frac{1}{5}KMnO_4)V(KMnO_4)\times M(\frac{1}{2}H_2O_2)}{V(样品)} \tag{5-8}$$

式中 $\rho(H_2O_2)$——H_2O_2的含量，g/L；

$c(\frac{1}{5}KMnO_4)$——高锰酸钾标准溶液的浓度，mol/L；

$V(KMnO_4)$——滴定消耗的高锰酸钾的体积，L；

$V(样品)$——H_2O_2样品体积，L；

$M(\frac{1}{2}H_2O_2)$——$\frac{1}{2}H_2O_2$的摩尔质量，g/mol。

知识点五 重铬酸钾法

一、重铬酸钾法的简介

重铬酸钾法是以$K_2Cr_2O_7$为标准溶液所进行滴定的氧化还原滴定法，$K_2Cr_2O_7$是强的氧化剂。$Cr_2O_7^{2-}$在酸性溶液中与还原剂作用可获得6个电子而本身被还原为Cr^{3+}，反应的基本单元为（$\frac{1}{6}K_2Cr_2O_7$），其半反应为：

$$Cr_2O_7^{2-}+14H^++6e \rightleftharpoons 2Cr^{3+}+7H_2O \qquad \varphi^{\ominus}_{Cr_2O_7^-/Cr^{3+}}=+1.33V$$

$K_2Cr_2O_7$的氧化能力比$KMnO_4$弱（在1mol/L HCl溶液中，它的条件电极电位为1.00V），但它仍是一个较强的氧化剂，能氧化许多有机物和无机物。重铬酸钾法只能在酸性介质中使用，它的应用范围比$KMnO_4$法窄，但具有以下优点：

（1）$K_2Cr_2O_7$容易提纯，在140~150℃干燥后，可做基准物质用直接法配制成标准溶液；

（2）$K_2Cr_2O_7$溶液非常稳定，只要保存在密封容器中，浓度可长期保持不变；

（3）$K_2Cr_2O_7$的氧化能力没有$KMnO_4$强，在室温下1mol/L盐酸溶液中不与Cl^-反应，因此可在HCl介质中进行滴定，$K_2Cr_2O_7$不会氧化Cl^-而产生误差；

（4）$K_2Cr_2O_7$在酸性溶液中与还原剂作用，总是被还原成Cr^{3+}，副反应少。

重铬酸钾法的缺点是：虽然$Cr_2O_7^{2-}$被还原后能转化为绿色的Cr^{3+}，但$K_2Cr_2O_7$的颜色不是很深，所以不能根据它本身的颜色的变化来确定滴定终点，而需要采用二苯胺磺酸钠或邻苯氨基苯甲酸等作指示剂。

二、$K_2Cr_2O_7$标准溶液配制

（一）$K_2Cr_2O_7$标准溶液配制（直接法）

$K_2Cr_2O_7$标准溶液通常用直接法配制，如配c（$\frac{1}{6}K_2Cr_2O_7$）=0.0500mol/L的$K_2Cr_2O_7$标准溶液 250mL，先将 $K_2Cr_2O_7$ 在120℃烘至质量恒定，置干燥器中冷却至室温。再准确称取0.6129g $K_2Cr_2O_7$于小烧杯中，加水溶解，转移至250mL容量瓶中，加水至刻度，摇匀。

（二）计算

重铬酸钾标准滴定溶液的浓度计算：

$$c\left(\frac{1}{6}K_2Cr_2O_7\right)=\frac{m(K_2Cr_2O_7)}{V(K_2Cr_2O_7)\,M\left(\frac{1}{6}K_2Cr_2O_7\right)} \qquad (5\text{-}9)$$

式中　$c\left(\frac{1}{6}K_2Cr_2O_7\right)$——重铬酸钾标准溶液的浓度，mol/L；

$m(K_2Cr_2O_7)$——重铬酸钾的质量，g；

$V(K_2Cr_2O_7)$——重铬酸钾溶液的体积，L；

$M\left(\frac{1}{6}K_2Cr_2O_7\right)$——$\frac{1}{6}K_2Cr_2O_7$的摩尔质量，g/mol。

三、应用示例——铁矿中铁含量的测定

（一）方法原理

重铬酸钾法最重要的应用是测定铁的含量，将铁矿石试样用浓HC1加热溶解，趁热用$SnCl_2$将Fe^{3+}还原为Fe^{2+}，冷却后，过量的$SnCl_2$用$HgCl_2$氧化。此时溶液中出现白色丝状$HgCl_2$沉淀，用水稀释后加入H_2SO_4–H_3PO_4混合酸，以二苯胺磺酸钠作指示剂，用$K_2Cr_2O_7$标准溶液滴定至溶液由浅绿色（Cr^{3+}颜色）变为紫红色。

加入H_3P0_4的目的，是使Fe^{3+}生成稳定的$Fe(HPO_4)^{2-}$，降低Fe^{3+}/Fe^{2+}电对的电位，使二苯胺磺酸钠变色点的电位落在滴定的电位突跃范围内，减小终点误差。同时，由于$Fe(HPO_4)^{2-}$是无色的，消除了Fe^{3+}的黄色，有利于终点的观察。

此法快速、准确，沿用年代已久。但因$HgCl_2$毒性较大，引起环境污染，所以，近年来出现了一些“无汞测铁法”。例如，过量$SnCl_2$，不用$HgCl_2$氧化，而改用甲基橙，$SnCl_2$将甲基橙还原为氢化甲基橙而褪色，使过量$SnCl_2$得以消除，而且还原反应是不可逆的，所以甲基橙的还原产物不会消耗$K_2Cr_2O_7$。

HCl溶液浓度应控制在4mol/L，若大于6mol/L，$SnCl_2$会先将甲基橙还原为无色，无法指示Fe^{3+}的还原反应，若低于 6mol/L，则甲基橙褪色缓慢。

（二）测定步骤

准确称取铁矿石试样1.0~1.5g于250mL烧杯中，加少量水润湿，加20mL浓HCl溶液，盖上表面皿，在通风橱内低温加热分解试样，可滴加20~30滴$SnCl_2$（100g/L）溶液助溶，试样完全分解时残渣（SiO_2）应接近白色，用水吹洗表面皿及烧杯壁，冷却后转移至250mL容量瓶中，用水稀释至刻度，摇匀。准确吸取此试液25.00mL于锥形瓶中，加8mL浓HCl，加热近沸，加入6滴甲基橙（1g/L），趁热边摇边滴加$SnCl_2$（100g/L）溶液还原Fe^{3+}，至溶液由橙变红，再慢慢滴加$SnCl_2$（50g/L）溶液至淡粉色，再摇几下直至粉色褪去。立即用流水冷却，加50mL水，20mL硫磷混酸，2滴二苯胺磺酸钠指标液（5g/L），立即用$K_2Cr_2O_7$标准溶液滴定到稳定的微红色为终点。

（三）部分试剂的配制方法

1. 100g/L $SnCl_2$溶液

将10g $SnCl_2 \cdot 2H_2O$溶于40mL浓热HCl中，加水稀释至100mL。

2. 硫酸-磷酸混酸

将15mL浓H_2SO_4缓慢加到70mL水中，冷却后加入15mL浓H_3PO_4，混匀。

（四）结果计算

滴定反应式为：

$$Cr_2O_7^{2-}+6Fe^{2+}+14H^+ = 2Cr^{3+}+6Fe^{3+}+7H_2O$$

铁矿石中Fe含量计算式为：

$$w(Fe)=\frac{c\left(\frac{1}{6}K_2Cr_2O_7\right)V(K_2Cr_2O_7)M(Fe)}{m_s\times\frac{25}{250}}\times 100\% \qquad (5\text{-}10)$$

式中　$w(Fe)$——铁矿石中Fe含量；

$c\left(\frac{1}{6}K_2Cr_2O_7\right)$——$K_2Cr_2O_7$标准溶液物质的量浓度，mol/L；

$V(K_2Cr_2O_7)$——$K_2Cr_2O_7$标准溶液的体积，L；

$M(Fe)$——Fe的摩尔质量，g/mol；

m_s——试样的质量，g。

【例5-9】配制$c\left(\frac{1}{6}K_2Cr_2O_7\right)$=0.5000mol/L的$K_2Cr_2O_7$标准溶液500mL，应称取$K_2Cr_2O_7$多少克？现有褐铁矿试样0.5873g，用HCl溶液溶解后，将Fe^{3+}还原为Fe^{2+}，用该$K_2Cr_2O_7$标准溶液滴定，若消耗$K_2Cr_2O_7$标准溶液12.52mL，计算试样中Fe_2O_3的质量分数。

解：$m(K_2Cr_2O_7)=c\left(\frac{1}{6}K_2Cr_2O_7\right)V(K_2Cr_2O_7)M\left(\frac{1}{6}K_2Cr_2O_7\right)$

$$=0.5000\times 0.5\times\frac{1}{6}\times 294.18$$

$$=12.2575g$$

$K_2Cr_2O_7$与Fe^{2+}的反应为：

$$Cr_2O_7^{2-}+6Fe^{2+}+14H^+ = 2Cr^{3+}+6Fe^{3+}+7H_2O$$

$$n\left(\frac{1}{2}Fe_2O_3\right)=n\left(\frac{1}{6}K_2Cr_2O_7\right)$$

$$w(Fe_2O_3)=\frac{c\left(\frac{1}{6}K_2Cr_2O_7\right)V(K_2Cr_2O_7)M\left(\frac{1}{2}Fe_2O_3\right)\times 100\%}{m_s}$$

$$=\frac{0.5000\times 12.52\times 10^{-3}\times\frac{1}{2}\times 159.69\times 100\%}{0.5873}$$

$$=85.11\%$$

知识点六　碘量法

一、碘量法的简介

碘量法是利用I_2的氧化性或用I^-的还原性进行滴定分析的氧化还原滴定

法，碘量法的基本反应是：

$$I_2+2e \rightleftharpoons 2I^- \qquad \varphi^{\ominus}_{I_2/I^-}=+0.54V$$

由于固体I_2在水中的溶解度小，故实际应用时，通常将I_2溶解在KI溶液中，此时在I_2溶解液中以I^{3-}形式存在。相应的半反应为：

$$I_3^- + 2e \rightleftharpoons 3I^-$$

由标准电极电位$\varphi^{\ominus}_{I_2/I^-}$=+0.54V可知，$I_2$是较弱的氧化剂，能与较强的还原剂作用。而$I^-$是中等强度的还原剂，能与许多氧化剂作用。因此，碘量法是应用广泛的重要的氧化还原滴定法之一。碘量法又分为直接碘量法和间接碘量法。

（一）直接碘量法

直接碘量法又称为碘滴定法，是利用I_2标准溶液直接滴定还原性物质。反应后，I_2转化为I^-。例如：

$$I_2+H_2S = S+2HI$$

利用直接碘量法还可以测定SO_3^{2-}、AsO_3^{2-}、SnO_2^{2-}等，由于I_2氧化能力不强，所以能被I_2氧化的物质有限。

滴定时用淀粉做指示剂，在I^-的存在下，稍过量的I_2能使溶液由无色变为浅蓝色，非常明显。

溶液中H^+浓度对直接碘量法有较大的影响，在酸性溶液中，只有少数还原能力强，不受H^+浓度影响的物质才能被定量滴定，所以反应只能在微酸性或近中性溶液中进行，在较强的碱性溶液中就不能用I_2溶液滴定，因为当pH较高时，发生歧化反应：例如，

$$3I_2+6OH^- \rightleftharpoons IO_3^- + 5I^-+3H_2O$$

这样就会给测定带来误差。所以直接碘量法受到测量条件限制，应用不太广泛。

（二）间接碘量法

间接碘量法又称滴定碘法，是利用I^-的还原性测定氧化性物质，即在待测的氧化性物质的溶液中，加入过量的KI，反应后生成与待测氧化性物质的量相当的游离的I_2，然后用$Na_2S_2O_3$标准溶液滴定所析出的I_2。例如，在酸性溶液中，$K_2Cr_2O_7$与过量的KI作用，析出I_2，再用$Na_2S_2O_3$标准溶液滴定：

$$Cr_2O_7^{2-} + 6I^-+14H^+ = 2Cr^{3+}+3I_2+7H_2O$$

$$I_2+2S_2O_3^{2-} = 2I^-+S_4O_6^{2-}$$

利用这一方法可以测定Cu^{2+}、CrO_4^{2-}、$Cr_2O_7^{2-}$、IO_3^-、BrO_3^-、H_2O_2等。由于I^-是中等强度的还原剂，能被一般氧化剂定量氧化而析出I_2，因此间接碘量法的应用相当广泛。

在使用间接碘量法时，为获得准确的结果，必须注意以下几点。

1. 控制溶液的酸度

I_2和$Na_2S_2O_3$的反应必须在中性和微酸性溶液中进行。因为在碱性溶液中会同时发生下列副反应：

$$S_2O_3^{2-}+4I_2+10OH^- \xlongequal{} 2SO_4^{2-}+8I^-+5H_2O$$

在较强的碱性溶液中I_2发生歧化反应：

$$3I_2+6OH^- \xlongequal{} IO_3^-+5I^-+3H_2O$$

在强酸性溶液中$S_2O_3^{2-}$会发生分解：

$$S_2O_3^{2-}+2H^+ \xlongequal{} SO_2\uparrow+S\downarrow+H_2O$$

因此，用$Na_2S_2O_3$滴定I_2之前，应将溶液的酸度调至中性或弱酸性。

2. 防止I_2挥发

防止I_2挥发的措施如下：

（1）加入过量的KI，一般比理论量大2~3倍，使I_2生成I_3^-以减少挥发；

（2）反应时控制溶液温度不能过高，一般在室温下进行；

（3）滴定时不能剧烈摇动溶液。

3. 防止I^-被空气中的氧气氧化

（1）溶液酸度不能过高，因为I^-在强酸性溶液中易被空气中的氧气氧化：

$$4I^-+4H^++O_2 \xlongequal{} 2I_2+2H_2O$$

（2）在暗处避光操作，因为光线照射能促使上述氧化作用。

（3）析出I_2后溶液不能放置过久，要及时用$Na_2S_2O_3$溶液滴定。

（4）滴定速度要适当加快些。

（5）适时适量加入指示剂。

间接碘量法的终点常用淀粉指示剂来指示。溶液由蓝色刚好变为无色即为滴定终点。

用$Na_2S_2O_3$标准溶液滴定碘时应在大部分I_2已被还原，溶液呈浅黄色（接近滴定终点）时，才能加入淀粉指示剂并且要适量。否则，将会有较多的I_2被淀粉胶粒包住，而在滴定时使蓝色褪去减慢，从而影响滴定终点的确定。并且淀粉溶液应现用现配，若放置太久，则与碘形成的配合物不呈蓝色而呈紫色或红色。这种红紫色吸附配合物使滴定时褪色慢，终点不灵敏。

二、标准溶液的配制和标定

（一）$Na_2S_2O_3$标准溶液的配制和标定

1. $Na_2S_2O_3$标准溶液的配制

结晶的$Na_2S_2O_3\cdot5H_2O$一般含少量S、S^{2-}、SO_3^{2-}、SO_4^{2-}、CO_3^{2-}、Cl^-等杂质，而且$Na_2S_2O_3$溶液不稳定，因此不能用直接法制备标准溶液。

$Na_2S_2O_3\cdot5H_2O$不稳定的原因有三个。

第一是与溶解于水中的CO_2反应：

$$S_2O_3^{2-}+CO_2+H_2O = HCO_3^-+HSO_3^-+S\downarrow$$

第二是与空气中的O_2反应：

$$2S_2O_3^{2-}+O_2 = 2SO_4^{2-}+2S\downarrow$$

第三是与水中的微生物反应：

$$Na_2S_2O_3 = Na_2SO_3+S\downarrow$$

根据上述原因，$Na_2S_2O_3$溶液的配制应采取下列措施：第一，可用煮沸冷却后的蒸馏水配制，以除去微生物；第二，配制时加入少量Na_2CO_3，使溶液呈弱碱性（在此条件下微生物活动力低）；第三，将配制好的溶液置于棕色瓶中，放置两周，再用基准物质标定，若发现溶液混浊，需重新配制。

例如浓度为0.1mol/L $Na_2S_2O_3$待标溶液配制：称取26g硫代硫酸钠（$Na_2S_2O_3\cdot5H_2O$），（或16g无水硫代硫酸钠），加0.2g无水碳酸钠，溶于1000mL水中，缓缓煮沸10min，冷却。放置两周后过滤备用。

2. $Na_2S_2O_3$标准溶液标定

标定$Na_2S_2O_3$溶液的基准物质有I_2、KIO_3、纯铜、$K_2Cr_2O_7$等，其中以$K_2Cr_2O_7$最为方便，结果也相当准确。

$K_2Cr_2O_7$基准物标定$Na_2S_2O_3$标准溶液分两步反应进行，第一步反应：

$$Cr_2O_7^- + 6I^-+14H^+ = 2Cr^{3+}+3I_2+7H_2O$$

反应后产生定量的I_2，加水稀释后，用$Na_2S_2O_3$溶液滴定，即第二步反应：

$$I_2+2S_2O_3^{2-} = 2I^-+S_4O_6^{2-}$$

以淀粉为指示剂，当溶液变为亮绿色即为滴定终点。

具体标定方法：称取0.18g于120℃干燥至恒重的基准试剂重铬酸钾，称准至0.0001g，置于碘量瓶中，加入25mL水溶解，再加2g碘化钾及20mL硫酸溶液（20%），摇匀，在微酸性溶液中，使$K_2Cr_2O_7$与过量的KI作用，析出定量的I_2，于暗处放置10min。加150mL水（15~20℃），用配制好的硫代硫酸钠溶液滴定，近终点时加2mL淀粉指示液（10g/L），继续滴定至溶液由蓝色变为亮绿色。

使用$K_2Cr_2O_7$为基准物标定$Na_2S_2O_3$溶液时，应注意下列条件。

（1）溶液的酸度　KI与氧化剂反应时需消耗H^+，必须使溶液保持足够的酸度，以促使I^-尽快氧化成I_2，使用过量的酸，酸度越大，反应越快，但酸度太大时，I^-易被空气氧化。

（2）加入KI的量　加入2~3倍于计算量的KI，以加快被测离子的反应速率，并使生成的I_2与过量的KI结合成KI_3，可使析出的I_2溶解为I_3^-，减少I_2的挥发。

（3）滴定条件　用$Na_2S_2O_3$溶液滴定析出的I_2时，应保持试液为微酸性或中性。滴定应在室温、避光条件下进行。因为升高温度会增大I_2的挥发性。光线照射能加快空气氧化I^-的速率，另外，I^-和氧化剂反应析出I_2的过程较慢，应放置于暗处10min后再滴定。滴定前用蒸馏水将试液稀释成200~300mL，同时还可以减少Cr^{3+}的绿色对终点观察的影响。

（4）淀粉的加入　滴定接近终点时加入淀粉，因淀粉会吸附I_2，导致终点时蓝色不易褪去，所以淀粉应在近终点时（溶液呈浅黄绿色）加入，避免产生误差。

（5）滴定的速度　为防止I_2的挥发，加入淀粉前滴定速度要快，同时摇动速度要慢；但是加入淀粉后，滴定速度要慢，摇动速度要快，防止淀粉吸附I_2使终点提前。

（6）终点的确定　滴定终点的颜色应为亮绿色。如果发现滴定到达终点后，溶液迅速变蓝，则表示$Cr_2O_7^{2-}$与KI反应不完全，这可能是放置时间不够或酸度不足所造成的，遇此情况应弃去重做。若到达终点后5~10min复呈蓝色，则表示溶液中I^-被空气氧化，这是正常现象，对标定结果无影响。

$Na_2S_2O_3$标准溶液浓度计算：

$$c(Na_2S_2O_3)=\frac{m(K_2Cr_2O_7)}{V(Na_2S_2O_3)\,M(\frac{1}{6}K_2Cr_2O_7)} \tag{5-11}$$

式中　$c(Na_2S_2O_3)$——$Na_2S_2O_3$标准溶液浓度，g/mol；

$m(K_2Cr_2O_7)$——$K_2Cr_2O_7$的质量，g；

$V(Na_2S_2O_3)$——消耗$Na_2S_2O_3$标准溶液体积，L；

$M(\frac{1}{6}K_2Cr_2O_7)$——$\frac{1}{6}K_2Cr_2O_7$的摩尔质量，g/mol。

（二）碘标准溶液的配制和标定

1. 碘标准溶液的配制

纯碘可用升华法制得，但由于I_2易挥发，腐蚀性大，不宜在分析天平上直接称重，故先配成近似浓度的溶液，然后再进行标定。

I_2在水中的溶解度很小，而且容易挥发，但易溶于KI溶液中，使I_2与KI形成KI_3配合物，从而使溶解度大大提高，挥发性大为降低。

配制I_2溶液时，先在托盘天平上称取一定量的碘和三倍于I_2质量的KI，置于研钵中，加少量水研磨。使I_2全部溶解，然后将溶液稀释，倾入棕色瓶中于暗处保存。同时还应避免I_2溶液与橡皮等有机物接触，也应防止I_2溶液见光遇热，否则浓度将发生变化。

例如配制$c(\frac{1}{2}I_2)$=0.1mol/L碘液的配制方法为：称取13g碘及35g碘化钾溶于100mL水中，稀释至1000mL，摇匀，保存于棕色塞瓶中。

2. 碘标准溶液的标定

碘溶液的浓度，可用已被标定好的已知准确浓度的$Na_2S_2O_3$标准溶液进行标定，也可用As_2O_3基准物来标定，但因为As_2O_3剧毒，故一般用$Na_2S_2O_3$标准溶液标定。

移取25.00mL $Na_2S_2O_3$标准溶液，放于250碘量瓶中，加50mL蒸馏水，10g/L淀粉指示剂2mL，用碘标准溶液滴至蓝色，即为终点。

3. 用$Na_2S_2O_3$标准溶液标定时，I_2滴定液的浓度计算

$$c\left(\frac{1}{2}I_2\right)=\frac{c(Na_2S_2O_3)\,V(Na_2S_2O_3)}{V(I_2)} \quad (5\text{-}12)$$

式中 $c\left(\frac{1}{2}I_2\right)$——$I_2$标准溶液的物质的量浓度，mol/L；

$c(Na_2S_2O_3)$——$Na_2S_2O_3$标准溶液的物质的量浓度，mol/L；

$V(Na_2S_2O_3)$——移取的$Na_2S_2O_3$标准溶液的体积，L；

$V(I_2)$——滴定消耗的I_2标准溶液的体积，L。

【例5-10】以$K_2Cr_2O_7$为基准物质采用间接法标定$c(Na_2S_2O_3)$=0.10mol/L的$Na_2S_2O_3$溶液的浓度，欲将消耗$Na_2S_2O_3$溶液的体积控制在25mL左右，应称取$K_2Cr_2O_7$多少克？

解：反应式：

$$Cr_2O_7^{2-}+6I^-+14H^+ \xlongequal{} 2Cr^{3+}+3I_2+7H_2O$$

$$I_2+2S_2O_3^{2-} \xlongequal{} 2I^-+S_4O_6^{2-}$$

$$n\left(\frac{1}{6}K_2Cr_2O_7\right)=n(Na_2S_2O_3)$$

$$m(K_2Cr_2O_7)=n\left(\frac{1}{6}K_2Cr_2O_7\right)M\left(\frac{1}{6}K_2Cr_2O_7\right)$$

$$=n(Na_2S_2O_3)\,M\left(\frac{1}{6}K_2Cr_2O_7\right)$$

$$=c(Na_2S_2O_3)\,V(Na_2S_2O_3)\,M\left(\frac{1}{6}K_2Cr_2O_7\right)$$

$$=0.10\times 25\times 10^{-3}\times\frac{1}{6}\times 294.18$$

$$=0.12\text{g}$$

【例5-11】用间接碘量法测定含铜样品，称取试样0.4600g，溶解在酸性溶液中，加入KI后用0.1000mol/L $Na_2S_2O_3$溶液滴定析出I_2，用去了21.20mL，求样品中铜的质量分数。

解：测定反应为：

$$2Cu^{2+}+4I^- \xlongequal{} 2CuI+I_2$$

$$2S_2O_3^{2-}+I_2 \xlongequal{} S_4O_6^{2-}+2I^-$$

由上反应式可得：　$n(Cu)=n(Na_2S_2O_3)$

$$w(Cu)=\frac{c(Na_2S_2O_3)\,V(Na_2S_2O_3)\,M(Cu)}{m_s}\times 100\%$$

$$=\frac{0.1000\times 21.20\times 10^{-3}\times 63.55}{0.4600}\times 100\%$$

$$=29.29\%$$

三、应用示例

碘量法的应用范围广泛，可用直接碘量法测定维生素C、亚硫酸盐等强还原性物质的含量，也可用间接碘量法测定漂白粉、硫酸铜等氧化性物质的含量。

（一）维生素C含量的测定（直接碘量法）

1. 方法原理

维生素C的分子式为$C_6H_8O_6$，分子中的烯二醇基有还原性，能被I_2氧化成二酮基，氧化反应式为：

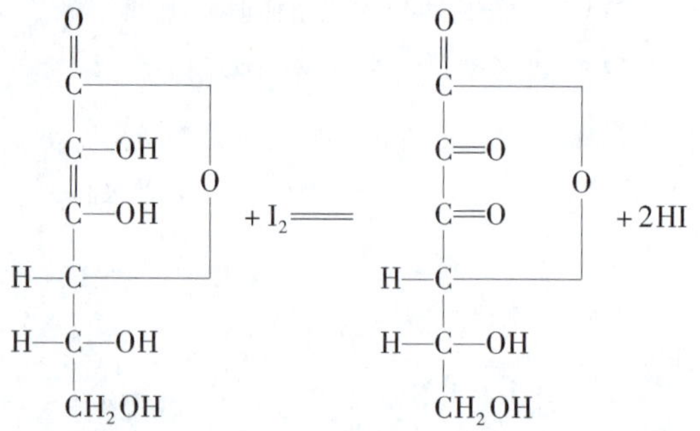

由于维生素C的还原能力强，易被空气中的O_2氧化，特别是在碱性溶液中氧化速度更快，所以在溶解时应先加入适量的稀醋酸，再加蒸馏水，以减少维生素C受I_2以外的其他氧化剂的影响。

2. 测定步骤

准确称取维生素C样品0.2g，加100mL新煮沸并冷却的蒸馏水，2mol/L HAc溶液10mL，待样品溶解后加1mL淀粉指示液（10g/L），立即用碘标准溶液滴定至呈现稳定的蓝色为终点。

3. 结果计算

按下式计算维生素C（$C_6H_8O_6$）的质量分数：

$$w(C_6H_8O_6)=\frac{c(\frac{1}{2}I_2)V(I_2)M(\frac{1}{2}C_6H_8O_6)}{m_s}\times 100\% \tag{5-13}$$

式中 $w(C_6H_8O_6)$——维生素C的质量分数；

$c(\frac{1}{2}I_2)$——滴定的碘液浓度，mol/L；

$V(I_2)$——滴定的碘液体积，L；

m_s——维生素C样品质量，g；

$M(\frac{1}{2}C_6H_8O_6)$——$\frac{1}{2}C_6H_8O_6$的摩尔质量，g/mol。

（二）漂白粉中有效氯的测定

漂白粉的通用化学式Ca(OCl)Cl，白色粉末状物质，是价廉有效的消毒剂、杀菌剂和漂白剂。漂白粉的有效氯指其在酸作用下产生的氯的含量，可用滴定碘法进行测定。

漂白粉可在稀H_2SO_4（或HAc）介质中，加过量KI，反应生成I_2，以淀粉为指示剂，用$Na_2S_2O_3$标准溶液滴定生成的I_2。其反应式为：

$$Ca(OCl)Cl+2H^+ = Ca^{2+}+Cl_2\uparrow+H_2O$$

$$Cl_2+2I^- = I_2+2Cl^-$$

$$2S_2O_3^{2-}+I_2 = S_4O_6^{2-}+2I^-$$

计算公式如下：

$$w(Cl_2)=\frac{c(Na_2S_2O_3)V(Na_2S_2O_3)M(\frac{1}{2}Cl_2)}{m_s}\times 100\% \qquad (5-14)$$

式中　$M(\frac{1}{2}Cl_2)$——$\frac{1}{2}Cl_2$的摩尔质量，g/mol；

m_s——漂白粉样品质量，g；

$V(Na_2S_2O_3)$——滴定消耗的$Na_2S_2O_3$体积，L。

知识点七　其他氧化还原方法

一、硫酸铈法

硫酸铈法是以$Ce(SO_4)_2$为标准溶液，在酸性条件下测定还原物质含量的滴定分析法，如测定H_2O_2、$Na_2C_2O_4$、$FeSO_4\cdot 7H_2O$、As^{3+}、Sb^{3+}等。

$Ce(SO_4)_2$具有很强的氧化性，在酸性溶液中可被还原成Ce^{3+}，滴定时可用HCl或H_2SO_4作酸性介质。

$Ce(SO_4)_2$滴定法具有以下优点。

（1）$Ce(SO_4)_2$易纯化，配制滴定液时用直接法配制，溶液稳定性好，久置或加热至沸都不会引起浓度的变化。

（2）反应机制简单，Ce^{4+}还原为Ce^{3+}，只有一个电子转移，无中间价态的产物形成。

（3）$Ce(SO_4)_2$虽具有很强的氧化性，但不会使HCl氧化，在HCl介质中可直接滴定还原性物质，故选择性高。

（4）许多有机物如蔗糖、淀粉、甘油等都不与$Ce(SO_4)_2$反应，因此可直接参与测定许多药品中亚铁的含量。

$Ce(SO_4)_2$滴定法通常采用邻二氮菲亚铁为指示剂，终点时溶液由红色变为蓝色。

二、溴酸钾法

溴酸钾法是以$KBrO_3$为标准溶液，在酸性溶液中测定还原性物质含量的滴定分析法。

$KBrO_3$是一种强氧化剂，可用来测定亚砷酸盐、亚铁盐、亚铜盐、碘化物及某些有机物（如联胺及卡巴砷等药物）的含量。在酸性溶液中BrO_3^-被还原成Br^-，化学计量点后，稍过量的BrO_3^-与Br^-反应生成单质Br_2。

$$BrO_3^- + 5Br^- + 6H^+ \longrightarrow 3Br_2 + 3H_2O$$

实验中常用的指示剂为甲基橙或甲基红等含氮的酸碱指示剂，化学计量点前溶液呈红色，计量点后，生成的Br_2能破坏指示剂的呈色结构，使溶液的红色立即消失而指示终点。

实验时应在近终点时加入指示剂，因为指示剂的褪色反应是不可逆的，在滴定过程中有可能因$KBrO_3$的局部浓度过大而提早与Br^-反应，造成终点提前，产生误差。

三、亚硝酸钠法

亚硝酸钠法是以$NaNO_2$为滴定剂，在盐酸条件下测定芳香族伯胺、仲胺类化合物含量的滴定分析法。

用$NaNO_2$滴定芳香伯胺类化合物的滴定分析法称为重氮化滴定法。

$$NaNO_2 + Ar\text{-}NH_2 + 2HCl \longrightarrow [Ar\text{-}N^+ \equiv N] + NaCl + 2H_2O$$

重氮化滴定法常用来测定盐酸普鲁卡因、氨苯砜、磺胺类等药物，也可以用来测定水解后具有芳伯胺类的药物，如酞磺胺噻唑、对乙酰氧基酚等。

用$NaNO_2$滴定芳香族仲胺类化合物的滴定分析法称为亚硝基化滴定法。

$$NaNO_2 + Ar\text{-}NH(R) + HCl \longrightarrow Ar\text{-}N(R)\text{-}NO + NaCl + H_2O$$

亚硝基化滴定法常用来测定磷酸伯胺喹等物质。

在$NaNO_2$滴定法中，重氮化滴定法最为常用，其反应速率与酸的种类有关，在HBr中比在HCl中反应速度快，在H_2SO_4或HNO_3中反应速度较慢，实验时一般用HCl调节酸度，因为HBr的价格较贵。滴定过程中应注意滴定速度与温度的控制，其反应速度随温度升高而加快，但温度高时重氮盐易分解，且亚硝酸也易分解和逸失，所以反应温度一般控制在15℃以下。

$NaNO_2$滴定法确定终点时可采用外指示剂法，常用碘化钾-淀粉混合指示剂，近终点时用玻璃棒蘸取少许溶液在外面和指示剂作用来判断终点。指示剂可以制成糊状涂在玻璃上或塑料板上，也可以制成试纸。

思考练习

一、名词解释

氧化还原滴定法　标准电极电位　自身指示剂　高锰酸钾法　间接碘量法

二、填空题

1. 氧化还原滴定法根据氧化还原剂的不同可分为________、________、________及溴酸钾法等。

2. 氧化还原滴定指示剂包括________、________和________三种类型。

3. $KMnO_4$具有很强的________性，配制$KMnO_4$滴定剂应采用________法，标定$KMnO_4$溶液常用的基准物质是________，滴定时要用________调节强酸性。

4. $KMnO_4$滴定法属于________指示剂法，终点的现象是溶液呈________。

5. 重铬酸钾法是以________为标准溶液的氧化还原滴定法，本方法总是在________性溶液中与还原剂作用。

6. 碘量法分为直接碘量法和间接碘量法，直接碘量法是利用I_2的________性，直接滴定较强的________性物质。间接碘量法是利用I^-________性，测定________性的物质。

7. 直接碘量法与间接碘量法所用的指示剂均为________。直接碘量法的终点现象是溶液呈现________，间接碘量法的终点现象是溶液________。

8. 配制$Na_2S_2O_3$溶液时，加入少量Na_2CO_3的作用是____________。

9. 当用I_2标准溶液滴定$Na_2S_2O_3$时，需在________或________性溶液中进行。

10. 亚硝酸钠法是以________为标准溶液，在________存在下，测定________和________类化合物的氧化还原滴定法。

三、选择题

1. 下列不属于氧化还原滴定法的是（　　）。

A. 莫尔法　B. 高锰酸钾法　C. 碘量法　D. 重铬酸钾法

2. 氧化还原滴定法的分类依据是（　　）。

A. 滴定方式不同　B. 标准溶液不同　C. 指示剂不同　D. 测定对象不同

3. 下列哪种标准溶液在反应中是作为还原剂使用的（　　）。

A. 高锰酸盐　B. 碘　C. 硫代硫酸钠　D. 重铬酸钾法

4. 氧化还原反应平衡常数K值的大小（　　）。

A. 能说明反应的速度　B. 能说明反应的完全程度

C. 能说明反应的条件　D. 能说明反应的次序

5. 标定$KMnO_4$滴定液时常用的基准物质是（　　）。

A. $K_2Gr_2O_7$　　B. KIO_3　　C. $Na_2C_2O_4$　　D. $AgNO_3$

6. $K_2Cr_2O_7$法常用指示剂为（　　）。

A. $K_2Cr_2O_7$　　B. Cr^{3+}　　C. 淀粉　　D. 二苯胺磺酸钠

7. 用间接碘量法测定物质含量时，淀粉指示剂应在何时加入（　　）。

A. 滴定前　　B. 近终点时　　C. 加过量KI时　　D. 滴定至溶液呈无色时

8. 在强酸性溶液中，用$Na_2C_2O_4$基准物质标定$KMnO_4$溶液时的滴定速度应（　　）。

A. 快速　　B. 慢　　C. 先快后慢　　D. 先慢后快

9. 配制$Na_2S_2O_3$标准溶液时，应当用新煮沸后冷却的蒸馏水，并加入少量Na_2CO_3的原因是（　　）。

A. 杀灭细菌　　B. 除去水中CO_2和O_2

C. 使溶液呈弱碱性　　D. 以上都是

10. 亚硝酸钠法常用的酸性介质是（　　）。

A. 高氯酸　　B. 硝酸　　C. 硫酸　　D. 盐酸

11. 间接碘量法中，加入过量KI的作用是（　　）。

A. 防止$Na_2S_2O_3$分解　　B. 减慢反应

C. 防止微生物作用　　D. 防止I_2挥发及加快反应速度

12. 标定$Na_2S_2O_3$溶液常用的基准物质是（　　）。

A. $K_2Cr_2O_7$　　B. As_2O_3　　C. I_2　　D. $Na_2C_2O_4$

13. 下列叙述错误的是（　　）。

A. 直接碘量法所用的标准溶液是I_2溶液

B. 间接碘量法所用的标准溶液是$Na_2S_2O_3$溶液

C. 亚硝酸钠法所用的酸性介质是HCl

D. 高锰酸钾法所用的酸性介质是HCl

14. 用高锰酸钾滴定剂滴定亚铁盐时，下列操作错误的是（　　）。

A. 终点颜色为淡红色

B. 为了加快反应速率在滴定过程中进行加热

C. 无需加指示剂

D. 用硫酸调节酸度

15. 在酸性溶液中，用$KMnO_4$滴定剂滴定$Na_2C_2O_4$，反应由慢而快的原因是（　　）。

A. 反应物浓度不断增加　　B. 反应温度降低

C. 反应中$c(H^+)$减少　　D. 反应中Mn^{2+}生成

16. 在酸性溶液中，下列哪种物质不能使$KMnO_4$溶液褪色（　　）。

A. Fe^{2+}　　B. S^{2-}　　C. H_2O_2　　D. CO_3^{2-}

17.下列碘量法中，判断滴定终点错误的是（　　）。

A. 直接碘量法以溶液出现蓝色为终点

B. 间接碘量法以溶液蓝色消失为终点

C. 用碘滴定液滴定硫代硫酸钠液出现蓝色为终点

D. 用硫代硫酸钠滴定剂滴定碘液时以溶液出现蓝色为终点

四、判断题

1. 氧化还原反应的方向主要取决于两个反应电对的氧化型、还原型的氧化还原能力的大小。（　　）

2. $KMnO_4$法所用的强酸通常是H_2SO_4。（　　）

3. 配制好的$Na_2S_2O_3$溶液应立即标定。（　　）

4. $KMnO_4$标准溶液存在白色试剂瓶中。（　　）

5. 碘标准溶液一般用直接法配制。（　　）

6. 标定好的$Na_2S_2O_3$溶液中，若发现有混浊（S析出）应重新配制。（　　）

7. 碘量法中为防止空气氧化I^-，酸度不应过高。（　　）

8. 电对的电极电位愈高，其氧化型的氧化能力愈强；电对的电位愈低，其还原型还原能力愈强。（　　）

9. As_2O_3是一种剧毒氧化物。（　　）

10. 碘量法的指示剂用的是淀粉溶液。（　　）

五、简答与计算题

1. 氧化还原反应的实质是什么?

2. 什么是氧化还原电极电位？用什么符号表示?

3. 影响氧化还原反应速率的主要因素是什么?

4. 什么是氧化还原滴定专属指示剂?

5. 高锰酸钾法是怎样判断终点的?

6. 用$KMnO_4$法测定还原性物质含量时，能否用HNO_3或HCl调节溶液的酸度?为什么?

7. 什么是碘量法?

8. 用间接碘量法测定氧化性物质时，淀粉指示剂应何时加入？为什么?

9. 当［Sn^{2+}］=［Pb^{2+}］=1mol/L，判断$Pb^{2+}+Sn \rightleftharpoons Pb+Sn^{2+}$反应进行的方向。

10. 计算在1mol/L HCl溶液中，反应$2Fe^{3+}+Sn^{2+}=2Fe^{2+}+Sn^{4+}$的平衡常数。

11.将0.5000g铁矿用酸溶解后，用还原剂将Fe^{3+}全部还原为Fe^{2+}，然后再用$c(\frac{1}{5}KMnO_4)$=0.1000mol/L的$KMnO_4$标准溶液滴定，消耗25.50mL。计算

铁矿中铁的质量分数。

12. 10.00mL H_2O_2试液（相对密度1.010）需用36.82mL $c(\frac{1}{5}KMnO_4)$=0.1200mol/L标准溶液滴定，计算试液中H_2O_2的质量分数。

13. 配制$T_{Fe_2O_3/K_2Cr_2O_7}$=0.006000g/mL的$K_2Cr_2O_7$标准溶液1000mL，问应称取$K_2Cr_2O_7$多少克？

14. 准确称取0.2015g $K_2Cr_2O_7$基准物质，溶于水后酸化，再加入过量的KI，用$Na_2S_2O_3$标准溶液滴定至终点，消耗36.02mL $Na_2S_2O_3$标准溶液，计算$Na_2S_2O_3$标准溶液的浓度。

15. 将含$Na_2S_2O_3$的试样0.3878g溶解后，以50.00mL $c(\frac{1}{2}I_2)$=0.09770mol/L的I_2溶液处理，剩余的I_2需要$c(Na_2S_2O_3)$=0.1008mol/L的$Na_2S_2O_3$标准溶液25.40mL滴定至终点。计算试样中$Na_2S_2O_3$的质量分数。

阅读与拓展

资料一　维生素C的功效

维生素C是人体需求最大的维生素、作用最为广泛的维生素之一，对人体健康至关重要。

维生素C又称抗坏血酸，是一种水溶性维生素，容易从体内流失。人体不能自行制造维生素C，因此必须每天从富含维生素C的食物中摄取来满足全身需要。在所有的维生素中，维生素C是人体每天需要量最多的维生素。维生素C在体内参与细胞间质的合成和多种反应，如参与氧化还原过程，在生物氧化和还原作用以及细胞呼吸中起重要作用，并促进一些营养素的吸收利用，具体表现在以下几个方面。

1. 提高人体的免疫力

维生素C可增强中性粒细胞的趋化性和变形能动力，提高杀菌能力；促进淋巴母细胞的生成，提高机体对外来和恶变细胞的识别和杀灭。此外，维生素C参与免疫球蛋白的合成；促进干扰素的产生，干扰病毒信使核糖核酸的转录，抑制病毒的增生，从多方面提高人体的抗病能力。因此，在感冒流行季节可以适当补充维生素C，防治呼吸道感染、预防感冒。

2. 参与胶原蛋白的合成

人体由细胞组成，细胞间的联系靠细胞间质来连接，细胞间质的关键成分是胶原蛋白。胶原蛋白占身体蛋白质的1/3，参与组成结缔组织，构成身体的支架。维生素C在合成胶原蛋白的过程中起到重要的作用。如维生素C缺乏，会导致细胞连接障碍，微血管容易破裂，血液流到邻近组织。这种情况发生在皮肤，则产生瘀血、紫癍；在体内发生则引起疼痛和关节胀痛；情况严重时，在胃、肠道、鼻、肾脏及骨膜下面均可有出血现象，甚至死亡，故被称为坏血病。包裹每一颗牙齿的牙龈软组织，主要成分也是胶原蛋白，当缺乏维生素C时易产生牙龈萎缩、出血。皮肤也会由于胶原蛋白减少而粗糙并失去弹性（正因此，维生素C有美化皮肤的作用）。

3. 抗氧化作用

机体氧化损伤产生的自由基可侵犯人的各种细胞，侵犯DNA导致癌症；侵犯血管就会加速动脉硬化；侵犯眼睛晶状体就会引起白内障等。因此，抗氧化是一个重要的养生防病措施。维生素C是强有力的抗氧化剂，可以保护其他抗氧化剂，如维生素A、维生素E免受氧化破坏；可抑制脂质过氧化自由基生成，阻断脂质过氧化，防止自由基对人体的伤害。

4. 参与胆固醇的代谢

维生素C可促进胆固醇的羟化和排泄，防止胆固醇在动脉内壁沉积，发挥预防动脉硬化的作用。

5. 促进铁、钙和叶酸的吸收

食物中的铁分为血红素铁和非血红素铁。血红素铁是二价铁，吸收率较高。非血红素铁是三价铁，需在体内转化成二价铁才可被人体吸收。维生素C可将三价铁还原成二价铁，促进铁的吸收。血红素铁在动物肉类中占40%，吸收率可达20%~25%；而在植物性食物中的是非血红素铁，吸收率较低，约1%~3%。我国居民以植物性食物为主，因此多吃含维生素C丰富的食物对铁的吸收很重要，也是防治缺铁性贫血的一个好办法。

钙在消化道呈可溶状态是被吸收的基本条件。维生素C在胃中可形成一种酸性介质，防止不溶性钙络合物的生成及发生沉淀，促进钙的吸收利用。

维生素C可将叶酸还原成有生物活性的四氢叶酸，利于叶酸的吸收利用，预防发生巨幼红细胞性贫血。因此，服用铁剂、钙剂或叶酸补充剂的同时，最好服用维生素C。

资料二 重铬酸钾法测定化学需氧量（COD_{Cr}）

化学需氧量（COD），是指在一定条件下，用强氧化剂处理水样时所消耗氧化剂的量，以氧的mg/L来表示。化学需氧量反映了水中受还原性物质污染的程度。水中还原性物质包括有机物、亚硝酸盐、亚铁盐、硫化物等。水被有机物污染是很普遍的，因此化学需氧量也作为有机物相对含量的指标之一。用高锰酸钾测定水中有机物时，其结果受操作条件的影响很大，且只适用于较为清洁的水样，所以用高锰酸钾法测定生活污水和工业废水中的有机物含量时，测定结果不能令人满意。而用重铬酸钾法则优于高锰酸钾法，对于工业废水，我国规定用重铬酸钾法。重铬酸钾在以硫酸银作催化剂、加热回流的条件下，能将水中大部分有机物和无机物氧化，因而该法还适合于生活污水和工业废水样品中该指标的分析。

重铬酸钾法测定化学需氧量的原理：在强酸性条件下，向水样中加入一定量重铬酸钾标准溶液、催化剂硫酸银及消除氯离子干扰的硫酸汞，在加热煮沸的情况下，使$K_2Cr_2O_7$与有机物及其他还原性物质作用，大部分有机物主要转化为二氧化碳和水，重铬酸根反应式为：

$$Cr_2O_7^{2-}+14H^++6e = 2Cr^{3+}+7H_2O$$

过量的重铬酸钾以试亚铁灵为指示剂，用硫酸亚铁铵标准溶液滴定，反应式为：

$$Cr_2O_7^{2-}+14H^++6Fe^{2+} = 2Cr^{3+}+7H_2O+6Fe^{3+}$$

由所消耗的硫酸亚铁铵标准溶液及水样中加入的$K_2Cr_2O_7$标准溶液的量，可计算出水样中有机物消耗的$K_2Cr_2O_7$的量（换算成相当于氧的mg/L）。反应回流装置如图5-2所示。

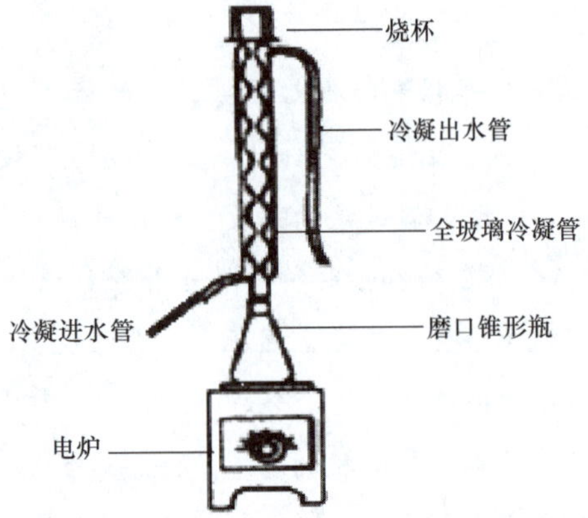

图5-2　重铬酸钾法测COD回流装置

如果需要求出水中有机物的含量，还应求出无机还原性物质的含量，然后把这部分还原性物质的量减去，即可得到有机物的含量。

实训操作

实训一　$KMnO_4$标准溶液的配制和标定

一、目的要求

（1）掌握高锰酸钾标准溶液的配制方法和保存条件。

（2）掌握用草酸钠基准试剂标定高锰酸钾浓度的原理和方法。

二、原理

$KMnO_4$是氧化还原滴定中最常用的氧化剂之一。高锰酸钾滴定法通常在酸性溶液中进行，反应时锰的氧化数由+7变到+2。市售的$KMnO_4$常含杂质，而且$KMnO_4$易与水中的还原性物质发生反应，光线和$MnO(OH)_2$等都能促进 $KMnO_4$的分解，因此配制$KMnO_4$溶液时要待 $KMnO_4$把还原性杂质充分氧化后，过滤除去杂质，保存于棕色瓶中，再标定其准确浓度。

$Na_2C_2O_4$是标定 $KMnO_4$ 常用的基准物质，其反应如下：

$$5C_2O_4^{2-}+2MnO_4^-+16H^+ \xlongequal{} 10CO_2+2Mn^{2+}+8H_2O$$

反应要在酸性、较高温度和有Mn^{2+}作催化剂的条件下进行。又因为$KMnO_4$溶液本身具有特殊的紫红色，极易察觉，故用它作为滴定剂时，不需要另加指示剂。

三、仪器和试剂

1. 仪器

（1）棕色酸式滴定管（50mL）；

（2）棕色试剂瓶（1000mL）；

（3）量筒（10、50、200mL）、烧杯（2000mL）；

（4）移液管（25mL）；

（5）锥形瓶（250mL）；

（6）容量瓶（250、1000mL）；

（7）表面皿；

（8）电子天平；

（9）水浴锅；

（10）电炉；

（11）4号玻璃滤埚。

2. 试剂

（1）固体高锰酸钾；

（2）草酸钠（基准试剂）；

（3）3mol/L H_2SO_4溶液（量取163mL 98%浓硫酸，用玻璃杯搅拌着加入700mL水中，冷却后定容于1000mL容量瓶中）。

四、实训内容

1. 1000mL $c(\frac{1}{5}KMnO_4)$ =0.1mol/L标准溶液的配制

（1）计算需称取$KMnO_4$的质量：

$$m = c \times V \times M\left(\frac{1}{5}\text{KMnO}_4\right) = 0.1 \times 1 \times \frac{1}{5} \times 158.03 = 3.16\text{g}$$

（2）称取比理论量稍多的$KMnO_4$固体3.3g，溶于1050mL水中，盖上表面皿，缓慢煮沸15min，冷却后，贮于棕色试剂瓶中。置于暗处保存两周，用4号玻璃滤埚（事先用相同浓度的$KMnO_4$溶液煮沸5min）过滤于棕色瓶（用$KMnO_4$溶液洗2~3次）中。

2. 标定

（1）准确称取0.15~0.20g $Na_2C_2O_4$基准物3份，分别放于已编号的锥形瓶中，加约30mL去离子水溶解。

（2）加入10mL 3mol/L H_2SO_4在电炉上加热到75~85℃（瓶口开始冒气，手触瓶壁感觉烫手，但瓶颈可以用手握住）。

（3）趁热用$KMnO_4$标准溶液滴定。滴入第一滴后，摇动，待褪色后再滴第二滴，逐渐加快，近终点时应逐滴或半滴加入，至溶液变为粉红色，且30s内不褪色即为终点，此时溶液温度应高于65℃。

（4）记下此时$KMnO_4$溶液的体积。平行标定三次。

五、数据记录及结果计算

1. 数据记录

内容＼次数	1	2	3
称量瓶和$Na_2C_2O_4$的质量/g			
倾倒后称量瓶和剩余$Na_2C_2O_4$的质量/g			
$Na_2C_2O_4$质量m/g			
$KMnO_4$溶液体积的初读数/mL			
$KMnO_4$溶液体积的终读数/mL			
消耗$KMnO_4$溶液的体积V/mL			
$KMnO_4$标准溶液的浓度$c\left(\frac{1}{5}KMnO_4\right)$/（mol/L）			
平均值$c(KMnO_4)$/（mol/L）			
平行测定结果的极差/（mol/L）			
极差与平均值之比/%			

2. 结果计算

$$c\left(\frac{1}{5}\text{KMnO}_4\right) = \frac{m(\text{Na}_2\text{C}_2\text{O}_4)}{M\left(\frac{1}{2}\text{Na}_2\text{C}_2\text{O}_4\right)V(\text{KMnO}_4)} \times 1000$$

式中　$c\left(\frac{1}{5}KMnO_4\right)$——高锰酸钾标准溶液的浓度，mol/L；

$m(Na_2C_2O_4)$——草酸钠的质量，g；

$V(KMnO_4)$——滴定时消耗高锰酸钾溶液的体积，mL；

$M(\frac{1}{2}Na_2C_2O_4)$——$\frac{1}{2}Na_2C_2O_4$的摩尔质量，g/mol。

六、注意事项

1. 温度

滴定温度为75~85℃，滴定完毕的温度不应低于65℃，温度过低，则反应慢，$KMnO_4$颜色褪去不及时，影响终点判断；温度过高（>90℃），则部分$H_2C_2O_4$会分解。

2. 酸度

控制适宜的酸度条件。酸性条件下，$KMnO_4$的氧化能力较强。但酸度过高时$H_2C_2O_4$会分解；酸度不够，易生成MnO_2沉淀。

3. 滴定速度

开始滴定时不宜太快，否则$KMnO_4$来不及与$C_2O_4^{2-}$反应，在热的酸性溶液中分解：

$$4KMnO_4+2H_2SO_4 = 4MnO_2+2H_2SO_4+2H_2O+3O_2\uparrow$$

反应中生成的Mn^{2+}，使反应速率逐渐加快，称为自催化作用。少量MnO_4^-过量时，溶液由无色变为粉红色，即为终点，因此不必另加指示剂。但粉红色不能持久，空气中的还原性气体和灰尘都能与MnO_4^-缓慢作用，故只要0.5~1min不褪色即可。

七、问题探究

（1）配制$KMnO_4$溶液时应注意些什么？

（2）配制$KMnO_4$标准溶液为什么要煮沸，并放置一周后过滤？能否用滤纸过滤？

（3）用$Na_2C_2O_4$标定$KMnO_4$溶液时，为什么开始滴入的紫色消失缓慢，后来却消失得越来越快，直至滴定终点出现稳定的紫红色？

（4）$KMnO_4$溶液颜色很深，如何读取其体积数？

实训二　双氧水中H_2O_2含量的测定（高锰酸钾法）

一、目的要求

（1）学会稀释H_2O_2的方法。

（2）掌握用$KMnO_4$法测定H_2O_2含量的方法及操作技能。

（3）会计算双氧水中H_2O_2的含量。

二、原理

双氧水是医药卫生行业广泛使用的消毒剂，主要成分为H_2O_2，H_2O_2在强酸性条件下，$KMnO_4$溶液与H_2O_2进行如下反应：

$$MnO_4^- + H_2O_2 + 6H^+ = 2Mn^{2+} + 5O_2 \uparrow + 8H_2O$$

开始反应时，反应很慢，待溶液中生成Mn^{2+}，反应速度加快（自催化反应），故能顺利地、定量地完成反应，滴定稍过量即显示它本身颜色（自身作指示剂），当溶液呈现微红色且30s不褪色时即为滴定终点。

三、仪器和试剂

1. 仪器

（1）棕色酸式滴定管（50mL）；

（2）量筒（10、50、200mL）、烧杯（1000mL）；

（3）移液管（25mL）、吸量管（10mL）；

（4）锥形瓶（250mL）；

（5）容量瓶（250、1000mL）。

2. 试剂

（1）$c(\frac{1}{5}KMnO_4)$ =0.1mol/L的高锰酸钾标准滴定溶液（配制方法见实训一）；

（2）H_2SO_4（20%）溶液（量取128mL 98%浓硫酸用玻璃杯搅拌着加入700mL水中，冷却后定容于1000mL容量瓶中）；

（3）双氧水试样。

四、实训内容

1. 稀释双氧水试样

用吸量管吸取市售的双氧水试样10.00mL，置于250mL容量瓶中，定容，摇匀。

2. 测定过程

（1）移取双氧水稀释液25.00mL置于锥形瓶中，加入10mL 20%的硫酸，用$KMnO_4$溶液滴定至微红色且30s不褪色即为终点（注意开始时滴定速度要慢，待第一滴$KMnO_4$溶液完全褪色后，再滴第二滴，随着反应速度加快，可逐渐增加滴定速度）。

（2）记录消耗$KMnO_4$溶液的体积V，平行测定三次。

五、数据记录与结果计算

1. 数据记录

$V_{样}$=10.00mL

内容 \ 次数	1	2	3
移取稀释后样液的体积V/mL			
$KMnO_4$标准溶液的浓度$c\left(\frac{1}{5}KMnO_4\right)$ /(mol/L)			
$KMnO_4$溶液体积初读数/mL			
$KMnO_4$溶液体积终读数/mL			
消耗$KMnO_4$溶液的体积$V(KMnO_4)$/mL			
试样中H_2O_2的含量/(g/L)			
试样中H_2O_2的含量的平均值/(g/L)			
平行测定结果的极差/(g/L)			
极差与平均值之比/%			

2. 结果计算

$$\rho(H_2O_2)=\frac{c\left(\frac{1}{5}KMnO_4\right)V(KMnO_4)M\left(\frac{1}{2}H_2O_2\right)}{V_{样}\times\frac{25}{250}}$$

式中 $\rho(H_2O_2)$——试样中H_2O_2的含量，g/L；

$c\left(\frac{1}{5}KMnO_4\right)$——高锰酸钾标准溶液的浓度，mol/L；

$V(KMnO_4)$——滴定消耗的高锰酸钾标准溶液的体积，mL；

$V_{样}$——双氧水样品体积，mL；

$M\left(\frac{1}{2}H_2O_2\right)$——$\frac{1}{2}H_2O_2$的摩尔质量，g/mol。

六、注意事项

（1）滴定开始时反应较慢，但不能加热，以防止H_2O_2分解。因此，开始滴定时速率可慢些，生成Mn^{2+}后，反应会加快些。

（2）每次待MnO_4^-的红紫色消失后再继续滴定，也可以开始滴定前加几滴$MnSO_4$溶液作催化剂。

（3）双氧水中如存在有机物（如稳定剂乙酰苯胺）时，能消耗$KMnO_4$标准溶液，使结果偏高，遇此情况可改用碘量法。

七、问题探究

（1）用高锰酸钾法测定H_2O_2时，能否用HNO_3或HCl来控制酸度，原因是什么？

（2）用高锰酸钾法测定H_2O_2时，为何不能通过加热来加速反应？

实训三 $Na_2S_2O_3$标准溶液的配制与标定

一、目的要求

（1）掌握$Na_2S_2O_3$标准溶液的配制步骤及其保存方法。

（2）掌握$K_2Cr_2O_7$标准溶液的配制方法。

（3）掌握碘量瓶和淀粉指示剂的使用方法。

二、原理

硫代硫酸钠（$Na_2S_2O_3 \cdot 5H_2O$）含少量杂质（如S、Na_2SO_4、NaCl、Na_2CO_3等）且容易风化，配制的溶液不稳定，因此需要先配制近似浓度的溶液后标定。配制溶液所需要的水需煮沸，冷却后再加入$Na_2S_2O_3 \cdot 5H_2O$，配制时加入少量Na_2CO_3，使溶液呈弱碱性。使用通常用$K_2Cr_2O_7$作基准物进行标定$Na_2S_2O_3$溶液的浓度。$K_2Cr_2O_7$先与KI反应析出I_2：

$$K_2Cr_2O_7+6KI+14HCl = 2CrCl_3+8KCl+3I_2+7H_2O$$

析出的I_2再用$Na_2S_2O_3$标准溶液滴定：

$$I_2+2Na_2S_2O_3 = 2NaI+ Na_2S_4O_6$$

这个测定方法是间接碘量法的应用。

三、仪器和试剂

1. 仪器

（1）碱式滴定管（50mL）；

（2）棕色试剂瓶（1000mL）；

（3）电子天平、托盘天平；

（4）烧杯（200、1000mL）； 量筒（10、50mL）；

（5）碘量瓶（250mL）。

2. 试剂

（1）$Na_2S_2O_3 \cdot 5H_2O$（固体）；

（2）Na_2CO_3（固体）；

（3）$K_2Cr_2O_7$（基准试剂）；

（4）固体KI；

（5）20% H_2SO_4溶液（配制方法见实训二）；

（6）10g/L淀粉指示剂（将1g可溶性淀粉放入小烧杯中，加10mL水，调成糊状，在搅拌下倒入90mL沸水，微沸2min，取下放置，取上层液加入少量HgI_2，搅拌后放置备用）。

四、实训内容

1. 0.1mol/L$Na_2S_2O_3$溶液的配制

（1）计算出配制0.1mol/L $Na_2S_2O_3$溶液1000mL所需要$Na_2S_2O_3 \cdot 5H_2O$的质量24.8g。

（2）在台秤上称取26g $Na_2S_2O_3 \cdot 5H_2O$（比计算量稍多）。

（3）加无水Na_2CO_3固体0.2g，加入100mL新煮沸经冷却的蒸馏水，摇动使之溶解，并稀释至1000mL，搅拌均匀后转移到棕色试剂瓶中，在暗处放置2周后过滤。

2. $Na_2S_2O_3$溶液的标定

（1）准确称取0.18g于120℃干燥至恒重的基准试剂重铬酸钾，称准至0.0001g，分别放于3个已编号的碘量瓶中，加约50mL去离子水溶解。

（2）加2g碘化钾振摇使其溶解后加20mL硫酸溶液（20%），加盖摇匀，在微酸性溶液中，使$K_2Cr_2O_7$与过量的KI作用，析出定量的I_2，于暗处放置10 min。

（3）加150mL水（15~20℃）。用配制好的硫代硫酸钠溶液滴定，近终点（溶液呈浅黄色）时加2mL淀粉指示液（10g/L），继续滴定至溶液由蓝色变为亮绿色即为终点。平行实验3次，正确记录数据并进行结果分析。

五、数据记录与结果计算

1. 数据记录

内容 \ 次数	1	2	3
称量瓶和$K_2Cr_2O_7$的质量/g			
倾倒后称量瓶和剩余$K_2Cr_2O_7$的质量/g			
$K_2Cr_2O_7$质量m/g			
$Na_2S_2O_3$溶液体积的初读数/mL			
$Na_2S_2O_3$溶液体积的终读数/mL			
消耗$Na_2S_2O_3$溶液的体积V/mL			
$Na_2S_2O_3$标准溶液的浓度c（$Na_2S_2O_3$）（mol/L）			
平均值c（$Na_2S_2O_3$）/（mol/L）			
平行测定结果的极差/（mol/L）			
极差与平均值之比/%			

2. 结果计算

$$c(Na_2S_2O_3)=\frac{m(K_2Cr_2O_7)}{V(Na_2S_2O_3)\,M(\frac{1}{6}K_2Cr_2O_7)}\times 1000$$

式中 $c(Na_2S_2O_3)$——$Na_2S_2O_3$标准溶液的浓度，mol/L；

$m(K_2Cr_2O_7)$——$K_2Cr_2O_7$的质量，g；

$V(Na_2S_2O_3)$——消耗$Na_2S_2O_3$标准溶液的体积，mL；

$M(\frac{1}{6}K_2Cr_2O_7)$——$\frac{1}{6}K_2Cr_2O_7$的摩尔质量，g/mol。

六、注意事项

（1）在反应物浓度较高时，反应速度较快。

（2）加水稀释的目的是降低溶液的酸度，防止I^-的氧化。

七、问题探究

（1）配制$Na_2S_2O_3$标准溶液时为什么必须用经煮沸的去离子水？如何保存$Na_2S_2O_3$标准溶液？加入一定量固体Na_2CO_3的作用是什么？

（2）标定$Na_2S_2O_3$标准溶液时，加入KI后为何要在暗处放置5min？

（3）标定$Na_2S_2O_3$标准溶液时，什么时候加入淀粉指示剂？黄绿色是什么物质的颜色？

（4）为何用$Na_2S_2O_3$标准溶液滴定生成的碘时要加水稀释？

（5）为何用碘滴定$Na_2S_2O_3$标准溶液时要先加淀粉指示剂，而用$Na_2S_2O_3$标准溶液滴定碘时后加淀粉指示剂？

（6）用$K_2Cr_2O_7$作基准物标定$Na_2S_2O_3$溶液浓度时，为什么要加入过量的KI和加入H_2SO_4溶液？

实训四 维生素C药片中维生素C含量的测定（碘量法）

一、目的要求

（1）掌握直接碘量法测定维生素C的原理及其操作。

（2）掌握碘标准溶液的配制及标定。

（3）掌握维生素C的测定方法。

二、实验原理

维生素C又称抗坏血酸，分子式$C_6H_8O_6$。维生素C具有还原性，可被I_2定量氧化，因而可用I_2标准溶液直接测定。其滴定反应式：

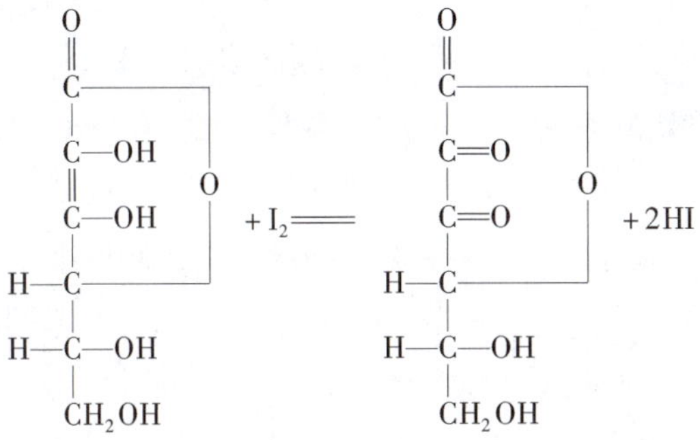

三、仪器和试剂

1. 仪器

（1）分析天平、天平；

（2）量筒（100mL）；

（3）烧杯（100、500mL）；

（4）酸式滴定管（50mL）；

（5）容量瓶（250mL）；

（6）锥形瓶（250mL）；

（7）碘量瓶（250mL）；

（8）移液管（25mL）；

（9）表面皿。

2. 试剂

（1）I_2（固体，分析纯）；

（2）KI固体；

（3）0.1mol/L的$Na_2S_2O_3$溶液（配制方法见实训三）；

（4）10g/L淀粉指示剂（配制方法同实训三）；

（5）Na_2CO_3固体；

（6）醋酸；

（7）维生素C药片。

四、实训内容

1. 0.050mol/L标准碘溶液的配制及标定

（1）I_2溶液的配制　称取4.0g I_2放入小烧杯中，放入8g KI，加水少许，用玻璃棒搅拌至I_2全部溶解后，转入500mL烧杯，加水稀释至300mL。摇匀，贮存于棕色瓶。

（2）I_2溶液的标定　用移液管移取25.00mL I_2溶液置于250mL碘量瓶

中，加100mL水，用c=0.1000mol/L的$Na_2S_2O_3$标准溶液滴定至溶液呈浅黄色时，加入2mL淀粉指示剂，继续用$Na_2S_2O_3$标准溶液滴定至蓝色恰好消失，即为终点。平行实验三次，正确记录数据并进行结果分析。

2. 维生素C含量的测定

（1）配制2mol/L醋酸溶液　量取6mL冰醋酸稀释至50mL。

（2）维生素C的药片的溶解　取10片药剂，研成细粉末并混合均匀，准确称取0.2g粉末分别置于三个碘量瓶中。加100mL新煮沸冷却的蒸馏水和HAc溶液10mL，搅拌使维生素C溶解。

（3）维生素C的测定　向锥形瓶中加入2mL淀粉溶液，立即用碘滴定液进行滴定，至溶液刚好呈现蓝色，30s内不褪色即为终点，记下体积，平行滴定三次，计算维生素C的含量。

五、数据记录与结果计算

1. 数据记录

（1）标准碘液的配制及标定。

内容 \ 次数	1	2	3
$Na_2S_2O_3$标准溶液的物质的量浓度c（$Na_2S_2O_3$）/（mol/L）			
移取I_2标准溶液的体积V/mL			
$Na_2S_2O_3$标准溶液体积的初读数/mL			
$Na_2S_2O_3$标准溶液体积的终读数/mL			
消耗$Na_2S_2O_3$标准溶液的体积V（$Na_2S_2O_3$）/mL			
I_2溶液的物质的量浓度c（$\frac{1}{2}I_2$）/（mol/L）			
平均值c（$\frac{1}{2}I_2$）/（mol/L）			
平行测定结果的极差/（mol/L）			
极差与平均值之比/%			

（2）维生素C药片中维生素C含量的测定。

内容 \ 次数	1	2	3
m（药片）质量m/g			
I_2标准溶液的体积初读数/mL			
I_2标准溶液的体积终读数/mL			
消耗I_2标准溶液的体积V/mL			
维生素C含量%			

续表

内容＼次数	1	2	3
维生素C含量的平均值/%			
极差			
极差与平均值之比/%			

2. 结果计算

（1）按下式计算待标定的I_2溶液的浓度。

$$c\left(\frac{1}{2}I_2\right)=\frac{c(Na_2S_2O_3)V(Na_2S_2O_3)}{V(I_2)}$$

式中　$c\left(\frac{1}{2}I_2\right)$——待标定$I_2$溶液的浓度，mol/L；

$c(Na_2S_2O_3)$——$Na_2S_2O_3$标准溶液的浓度，mol/L；

$V(Na_2S_2O_3)$——滴定消耗的$Na_2S_2O_3$溶液的体积，L；

$V(I_2)$——移取的待标定的I_2溶液的体积，L。

（2）维生素C的含量计算：

$$w(C_6H_8O_6)=\frac{c\left(\frac{1}{2}I_2\right)V(I_2)M\left(\frac{1}{2}C_6H_8O_6\right)}{m_s}\times 100\%$$

式中　$w(C_6H_8O_6)$——维生素C的含量；

$c\left(\frac{1}{2}I_2\right)$——碘标准溶液的物质的量浓度，mol/L；

$V(I_2)$——滴定消耗的碘标准溶液的体积，L；

m_s——维C样品质量，g；

$M\left(\frac{1}{2}C_6H_8O_6\right)$——$\frac{1}{2}C_6H_8O_6$的摩尔质量，g/mol。

六、注意事项

（1）实验中所用指示剂为淀粉溶液。I_2与淀粉形成蓝色的加合物，灵敏度很高。温度升高，灵敏度反而下降。淀粉指示剂要在接近终点时加入。

（2）配制$Na_2S_2O_3$溶液时用煮沸并冷却的蒸馏水。否则$Na_2S_2O_3$因氧气、二氧化碳与微生物的作用而分解，使滴定时消耗$Na_2S_2O_3$溶液的体积偏大。

七、问题探究

（1）测定维生素C的溶液中为什么要加稀HAc？

（2）溶样时为什么要用新煮沸并冷却的蒸馏水？

（3）为减少误差一次溶解三片好，还是滴定完后再溶解下一片好？

模块六 沉淀滴定法

学习目标

1. 掌握莫尔法、佛尔哈德法和法扬司法的测定原理、滴定条件和应用。
2. 熟知沉淀滴定法对沉淀反应的要求。
3. 了解银量法的分类。
4. 能配制和标定硝酸银标准溶液。
5. 学会沉淀滴定法的计算。

必备知识

知识点一　沉淀滴定法概述

沉淀滴定法是以沉淀反应为基础的一种滴定分析方法。虽然能形成沉淀的反应很多，但是能用于沉淀滴定的反应并不多，主要是因为很多沉淀反应中沉淀的溶解度较大，达到平衡的速度缓慢，或组成不恒定，共沉淀现象严重或缺少合适指示终点的方法等。用于沉淀滴定法的反应必须满足下列几点要求：

（1）沉淀的溶解度要小；

（2）反应速度快；

（3）沉淀组成一定，反应物之间有确定的化学计量关系；

（4）生成的沉淀无明显的吸附现象，且无副反应发生；

（5）必须有适当的方法指示测定终点。

目前在生产上应用较广的是生成难溶性银盐的反应。例如：

$$Ag^+ + Cl^- \rightleftharpoons AgCl\downarrow$$

$$Ag^+ + SCN^- \rightleftharpoons AgSCN\downarrow$$

利用生成难溶银盐反应来进行测定的方法，称为银量法。银量法可以测定Cl^-、Br^-、I^-、Ag^+、SCN^-等，还可以测定经过处理而能定量地产生这些离子的有机物，如666、二氯酚等有机药物的测定。

银量法根据滴定方式的不同，可分为直接滴定法和返滴定法两类。直接滴定法是利用沉淀剂作标准溶液，直接滴定被测物质的离子。例如在中性或弱碱性溶液中用K_2CrO_4作指示剂，用$AgNO_3$标准溶液直接滴定被测溶液中的Cl^-或Br^-，根据$AgNO_3$标准溶液的用量和样品质量，即可以计算Cl^-或Br^-的含量。返滴定法是加入一定体积的过量的沉淀剂标准溶液于被测定物质的溶液中，再利用另外一种标准溶液滴定剩余的沉淀剂标准溶液。例如在酸性溶液中测定Cl^-时，先加入一定体积的过量的$AgNO_3$标准溶液，再以铁铵矾溶液作为指示剂，用NH_4SCN标准溶液滴定剩余的$AgNO_3$，由$AgNO_3$和NH_4SCN两种标准溶液所用的体积及样品的质量，即可计算Cl^-的含量。

在银量法中，根据选用指示剂的不同，银量法共分三种，分别以创立者的姓名来命名，为莫尔法（铬酸钾指示剂法）、佛尔哈德法（铁铵矾指示剂法）和法扬司法（吸附指示剂法）。

沉淀滴定法和其他滴定分析法一样，关键是正确测定计量点，使滴定终点与计量点尽可能地一致，以减少滴定误差。

知识点二　莫尔法

以铬酸钾（K_2CrO_4）作指示剂的银量法，又称莫尔（Mohr）法。

一、滴定原理

在中性或弱碱性溶液中，以铬酸钾（K_2CrO_4）作指示剂，用硝酸银标准溶液直接测定氯化物或溴化物含量的滴定分析方法。现以用硝酸银滴定液测定Cl^-含量为例来说明莫尔法的测定原理。

在含有Cl^-的溶液中，加入K_2CrO_4指示剂，由于AgCl的溶解度比Ag_2CrO_4小，根据分步沉淀原理，在用$AgNO_3$溶液滴定过程中，溶液中首先析出AgCl沉淀。随着$AgNO_3$溶液的不断加入，AgCl沉淀不断生成，溶液中的Cl^-浓度愈来愈小，Ag^+的浓度相应地愈来愈大。当Cl^-沉淀完全时，稍过量的Ag^+达到并超过了Ag_2CrO_4的溶度积常数，此时立即形成砖红色的Ag_2CrO_4沉淀，借此指示滴定的终点。滴定反应和指示反应分别为：

$$Ag^+ + Cl^- \rightleftharpoons AgCl\downarrow \text{（白色）}$$

$$2Ag^+ + CrO_4^{2-} \rightleftharpoons Ag_2CrO_4\downarrow \text{（砖红色）}$$

莫尔法也适用于测定氰化物和溴化物，但是AgBr沉淀严重吸附Br^-，使终点提早出现，所以当滴定至终点时必须剧烈摇动。

用莫尔法测定Ag^+时，不能直接用NaCl标准溶液滴定，因为先生成大量的Ag_2CrO_4沉淀凝聚之后，再转化AgCl的反应进行极慢，使终点出现过迟。因此，如果用莫尔法测Ag^+ 时，必须采用返滴定法，即先加一定体积过量的NaCl标准溶液，再用标准$AgNO_3$滴定剩余的Cl^-。

二、滴定条件

（一）指示剂的用量

由于AgCl、Ag_2CrO_4沉淀产生的先后和完全程度除了与它们的溶解度有关外，还与Cl^-、CrO_4^{2-} 的浓度有关。指示剂K_2CrO_4加入量过多或过少，浓度过高或过低都会影响化学计量点的确定。因此，必须控制K_2CrO_4的浓度和用量。适宜的K_2CrO_4可根据溶度积常数进行计算。

如 $Ag^+ + Cl^- \rightleftharpoons AgCl\downarrow$

AgCl的溶度积为$[Ag^+][Cl^-]=K_{sp(AgCl)}=1.8\times10^{-10}$

根据溶度积原理，化学计量点时溶液中$[Ag^+]=[Cl^-]$

则 $[Ag^+]^2=K_{sp(AgCl)}=1.8\times10^{-10}$

所以$[Ag^+]=\sqrt{1.8\times10^{-10}}=1.34\times10^{-5}$

又因为 $2Ag^+ + CrO_4^{2-} \rightleftharpoons Ag_2CrO_4\downarrow$

在化学计量时出现Ag_2CrO_4沉淀指示终点到达，此时CrO_4^{2-}的浓度为：

$$[Ag^+]^2[CrO_4^{2-}]=K_{sp(Ag_2CrO_4)}=2.0\times10^{-12}$$

$$[CrO_4^{2-}]=\frac{K_{sp(Ag_2CrO_4)}}{[Ag^+]^2}=\frac{2.0\times10^{-12}}{(1.34\times10^{-5})^2}=1.11\times10^{-2}$$

通过计算可知，化学计量点时$[CrO_4^{2-}]$为1.11×10^{-2}mol/L。

但在实际滴定时，由于K_2CrO_4本身呈黄色，如果按理论量加入，溶液呈较深的黄色会妨碍判断砖红色沉淀的出现，因此指示剂的浓度以略低一些为好，实验证明，一般滴定溶液中CrO_4^{2-}浓度约为5×10^{-3}mol/L时，效果较好。

（二）溶液的酸度

滴定溶液应为中性或弱碱性（pH = 6.5 ~ 10.5）。若溶液为酸性，Ag_2CrO_4易溶于酸。在酸性溶液中，CrO_4^{2-}与H^+发生如下反应：

$$2H^+ + 2CrO_4^{2-} \rightleftharpoons 2HCrO_4^- \rightleftharpoons Cr_2O_7^{2-} + H_2O$$

降低了CrO_4^{2-}浓度，影响砖红色的Ag_2CrO_4沉淀适时生成，使终点推迟。

若溶液碱性太强，Ag^+与OH^-发生下列反应：

$$2Ag^+ + 2OH^- \rightleftharpoons Ag_2O\downarrow（黑色）+ H_2O$$

析出Ag_2O沉淀，影响分析结果。

因此莫尔法只能在中性或弱碱性（pH = 6.5 ~ 10.5）溶液中进行。若溶液的酸性或碱性太强时，可用$NaHCO_3$或HNO_3中和，然后再用$AgNO_3$标准溶液滴定。

（三）沉淀吸附

在滴定过程中，由于生成的AgCl沉淀容易吸附溶液中过量的Cl^-，使溶液中Cl^-浓度降低，与之平衡的Ag^+浓度增加，以致Ag_2CrO_4沉淀过早产生，终点提前，故滴定时必须剧烈摇动，使被吸附的Cl^-释放出来，以得到准确的终点。在测定Br^-时尤其如此，因为AgBr吸附Br^-比AgCl吸附Cl^-严重，所以滴定时更要注意剧烈摇动，否则，会引入较大误差。AgI和AgSCN沉淀对I^-和SCN^-的吸附更为严重，所以莫尔法不适合于测定I^-和SCN^-。

（四）干扰反应

凡是能与Ag^+生成难溶化合物或配合物的阴离子，如PO_4^{3-}、AsO_4^{3-}、CO_3^{2-}、S^{2-}和$C_2O_4^{2-}$等，与CrO_4^{2-}生成沉淀的Ba^{2+}、Pb^{2+}、Ni^{2+}等阳离子，都干扰测定，应预先将其分离或用适当的方法掩蔽。

滴定中不应含有氨，因为NH_3易与Ag^+生成$[Ag(NH_3)_2]^+$配离子，而使AgCl和Ag_2CrO_4溶解。若溶液中有氨存在，必须用酸中和成铵盐，且使溶液pH控制在pH=6.5~7.2为宜。

在中性或弱碱性溶液中发生水解的Fe^{3+}、Al^{3+}、Bi^{3+}、Sn^{4+}等离子和大量Cu^{2+}、Co^{2+}、Ni^{2+}等有色离子的存在对测定都有干扰，应预先将其分离。

三、应用范围

（1）本法适用于测定Cl^-或Br^-，当Cl^-或Br^-共存时，可测得它们的总量。

（2）不适用于测定I^-或SCN^-，因为AgI和AgSCN沉淀对I^-或SCN^-有强烈的吸附作用，即使通过振摇也无法使I^-或SCN^-释放出来，从而使终点提前。

（3）不适用于Cl^-滴定Ag^+，因为在待测液中加入指示剂K_2CrO_4后，会立即产生大量的Ag_2CrO_4沉淀，滴定过程中，Ag_2CrO_4沉淀转变成为AgCl沉淀的速率较慢，不适合指示终点。因此，若用莫尔法测定Ag^+，必须采用返滴定法。

知识点三　佛尔哈德法

用铁铵矾$[NH_4Fe(SO_4)_2 \cdot 12H_2O]$溶液作指示剂的银量法，称佛尔哈德法（铁铵矾指示剂法）。本法可分为直接滴定法和返滴定法。

一、直接滴定法

（一）滴定原理

在含Ag^+的酸性溶液中，加入铁铵矾$[NH_4Fe(SO_4)_2 \cdot 12H_2O]$为指示剂，

用NH_4SCN（或KSCN）标准溶液直接进行滴定。滴定过程中，首先生成白色的AgSCN沉淀。其滴定反应式如下：

$$Ag^+ + SCN^- \rightleftharpoons AgSCN\downarrow \text{（白色）}$$

当滴定到达化学计量点附近，Ag^+浓度迅速降低，SCN^-浓度迅速增加，它和溶液中的Fe^{3+}发生配位反应生成棕红色的配合物，用来指示终点。

$$Fe^{3+} + SCN^- \rightleftharpoons [Fe(SCN)]^{2+} \text{（棕红色）}$$

（二）滴定条件

1. 溶液的酸度

在0.2~0.5mol/L的HNO_3溶液中进行。若酸度太低，Fe^{3+}会发生水解析出沉淀，Ag^+在碱性溶液中生成Ag_2O沉淀，影响终点的确定。

2. Fe^{3+}的浓度

为使终点时恰好能观察到$[Fe(SCN)]^{2+}$明显的红色，所需$[Fe(SCN)]^{2+}$的最低浓度为6×10^{-6}mol/L。要维持$[Fe(SCN)]^{2+}$的配位平衡，Fe^{3+}的浓度应远远高于这一数值，但Fe^{3+}的浓度过大，其黄色会干扰终点观察，综合考虑这两方面的因素，终点时Fe^{3+}的浓度一般控制在0.015mol/L为宜。

3. 滴定时充分振摇

在滴定过程中，不断形成AgSCN沉淀，由于它具有强烈的吸附作用，部分Ag^+被吸附于表面上，往往致使终点过早出现，结果偏低。因此，滴定过程必须充分振摇，使被吸附的Ag^+释放出来。

（三）应用范围

直接滴定法可测定Ag^+。

二、返滴定法

（一）滴定原理

在测定Cl^-、Br^-、I^-及SCN^-等离子时，先加入稍过量的$AgNO_3$标准溶液，再以铁铵矾为指示剂，用NH_4SCN或KSCN标准溶液滴定剩余的$AgNO_3$，此法称为返滴定法。滴定反应和指示反应如下：

$$\underset{\text{（定量、过量）}}{Ag^+} + X^- \rightleftharpoons AgX\downarrow$$

$$\underset{\text{（剩余）}}{Ag^+} + SCN^- \rightleftharpoons \underset{\text{（白色）}}{AgSCN\downarrow}$$

$$Fe^{3+} + SCN^- \rightleftharpoons \underset{\text{（淡棕红色）}}{Fe(SCN)^{2+}}$$

当SCN^-与Ag^+反应完全后，稍过量的SCN^-与Fe^{3+}生成淡棕红色的配合物，指示滴定终点。

（二）滴定条件

1. 溶液的酸度

在0.2~0.5mol/L的HNO_3溶液中进行。

2. 消除干扰

强氧化剂可以将SCN^-氧化；氮的低价氧化物与SCN^-形成红色的ONSCN化合物，可能造成终点的判断错误；铜盐、汞盐等能与SCN^-反应生成$Cu(SCN)_2$、$Hg(SCN)_2$沉淀。以上影响因素干扰测定，必须预先除去。

3. 测定Cl^-时，需加入有机溶剂或滤去AgCl沉淀

测定Cl^-时，虽达到终点时溶液出现红色，但经振摇后红色即又褪去，使终点很难确定。原因是AgSCN的溶解度小于AgCl的溶解度，在滴定终点附近，滴入的SCN^-与AgCl沉淀发生沉淀的转化，使AgCl变成溶解度更小的AgSCN。

$$AgCl + SCN^- \rightleftharpoons AgSCN\downarrow + Cl^-$$

由于发生了难溶化合物的转化作用，降低了溶液中的SCN^-的浓度，使已生成的$[Fe(SCN)]^{2+}$解离，红色消失。为了得到持久的红色，必须多消耗KSCN标准溶液，引起很大的滴定误差。

为了避免上述误差，通常可采用以下措施：

（1）在试液中加入一定过量的$AgNO_3$标准溶液之后，将溶液煮沸，使AgCl凝聚，以减少AgCl沉淀对Ag^+的吸附，滤去沉淀，并用稀HNO_3充分洗涤沉淀，滤液与洗液合并，然后用NH_4SCN标准溶液返滴定溶液中的过量Ag^+。

（2）在试液中加入一定过量的$AgNO_3$标准溶液后，加入有机溶剂（如硝基苯、1，2-二氯乙烷）1~2mL，用力摇动，使AgCl沉淀的表面上覆盖一层有机溶剂，避免沉淀与外部溶液接触，阻止AgCl沉淀与SCN^-的沉淀转化反应，这个方法较为简便，但硝基苯毒性较强、较难降解，进入水体会以黄绿色油状物沉入水底，并随地下水渗入土壤，造成的水体和土壤污染会持续相当长的时间，并对水生生态系统和土壤-陆地生态系统产生一系列的生态影响和环境效应。故在实验过程中要做好防护，实验结束后要回收并科学处理试剂，保护生态环境。

用返滴定法测定Br^-和I^-时，由于AgI和AgBr的溶解度均比AgSCN小，不会发生沉淀的转化，所以不必将沉淀过滤或加入有机溶剂。值得注意的是用此法测定I^-时，应首先加入过量$AgNO_3$，再加铁铵矾指示剂，否则Fe^{3+}将与I^-反应析出I_2，影响分析结果的准确度。

$$2Fe^{3+} + 2I^- \rightleftharpoons 2Fe^{2+} + I_2$$

（三）应用范围

返滴定法可测定Cl^-、Br^-、I^-、CN^-及SCN^-。

在酸性溶液中用佛尔哈德法进行滴定，PO_4^{3-}、AsO_4^{3-}、CO_3^{2-}、S^{2-}和$C_2O_4^{2-}$等弱酸根离子和极易水解的金属离子都不会干扰测定。因此，干扰离子少，选择

性高是此种方法的最大优点。该法比莫尔法应用广泛，但莫尔法却具有操作简便和准确度较高的优点。

知识点四　法扬司法

以吸附指示剂确定滴定终点的银量法，称为法扬司法（吸附指示剂法）。

一、滴定原理

吸附指示剂是一些有机染料，在溶液中可电离出指示剂阴离子，它很容易被带正电荷的胶态沉淀所吸附，在吸附后结构变形发生颜色改变，可以指示滴定终点到达。

通常的吸附指示剂有荧光黄、二氯荧光黄、曙红、溴甲酚氯等。例如用$AgNO_3$作标准溶液测定Cl^-含量时，常用荧光黄作指示剂，吸附指示剂的作用原理如图6-1所示。荧光黄是一种有机弱酸，可用HFIn表示，在溶液中它可离解为荧光黄阴离子FIn^-，呈黄绿色。

$$HFIn \rightleftharpoons H^+ + FIn^-$$

（荧光黄）（荧光黄离子）

（黄绿色）

卤化银为凝乳胶体沉淀，有较强的吸附能力，尤其容易优先吸附与卤化银本身组成相同的离子。在化学计算点之前，溶液中存在过量Cl^-，由于［Cl^-］>［Ag^+］，AgCl沉淀胶体微粒主要吸附溶液中的Cl^-，使胶体沉淀带有负电荷（AgCl）· Cl^-，此时不能吸附指示剂阴离子FIn^-，溶液呈现FIn^-的黄绿色。当达到化学计算点时，稍过量的$AgNO_3$标准溶液液中［Ag^+］>［Cl^-］，AgCl沉淀胶体微粒吸附Ag^+而带正电荷，形成（AgCl）· Ag^+，它强烈地吸附FIn^-，并使其分子结构发生改变，出现由黄绿变成粉红的颜色变化，指示终点的到达。其反应过程如下：

$$(AgCl) \cdot Ag^+ + FIn^- \rightleftharpoons (AgCl) \cdot Ag \cdot FIn$$

（黄绿色）　　　　（粉红色）

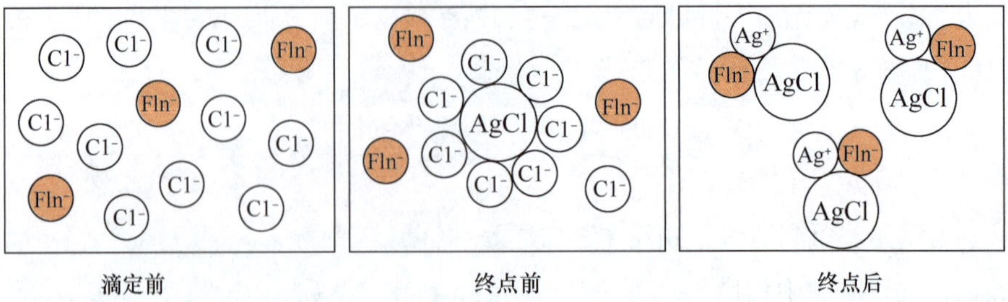

图6-1　吸附指示剂的作用原理

二、滴定条件

（一）指示剂的吸附

由于吸附指示剂的颜色变化发生在沉淀微粒表面上，因此应尽可能使卤化银沉淀呈胶体状态，具有较大的表面积。在滴定前应将溶液稀释，并加入糊精或淀粉等高分子化合物。

沉淀对指示剂离子的吸附能力，应略小于沉淀对被测离子的吸附能力，否则指示剂将在化学计量点前变色，终点提前。但沉淀对指示剂离子的吸附能力也不能太小，否则终点时变色不敏锐，终点延后。当然，指示剂的性能是否良好，最好根据实验结果来确定。卤化银对卤化物和几种吸附指示剂的吸附能力的大小顺序如下：

I^- ＞二甲基二碘荧光黄＞ Br^- ＞ 曙红 ＞ Cl^- ＞ 荧光黄

例如曙红，它虽然是滴定Br^-、I^-的良好指示剂，但不适用于滴定Cl^-，因为$AgNO_3$对Cl^-的吸附性能较差，在化学计量点前，就有一部分指示剂的阴离子取代Cl^-而进入到吸附层中，以致无法指示终点，所以，测定Cl^-时应选用荧光黄而不能用曙红。同理，测定Br^-时应选用曙红或荧光黄而不可以选用二甲基二碘荧光黄。测定I^-时，应选用二甲基二碘荧光黄或曙红，而不能选用荧光黄，因为AgI对荧光黄的吸附能力太弱，推迟终点变色。

（二）溶液酸度

滴定必须在中性、弱碱性或弱酸性溶液中进行。因为常用的吸附指示剂大多是有机弱酸，而起指示作用的是它们的阴离子。若pH太大，则形成Ag_2O沉淀，且吸附指示剂电离过强，可能在理论终点前被吸附；若溶液pH太小，H^+与指示剂阴离子结合成不被吸附的分子，不易被正电溶胶所吸附。溶液酸性的强弱与指示剂的离解常数有关，离解常数越大，酸性越强些，例如：荧光黄（$K_a \approx 10^{-7}$），适合于pH=7~10的酸度条件下滴定；二氯荧光黄（$K_a \approx 10^{-4}$），适合于pH=4~10的酸度条件下滴定；曙红的$K_a \approx 10^{-2}$，可将pH控制在2~10的酸度条件下滴定。表6-1为常用的几种吸附指示剂、被测离子、pH的范围、滴定剂和终点颜色。

表6-1　常用的吸附指示剂及其应用

指示剂	被测定离子	滴定剂	滴定条件（pH）	终点颜色变化
荧光黄	Cl^-、Br^-	$AgNO_3$	7~10	黄绿→粉红
二氯荧光黄	Cl^-、Br^-	$AgNO_3$	4~10	黄绿→红
曙红	Br^-、I^-、SCN^-	$AgNO_3$	2~10	橙→深红
二甲基二碘荧光黄	I^-	$AgNO_3$	中性	黄红→红紫

（三）被测离子浓度

溶液中被滴定离子的浓度不能太低，因为浓度太低时，沉淀量小，确定终点比较困难。如用$AgNO_3$溶液滴定Cl^-时，Cl^-浓度要求在0.005mol/L以上。

由于卤化银沉淀对光敏感，遇光易分解析出金属银，使沉淀很快转变为灰色或黑色，影响终点观察，因此这三种银量法在滴定过程中应避免强光照射。

三、应用范围

吸附指示剂法可测定Cl^-、Br^-、I^-、SCN^-及Ag^+等。

知识点五　标准溶液的配制与标定

银量法常用$AgNO_3$和NH_4SCN两种标准溶液。

一、硝酸银标准溶液的配制与标定

（一）0.1mol/L $AgNO_3$标准溶液的配制

1. 直接配制法

$AgNO_3$标准溶液可以直接用干燥的基准试剂配制，其操作步骤为：准确称取在110℃烘干至恒重的$AgNO_3$基准试剂16.9890g，置于烧杯中，用适量不含Cl^-的蒸馏水溶解，再转移至1000mL容量瓶，加蒸馏水稀释至刻度，摇匀即可，按下式计算其准确浓度：

$$c(AgNO_3)=\frac{m(AgNO_3)}{V(AgNO_3)M(AgNO_3)\times10^{-3}}=\frac{16.9890}{1000\times169.89\times10^{-3}}=0.1000(mol/L)$$

式中　c（$AgNO_3$）——硝酸银标准溶液的浓度，mol/L；

m（$AgNO_3$）——硝酸银标准溶液的质量，g；

V（$AgNO_3$）——硝酸银标准溶液的体积，mL；

M（$AgNO_3$）——硝酸银的摩尔质量，g/mol。

此液应用棕色试剂瓶贮存。

2. 间接配制法

一般市售的硝酸银试剂中，常含有水分、金属银、氧化银、游离硝酸、亚硝酸盐等杂质，因此用非基准试剂硝酸银配制溶液，必须进行标定。先配成近似浓度的溶液后，用基准物质NaCl标定。具体步骤为：用台秤称取17.5g　$AgNO_3$，加蒸馏水溶解，并稀释至1000mL，置于棕色试剂瓶，摇匀，置于暗处，待标定。

（二）0.1mol/L $AgNO_3$标准溶液的标定

准确称取在500~600℃干燥至恒重的基准氯化钠约0.2g，放于锥形瓶中，加50mL不含Cl^-的蒸馏水溶解，再加糊精溶液（1→5）5mL，碳酸钙0.1g与荧光黄指示液8滴，用$AgNO_3$标准溶液滴定至混浊液由黄绿色变微红色，即为终点。根据消耗$AgNO_3$的标准溶液的体积与氯化钠的质量，计算出$AgNO_3$标准溶液的浓度。其标定反应和计算公式为：

$$NaCl+AgNO_3 \longrightarrow AgCl\downarrow +NaNO_3$$

$$c(AgNO_3)=\frac{m(NaCl)\times 1000}{V(AgNO_3)M(NaCl)}$$

式中 c（$AgNO_3$）——硝酸银标准溶液的浓度，mol/L；

m（NaCl）——基准物质NaCl的质量，g；

V（$AgNO_3$）——硝酸银标准溶液的体积，mL；

M（NaCl）——基准物质NaCl的摩尔质量，g/mol。

标定的方法最好与测定样品的方法相同，以消除方法误差。在配制和标定$AgNO_3$溶液时应注意$AgNO_3$ 见光易分解：

$$2AgNO_3 \longrightarrow 2Ag\downarrow +2NO_2\uparrow +O_2\uparrow$$

所以，不论是固体$AgNO_3$，还是$AgNO_3$溶液，都应在棕色瓶中避光保存；$AgNO_3$与有机物接触易被还原，所以$AgNO_3$溶液应贮存于玻璃试剂瓶中，滴定时也必须使用酸式滴定管。$AgNO_3$具有腐蚀性，使用时应注意勿与皮肤接触。

二、硫氰酸铵标准溶液的配制与标定

（一）0.1mol/L NH_4SCN标准溶液的配制

硫氰酸铵试剂一般含有杂质，易潮解，所以只能用间接法配制。具体操作步骤为：用台秤称取NH_4SCN 8.0g，置于烧杯内，加少量蒸馏水溶解，并稀释至1 000mL，置于试剂瓶中，摇匀，待标定。

（二）NH_4SCN（0.1mol/L）标准溶液的标定

用移液管准确吸取0.1mol/L $AgNO_3$标准溶液25.00mL，置于250mL锥形瓶中，加稀HNO_3 2mL酸化，加铁铵矾指示剂2mL，用NH_4SCN标准溶液滴定，直至溶液出现浅红色，摇动至溶液所呈红色不褪去，即为终点。

其标定反应式为：

$$AgNO_3 + NH_4SCN \rightleftharpoons AgSCN\downarrow + NH_4NO_3$$

用下式计算NH_4SCN溶液的准确浓度：

$$c(NH_4SCN)=\frac{c(AgNO_3)V(AgNO_3)}{V(NH_4SCN)}$$

知识点六　应用与实例

银量法可以测定无机卤化物、能生成难溶性银盐的药物、硫氰酸盐及含卤素的有机化合物等物质的含量。

一、液体样品

液体样品常以质量浓度表示含量。

设标准溶液为A，被测物质为B，则B的质量浓度表示为：

$$\rho_B = \frac{m_B}{V_S}$$

$$\underset{\text{标准溶液}}{aA} + \underset{\text{被测物质}}{bB} = cC + dD$$

$$\rho_B = \frac{m_B}{V_S} = \frac{\frac{b}{a} \times c_A \times V_A \times M_B \times 10^{-3}}{V_S}$$

式中　ρ_B——被测物质B的质量浓度，g/mL；

V_S——试样的体积，mL；

m_B——被测物质B的质量，g；

c_A——标准溶液A的浓度，mol/L；

V_A——消耗标准溶液A的体积，mL；

M_B——被测物质B的摩尔质量，g/mol；

$\frac{b}{a}$——被测物质B与标准溶液A反应的物质的量之比。

【例6-1】准确量取生理氯化钠溶液10.00mL，加水40mL，再加2%糊精溶液5mL、2.5%硼砂溶液2mL和荧光黄指示剂5~8滴，用0.1024mol/L的硝酸银标准溶液滴定至混浊液由黄绿色变为微红色，终点时消耗硝酸银标准溶液15.22mL。求生理氯化钠溶液的质量浓度。

解：

$$Ag^+ + Cl^- \rightleftharpoons AgCl\downarrow$$

$$\rho(NaCl) = \frac{m(NaCl)}{V_S}$$

$$= \frac{c(AgNO_3) \times V(AgNO_3) \times M(NaCl) \times 10^{-3}}{V_S}$$

$$= \frac{0.1024 \times 15.22 \times 58.44 \times 10^{-3}}{10.00}$$

$$= 0.0091\text{g/mL}$$

二、固体样品

固体样品常以质量分数表示含量。

设标准溶液为A，被测组分为B，则B的质量分数表示为：

$$w(\mathrm{B})=\frac{m_{\mathrm{B}}}{m_{\mathrm{S}}}\times 100\%$$

$$\underset{\text{标准溶液}}{a\mathrm{A}} + \underset{\text{被测物质}}{b\mathrm{B}} = c\mathrm{C} + d\mathrm{D}$$

$$w(\mathrm{B})=\frac{m_{\mathrm{B}}}{m_{\mathrm{S}}}\times 100\%$$

$$=\frac{\frac{b}{a}\times c_{\mathrm{A}}\times V_{\mathrm{A}}\times M_{\mathrm{B}}\times 10^{-3}}{m_{\mathrm{S}}}\times 100\%$$

式中　w（B）——被测成分B的质量分数；

m_{S}——试样的总质量，g；

m_{B}——被测物质B的质量，g；

c_{A}——标准溶液A的浓度，mol/L；

V_{A}——标准溶液A消耗的体积，mL；

M_{B}——被测物质B的摩尔质量，g/mol；

$\frac{b}{a}$——被测物质B与标准溶液A反应的物质的量之比。

【例6-2】称取食盐0.2000g，溶于水，以K_2CrO_4作指示剂，用0.1500mol/L的硝酸银标准溶液滴定，用去22.50mL，计算NaCl的质量分数。

解：已知NaCl的摩尔质量M（NaCl）=58.44g/mol

$$w(\mathrm{NaCl})=\frac{c(\mathrm{AgNO_3})V(\mathrm{AgNO_3})\times 10^{-3}M(\mathrm{NaCl})}{m_s}\times 100\%$$

$$=\frac{0.1500\times 22.50\times 10^{-3}\times 58.44}{0.2000}\times 100\%$$

$$=98.62\%$$

思考练习

一、名词解释

沉淀滴定法　银量法　莫尔法（铬酸钾指示剂法）　佛尔哈德法（铁铵钒指示剂法）　法扬司法（吸附指示剂法）

二、填空题

1. 莫尔法测定Cl^-的含量时，滴定剂是________，指示剂是________，应控制的pH范围是________，若有NH_4^+ 存在，应控制的pH范围是________。若控制pH= 4.0，其滴定终点将________。

2. 用莫尔法测定Cl^-浓度时，体系中不能含有________________等阴离子，以及________、________、________等阳离子，这是由于________________。

3. 佛尔哈德法测定Ag^+ 时，滴定剂是________，指示剂是________，应在________（酸性、中性、碱性）介质中，终点颜色改变是________。

4. 以法扬司法测定卤化物，确定终点的指示剂是属于________，滴定时，溶液中的酸度与________有关。

5.卤化银对卤化物和各种吸附指示剂的吸附能力如下：I^-＞二甲基二碘荧光黄＞Br^-＞曙红＞Cl^-＞荧光黄，如用法扬司法测定Br^-时，应选________或________指示剂，而不可以选用二甲基二碘荧光黄；测定Cl^-，应选________指示剂；测定I^-时，应选用________或________，而不能选用________，因为AgI对________的吸附能力太弱，推迟终点变色。

6. 某试液中含有Cl^-、PO_4^{3-}、SO_4^{2-}、CO_3^{2-} 等杂质，应采用________ 方法测定Cl^-的含量，这是因为 ________________ 。

7.法扬司法测定Cl^-时，在荧光黄指示剂溶液中常加入淀粉，其目的是保护______，减少________，增加________ 。

8. 荧光黄指示剂的变色是因为它的________离子被________的沉淀颗粒吸附而产生。

9.用法扬司法的返滴定法测定Cl^-时，需加入________或滤去________。

10.铬酸钾指示剂法的滴定条件是________或________，铁铵矾指示剂法必须在________溶液中进行。

三、选择题

1. 硝酸银标准溶液应贮存于（　　）。

A. 无色塑料瓶　　B. 具玻璃塞的棕色玻璃瓶

C. 具玻璃塞的无色玻璃瓶　　D. 棕色容量瓶

2. 沉淀滴定法是以（　　）为基础的滴定分析方法。

A. 酸碱反应　B. 沉淀反应　C. 氧化还原反应　D. 配位反应

3. 用吸附指示剂法测定NaCl含量时，以荧光黄为指示剂最适宜的酸度条件是（　　）。

A. pH 7~10　B. pH 4~6　C. pH 2~10　D pH 6.5~10.5

4. 根据（　　）的不同，银量法共分三种，分别以创立者的姓名来命名，为莫尔法（铬酸钾指示剂法）、佛尔哈德法（铁铵矾指示剂法）和法扬司法（吸附指示剂法）。

A. 终点颜色 B. 指示剂 C. 被测离子 D. 滴定液

5.卤化银对卤化物和各种吸附指示剂的吸附能力如下：I^- > 二甲基二碘荧光黄 > Br^- > 曙红 > Cl^- > 荧光黄，用吸附指示剂法测定氯化物含量，可选择的指示剂是（ ）。

A. 二甲基二碘荧光黄 B. 曙红 C. 荧光黄 D. 二氯荧光黄

6. 标定硝酸银标准溶液的基准物质是（ ）。

A. NaCl B. $K_2Cr_2O_7$ C. Na_2CO_3 D. NH_4SCN

7. 以铁铵矾为指示剂，用返滴法以NH_4SCN标准溶液滴定Cl^-时，下列错误的是（ ）。

A. 滴定前加入过量定量的$AgNO_3$标准溶液

B. 滴定前将AgCl沉淀滤去

C. 滴定前加入硝基苯，并振摇

D. 应在中性溶液中测定，以防Ag_2O析出

8. 佛尔哈德法的指示剂是（ ）。

A. 铬酸钾 B. 重铬酸钾 C. 铁铵矾 D. 荧光黄

9. 莫尔法测定Cl^-所用的指示剂是（ ）。

A. 铬酸钾 B. 重铬酸钾 C. 铁铵矾 D. 荧光黄

10. 下列条件适用于佛尔哈德法的是（ ）。

A. 用铁铵矾［$NH_4Fe(SO_4)_2 \cdot 12H_2O$］溶液作指示剂

B. 以铬酸钾为指示剂

C. 滴定酸度为0.1~1

D. 以荧光黄为指示剂

11.以铁铵矾为指示剂，用NH_4SCN标准液滴定Ag^+时，应在下列哪种条件下进行？（ ）

A. 酸性 B. 弱碱性 C. 中性 D. 碱性

12. 莫尔法不能用于碘化物中碘的测定，主要因为（ ）。

A. AgI的溶解度太小

B. AgI的吸附能力太强

C. AgI的沉淀速度太慢

D. 没有合适的指示剂

13. 用莫尔法测定Cl^-，控制pH=4.0，其滴定终点将（ ）。

A. 不受影响 B. 提前到达 C. 推迟到达 D. 刚好等于化学计量点

14. 用法扬司法测定NaCl含量时，在计量点前AgCl沉淀优先吸附（ ）。

A. Ag^+ B. Cl^- C. Na^+ D. 荧光黄指示剂阴离子

15. 用$AgNO_3$标准溶液滴定氯化物，以荧光黄指示终点的现象是（　　）。

A. 沉淀为微红色　B. 溶液为橙色　　C. 沉淀为黄绿色　　D. 溶液为蓝色

四、判断题

1. 佛尔哈德法是以NH_4SCN为标准溶液，铁铵矾为指示剂，在稀硝酸溶液中进行滴定。（　　）

2. 用佛尔哈德法测定Ag^+，滴定时必须剧烈摇动。（　　）

3. 可以将$AgNO_3$溶液装入碱式滴定管进行滴定操作。（　　）

4. 在法扬司法中，为了使沉淀具有较强的吸附能力，通常加入适量的糊精或淀粉使沉淀处于胶体状态。（　　）

5. 用荧光黄为指示剂测定Cl^-，溶液pH可控制在7~10，终点颜色变化由淡红色到黄绿色。（　　）

6. 根据确定终点的指示剂的不同，银量法可分为铬酸钾指示剂法、铁铵矾指示剂法和吸附指示剂法。（　　）

7. 因为AgI吸附I^-和AgSCN吸附SCN^-更为严重，所以莫尔法不适合于碘化物和硫氰酸盐的测定。（　　）

8. 用莫尔法测定Ag^+时，可以直接用NaCl标准溶液滴定。（　　）

9. 通常的吸附指示剂有荧光黄、二氯荧光黄、曙红、溴甲酚氯等。（　　）

10. 由于卤化银沉淀对光敏感，遇光易分解析出金属银，使沉淀很快转变为灰色或黑色，影响终点观察，因此银量法在滴定过程中应避免强光照射。（　　）

五、简答与计算题

1. 何谓沉淀滴定法？沉淀滴定法的条件是什么？

2. 写出莫尔法、佛尔哈德法和法扬司法测定Cl^-的主要反应，并指出各种方法选用的指示剂和酸度条件。

3. 银量法在滴定过程中为什么要避免强光照射？

4. 标定硝酸银标准溶液的基准物质是什么？以什么物质作指示剂？

5. 用佛尔哈德法测定氯离子时，在滴定过程中为什么要加硝基苯？

6. 用莫尔法测定氯离子时，溶液的pH=4对结果有何影响？说明原因。

7. 准确称取KBr试样，用0.1032mol/L $AgNO_3$标准溶液滴定，终点时消耗$AgNO_3$标准溶液20.66mL。求KBr的质量。

8. 称取银合金试样0.3000g，溶解后加入铁铵矾指示剂，用0.1000mol/L NH_4SCN标准溶液滴定，用去23.80mL，计算银的质量分数。

9. 称取NaCl试液20.00mL，加入K_2CrO_4指示剂，用0.1023mol/L $AgNO_3$标准溶液滴定，用去27.00mL，求每升溶液中含 NaCl多少克？

阅读与拓展

资料一　佛尔哈德与他的沉淀滴定法

以银与硫氰酸盐间的定量反应为基础制定的容量分析银量法称为佛尔哈德法。研制此方法的佛尔哈德教授是19至20世纪之交知名的德国化学家。雅克布·佛尔哈德1834年6月4日生于达姆斯塔特。是宫廷律师卡尔·裴迪南·佛尔哈德夫妇4个子女中的次子。家庭条件不错，佛尔哈德自幼就受到良好的教育，1851年秋以全班第一名的成绩中学毕业。父亲希望他以后也像李比希那样成为一位化学家。于1852年夏到吉森大学学习化学。佛尔哈德受教于威尔（H.Will，1812—1890）教授和柯普（H.F.M Kopp，1817—1892）教授。他学习勤奋，1855年8月6日已通过考试获博士学位，于同年冬季学期赴海得伯格（heidelberg）大学（R.W . Bunsen，1811—1899）教授处继续学习。

用硫氰酸盐滴定法测银最早是夏本替尔（P.Charpentier）于1870年提出的，经佛尔哈德研究应用，于1874年以《一种新的容量分析测定银的方法》推荐给化学界，受到广泛关注。他报告了以此方法测定银的具体操作和数据比较，并指出此法还有用于间接测定能被银定量沉淀出的氯、溴、碘化物的可能性。此法在酸性介质中进行，使用可溶性指示剂，优于颇受局限的莫尔法（Mohr，1858）。佛尔哈德此时还探讨了铜的干扰与排除（无干扰上限70%），以及对铜多银少或贫银样品的处理办法，确认“这是一个值得推荐的方法”，4年之后，佛尔哈德已能从《硫氰酸铵在容量分析中的应用》的广泛角度提出问题（1878），报告他对硫氰酸铵滴定法测定银、汞（近似的），间接测定氯、溴、碘化物、氰化物、铜、与硫氰酸盐共存的卤化物，以及经卡里乌斯法（G.L.Carius）或碱熔氧化法处理后测定有机化合物中的卤族元素等的研究结果，后来还有用硫氰酸钾为标定高锰酸钾溶液的基准或铁盐还原的指示剂（1901）的建议。

今天的佛尔哈德法的应用范围已扩大到间接测定能被银沉淀的碳酸盐、草酸盐、磷酸盐、砷酸盐、碘酸盐、氰酸盐、硫化物和某些高级脂肪酸。据此而衍生的测定能形成微溶硫化物（其溶度积大于硫化银的溶度积）的铅、铋、锌、钴等金属组分含量的方法，以及测定砷化氢、硫醇、醛、一氧化碳、三磺甲烷等含量的方法，也纷纷出现在近代文献中。

佛尔哈德教授一生勤奋工作，在有机化学、分析化学及教书育人等领域成绩卓著。他1908年退休，1910年1月14日与世长辞。他逝世迄今已100多年，科学和社会历经巨大进展已面貌全新。作为后来人，我们不应忘怀前人的艰辛跋涉和奠基。

资料二　硝酸银标准溶液的稳定性

硝酸银标准溶液作为分析测试的“标准物质”，广泛用于工业、农业、食品、卫生、环保、质监及社会的各个领域，用来测定氯化物、溴化物、碘化物、氰化物和硫氰酸盐等成分的含量。保证标准溶液在一段时间内的准确性是非常重要的。但硝酸银标准溶液的稳定性差，溶液浓度变化受环境影响大，如果保存不当，每次测定分析都要重新配制、标定，既费时又消耗试剂，给检测工作带来很多麻烦。

影响硝酸银标准溶液稳定性有两个因素：首先水中含有电解质、有机物、颗粒物质、微生物和溶解性气体等杂质，由于可能存在的沉淀化合作用，这些杂质对标准溶液的稳定性有一定的影响。所以配制硝酸银溶液用的水其pH要小于7，如果pH大于7，硝酸银与水中的OH^-结合生成氢氧化银，氢氧化银分解生成氧化银附在容器壁上，标准溶液的浓度会迅速下降。实验用水还应经过实验验证符合三级水的规格，且不含氯离子，否则配制出的硝酸银标准溶液会出现白色沉淀，不能使用，其次硝酸银是强酸弱碱盐，其标准溶液在空气中稳定，但对光照敏感，见光易分解。光照能促使硝酸银溶液分解为：Ag、NO_2、O_2，分解出金属银而使沉淀颜色变黑，影响终点观察，所以滴定时要选用棕色酸式滴定管避光并快速滴定，配制及标定好的溶液要贮于带玻璃塞的棕色试剂瓶中于暗处密闭存放。

在硝酸银标准溶液标定方法中法扬司法终点明显，方法简便，但反应条件要求较严，应注意溶液的酸度，浓度及胶体的保护等。实践证明用荧光黄作指示剂标定硝酸银标准溶液，宜在中性或弱碱性的溶液中进行，这样既加快反应速度又使反应完全，因此在滴定前应加入0.1g碳酸钙，以使溶液的酸度范围控制在7~10.5，增加沉淀量，从而增加指示剂的吸附量，使滴定过程变色更加明显，终点容易观察，保证标定结果的准确性。

如何保证硝酸银标准溶液配制的准确性，应做到准确度高、平行误差小。做到这一点主要是消除条件和人为两方面的误差。

（1）消除系统误差　标定温度要在20～25℃。天平、滴定管、移液管、容量瓶等仪器均要进行定期的校准，并且滴定管、移液管、容量瓶必须是A级，把它们对标准溶液的影响降到最低，否则影响标定浓度的准确性。

（2）减小偶然误差　在消除系统误差的前提下，一般平行测定2～3次，如果相对偏差或相对平均偏差在允许范围内，则取测量结果的平均值作为分析结果。

在实际化学分析中，只要注意到以上几个细节，配制和标定的标准溶液可稳定保存2个月，浓度基本保持不变。

实训操作

实训一　硝酸银标准溶液的配制和标定

一、目的要求

（1）掌握硝酸银标准溶液的配制方法。

（2）掌握减量法准确称取基准物的操作、滴定管的滴定操作，养成良好的实验操作习惯。

（3）能正确地记录和处理实验数据，会正确填写滴定液配制标定记录表。

（4）能熟知“法扬司法（吸附指示剂法）”的反应条件和操作方法。

二、原理

$AgNO_3$标准溶液可以用经过预处理的基准试剂$AgNO_3$直接配制。但一般市售的硝酸银银试剂中常含有杂质，如金属银、氧化银、游离硝酸、亚硝酸盐等，因此用间接法配制。先配成近似浓度的溶液后，用基准物NaCl标定。因为NaCl易吸潮，所以在使用前应于110℃烘干至恒重，置于密封瓶中，保持于干燥器内备用。

以NaCl作为基准物质，配成溶液，加入荧光黄指示液，用硝酸银标准溶液滴定至混浊液由黄绿色变为微红色，即得。

终点前：$HFIn \rightleftharpoons H^+ + FIn^-$　溶液呈黄色

终点时：$[Ag^+] > [Cl^-]$，沉淀吸附带正电荷的Ag^+，进而吸附指示剂阴离子FIn^-，并使其分子结构发生改变，出现由黄绿色变成粉红色的颜色变化，指示终点的到达。其反应过程如下：

$$(AgCl)\cdot Ag^+ + FIn^-（黄绿色）\rightleftharpoons (AgCl)\cdot Ag\cdot FIn（粉红色）$$

标定$AgNO_3$溶液的基准物质常用的是无水NaCl，其反应式如下：

$$NaCl + AgNO_3 = AgCl\downarrow + NaNO_3$$

根据消耗$AgNO_3$标准溶液的体积与氯化钠的质量，计算出硝酸银的浓度。

三、仪器和试剂

1. 仪器

（1）电子天平；

（2）50mL的棕色滴定管；

（3）称量瓶；

（4）250mL锥形瓶；

（5）量筒（10、100mL）；

（6）烧杯（1 000、100mL）；

（7）棕色试剂瓶；

（8）玻璃棒；

（9）标签纸；

（10）胶头滴管。

2. 试剂

（1）固体试剂$AgNO_3$（分析纯）；

（2）基准无水氯化钠；

（3）荧光黄指示液：取荧光黄0.1g，加乙醇100mL使之溶解；

（4）糊精溶液（1→5）:称取2g糊精，加适量蒸馏水溶解，然后定容到100mL，现配现用；

（5）碳酸钙（分析纯）。

四、实训内容

1. 配制

配制0.1mol/L $AgNO_3$的标准溶液。

称取硝酸银17.5g加蒸馏水适量使溶解成1 000mL，贮存于带玻璃塞的棕色试剂瓶中，摇匀并贴上标签，置于暗处，待标定。

2. 标定

准确称取干燥至恒重的基准氯化钠约0.2g，加蒸馏水50mL使溶解，再加糊精溶液（1→5）5mL，碳酸钙0.1g与荧光黄指示液8滴，用0.1mol/L $AgNO_3$标准溶液滴定至混浊液由黄绿色变微红色。记录消耗$AgNO_3$标准溶液的体积。平行测定三次。

五、数据记录与结果计算

1. 数据记录

内容＼次数	1	2	3
称量瓶与基准氯化钠的质量/g			
倾倒后称量瓶和基准氯化钠的质量/g			
基准氯化钠的质量/g			
$AgNO_3$溶液的体积初读数/mL			
$AgNO_3$溶液的体积终读数/mL			

续表

内容＼次数	1	2	3
消耗$AgNO_3$溶液的体积/mL			
$AgNO_3$溶液浓度c（$AgNO_3$）/（mol/L）			
平均值c（$AgNO_3$）/（mol/L）			
平行测定结果的极差/（mol/L）			
极差与平均值之比/%			

2. 结果计算

$$c(AgNO_3)=\frac{m(NaCl)\times 1000}{V(AgNO_3)M(NaCl)}$$

式中　$c(AgNO_3)$——硝酸银标准溶液的浓度，mol/L；

$m(NaCl)$——无水氯化钠的质量，g；

$V(AgNO_3)$——硝酸银标准溶液的体积，mL；

$M(NaCl)$——NaCl的摩尔质量，g/mol。

六、注意事项

（1）配制$AgNO_3$标准溶液的蒸馏水应无含Cl^-，否则配成的$AgNO_3$溶液会出现白色混浊，不能使用。

（2）标定中采用荧光黄为指示剂，要求生成的氯化银呈胶体状态，以利于在到达滴定终点时对指示剂阴离子的吸附而产生颜色的突变。因此，在滴定前加入糊精等亲水性高分子物质，防止胶体的凝聚。

（3）溶液的pH应适当。一般吸附指示剂多是有机酸，而起指示作用的主要是阴离子。为了使指示剂主要以阴离子形式存在，必须控制溶液的pH，使标定在中性或弱碱性（pH 7.0~10）中进行，使终点变色明显。

（4）滴定应避免在强光照射下进行。因为吸附着指示剂的氯化银胶体对光极为敏感，遇光易分解析出金属银，溶液很快变成黑色。$AgNO_3$与有机物接触易被还原，所以滴定时必须用棕色酸式滴定管。$AgNO_3$标准溶液应避光保存，宜置于具有玻璃塞的棕色玻璃瓶中，或用黑布包裹玻璃瓶。

（5）$AgNO_3$试剂及其溶液具有腐蚀性，会破坏皮肤组织，注意切勿接触皮肤及衣服。

（6）实验完毕后，盛装$AgNO_3$溶液的滴定管应先用蒸馏水洗涤2~3次后，再用自来水洗净，以免AgCl沉淀残留于滴定管内壁。

七、问题探究

（1）标定硝酸银标准溶液时，为什么要加入糊精（1→50）5mL？

（2）标定硝酸银标准溶液时，为什么要在溶液中加入碳酸钙0.1g？

（3）在滴定时，硝酸银标准溶液应装在酸式滴定管中还是碱式滴定管中？为什么？滴定结束后盛放硝酸银标准溶液的滴定管如何洗涤？

（4）标定硝酸银标准溶液的基准物质是什么？采用什么方法对硝酸银标准溶液进行标定？以什么物质作指示剂？

实训二　生理盐水中氯化钠的含量测定

一、目的要求

（1）能熟练地使用滴定管、天平等仪器，在检测过程中养成良好的实验操作习惯。

（2）能正确地记录和处理实验数据，完整写出实验报告。

（3）理解法扬司法的实验原理。

（4）掌握用法扬司法测定氯化钠含量的方法。

二、原理

在医药上氯化钠常被制成生理氯化钠溶液、氯化钠注射剂，主要用于体内电解质的补充，它分布在细胞外液中，对维持体液的渗透压和调节水分起着重要作用。

铬酸钾指示剂法、铁铵矾指示剂法和吸附指示剂法都可以测定无机卤化物的含量，但为了减少误差，测定样品的方法与标准溶液的标定方法最好相同以消除方法误差，因此，本实训中$AgNO_3$标准溶液的标定和生理盐水中氯化钠的含量测定都采用法扬司法。

根据沉淀对离子吸附的选择性，在化学计量点前后吸附的离子不同，引起带电性不同，因而可根据在化学计量点前后对指示剂离子的吸附与否而产生的颜色变化来确定终点。

例如用$AgNO_3$标准溶液滴定Cl^-，用荧光黄（HFIn）作指示剂，其原理可表示为：

滴定前：

$$HFIn \rightleftharpoons H^+ + FIn^- \quad \text{溶液呈黄色}$$

终点时：

$$(AgCl) \cdot Ag^{+} + FIn^{-}（黄绿色）\rightleftharpoons (AgCl) \cdot Ag \cdot FIn（粉红色）$$

当溶液颜色出现由黄绿色变成粉红色的颜色变化，指示终点的到达。

三、仪器和试剂

1. 仪器

（1）分析天平；

（2）台秤；

（3）称量瓶；

（4）棕色试剂瓶；

（5）100mL烧杯；

（6）10mL小量筒；

（7）棕色酸式滴定管；

（8）250mL锥形瓶；

（9）1000mL容量瓶；

（10）10mL移液管。

2. 试剂

（1）固体试剂$AgNO_3$（分析纯）；

（2）氯化钠（基准物，在110℃干燥至恒重）；

（3）糊精溶液（2%）；

（4）荧光黄指示液：取荧光黄0.1g，加乙醇100mL使溶解；

（5）碳酸钙（分析纯）；

（6）生理盐水（0.9%）。

四、实训内容

1. 配制

称取硝酸银17.5g，加水适量使溶解成1000mL，摇匀，转入棕色试剂瓶，置于暗处，备用。

2. 标定

取在110℃干燥至恒重的基准氯化钠0.2g，精密称取3份，各加水50mL使溶解，再加糊精溶液（2%）5mL，碳酸钙0.1g与荧光黄指示液8滴，用0.1mol/L的硝酸银标准溶液滴定至混浊液由黄绿色变为红色，即为终点。平行测定3次。根据消耗$AgNO_3$标准溶液的体积与氯化钠的质量，计算出$AgNO_3$标准溶液的浓度。

3. 含量测定

准确量取生理盐水10.00mL，加水40mL、2%糊精溶液5mL与荧光黄指示液5~8滴，用0.1mol/L硝酸银标准溶液滴定至黄绿色变为红色，即为终点。平行测定3次。根据硝酸银标准溶液的消耗量与浓度，算出NaCl溶液的含量。

五、数据记录与结果计算

（一）$AgNO_3$溶液浓度的标定

1. 数据记录

内容＼次数	1	2	3
称量瓶与基准氯化钠的质量/g			
倾倒后称量瓶和基准氯化钠的质量/g			
基准氯化钠的质量m/g			
$AgNO_3$溶液的体积初读数/mL			
$AgNO_3$溶液的体积终读数/mL			
消耗$AgNO_3$溶液的体积V（$AgNO_3$）/mL			
$AgNO_3$溶液浓度c（$AgNO_3$）/（mol/L）			
平均值c（$AgNO_3$）/（mol/L）			
平行测定结果的极差/（mol/L）			
极差与平均值之比/%			

2. 结果计算

$$c(AgNO_3)=\frac{m(NaCl)\times 1000}{V(AgNO_3)M(NaCl)}$$

式中 $c(AgNO_3)$——硝酸银标准溶液的浓度，mol/L；

$m(NaCl)$——无水氯化钠的质量，g；

$V(AgNO_3)$——硝酸银标准溶液的体积，mL；

$M(NaCl)$——NaCl的摩尔质量，g/mol。

（二）NaCl溶液的含量测定

1. 数据记录

内容＼次数	1	2	3
$AgNO_3$溶液的浓度/（mol/L）			
$AgNO_3$溶液的体积初读数/mL			
$AgNO_3$溶液的体积终读数/mL			

续表

内容 \ 次数	1	2	3
消耗$AgNO_3$溶液的体积$V(AgNO_3)$/mL			
NaCl溶液的质量浓度$\rho(NaCl)$/(g/L)			
平均值$\rho(NaCl)$/(g/L)			
平行测定结果的极差/(g/L)			
极差与平均值之比/%			

2. 结果计算

$$\rho(NaCl)=\frac{c(AgNO_3)V(AgNO_3)M(NaCl)}{10.00}$$

式中　$\rho(NaCl)$——NaCl溶液的质量浓度，g/L；

$c(AgNO_3)$——硝酸银标准溶液的浓度，mol/L；

$V(AgNO_3)$——消耗硝酸银溶液的体积，mL；

$M(NaCl)$——NaCl的摩尔质量，g/mol。

六、注意事项

（1）硝酸银标准溶液见光易分解，应贮于棕色瓶中保存，时间过久，应重新标定。

（2）为了减少沉淀的吸附作用，滴定过程中必须剧烈振摇溶液。

七、问题探究

（1）吸附指示剂法测NaCl溶液的含量时，加入糊精的作用是什么？

（2）硝酸银标准溶液为什么需存放于棕色试剂瓶中？

模块七 重量分析法

学习目标

1. 理解重量分析法的原理和测定过程。
2. 理解沉淀的形成过程。
3. 掌握沉淀条件的选择。
4. 掌握结果计算。
5. 掌握重量分析法基本操作。

必备知识

知识点一 重量分析法概述

一、重量分析法的分类

重量分析法一般是先用适当的方法将被测组分与试样中其他组分分离后，转化为一定的称量形式，然后称重，由称得的物质的质量计算该组分的含量。根据分离方法的不同，重量分析法常分为三类。

1. 沉淀法

沉淀法是重量分析法中的主要方法，这种方法是利用试剂与待测组分生成沉淀，经过滤、洗涤、烘干或灼烧，然后称其质量，再计算待测组分的含量。例如，测定试样中SO_4^{2-} 含量时，在试液中加入过量$BaCl_2$溶液，使SO_4^{2-} 完全生成难溶的$BaSO_4$沉淀，经过滤、洗涤、烘干、灼烧后，称量$BaSO_4$的质量，再计算试样中的SO_4^{2-}的含量。

2. 气化法（又称挥发法）

利用物质的挥发性质，通过加热或其他方法使试样中的待测组分挥发逸出，然后根据试样质量的减少，计算该组分的含量；或者当该组分逸出时，选择适当的吸收剂将它吸收，根据吸收剂质量的增加来计算该组分的含量。例如，测定氯化钡晶体（$BaCl_2 \cdot 2H_2O$）中结晶水的含量，可将一定质量的氯化钡试样加热，使水分逸出，根据氯化钡减轻的质量称出试样中水分的含量。

3. 电解法

利用电解的方法使待测金属离子在电极上还原析出，然后称量，根据电极增加的质量，求得其含量。

二、重量分析法的特点

重量分析法是经典的化学分析法，它通过直接用分析天平称量而得到分析结果，不需要与标准试样或基准物质作比较，准确度高但周期长。对高含量的硅、磷、钨、镍、稀土元素等试样的精确分析，常使用重量分析方法。重量分析法操作较烦琐，耗时多，不适于生产中的控制分析；对低含量组分的测定误差较大。

三、重量分析法中对沉淀形式和称量形式的要求

利用沉淀反应进行重量分析时，通过加入适当的沉淀剂，使被测组分以适当的沉淀形式析出，然后过滤、洗涤，再将沉淀烘干或灼烧成称量形式称重。沉淀形式和称量形式可能相同也可能不同。

$$\text{试样} \xrightarrow{\text{溶解}} \text{试液} \xrightarrow{\text{沉淀}} \text{沉淀形式} \xrightarrow{\text{过滤、洗涤、烘干或灼烧}}$$

$$\text{称量形式} \xrightarrow{\text{质量恒定}} \text{计算含量}$$

例如：

$$Fe^{3+} \rightarrow Fe(OH)_3 \rightarrow Fe_2O_3$$

沉淀形式　称量形式

$$Ba^{2+} \rightarrow BaSO_4 \rightarrow BaSO_4$$

沉淀形式　称量形式

（一）重量分析对沉淀形式的要求

1. 溶解度小

沉淀的溶解度必须很小，这样才能保证被测组分沉淀完全。例如，测定Ca^{2+}时，以形成$CaSO_4$和CaC_2O_4两种沉淀形式作比较，$CaSO_4$的溶解度较大（$K_{sp}=2.45 \times 10^{-5}$）、$CaC_2O_4$的溶解度小（$K_{sp}=1.78 \times 10^{-9}$）。显然，用$(NH_4)_2C_2O_4$作沉淀剂比用硫酸作沉淀剂沉淀得更完全。

2. 易于过滤和洗涤

颗粒较大的沉淀其比表面积较小，吸附杂质的机会较少，沉淀较纯净，易

于过滤和洗涤。颗粒细小的沉淀，其比表面积大，吸附杂质多，洗涤次数也相应增多。体积庞大疏松的沉淀，吸附杂质较多，过滤费时且不易洗净。

3. 力求纯净

沉淀力求纯净，尽量避免其他杂质的沾污。

4. 易于转化为称量形式

沉淀应易于转化为称量形式。例如Al^{3+}的测定，若沉淀形式为8-羟基喹啉铝，在130℃烘干后即可称量；若沉淀形式为$Al(OH)_3$，则必须在1200℃灼烧转变为Al_2O_3后，方可称量。

（二）重量分析对称量形式的要求

1. 确定的化学组成

称量形式必须有确定的化学组成，这是计算分析结果的依据。

2.稳定

称量形式必须十分稳定，不受空气中水分、二氧化碳和氧气的影响。例如测定Ca^{2+}时，若将Ca^{2+}沉淀为$CaC_2O_4 \cdot H_2O$，灼烧后得到CaO，易吸收空气中H_2O和CO_2，因此，CaO不宜作为称量形式。

3.摩尔质量要大

称量形式的摩尔质量要大，待测组分在称量形式中含量要小，以减少称量的相对误差，提高测定的准确度。例如在铝的测定中，分别用Al_2O_3和8-羟基喹啉铝［$Al(C_9H_6NO)_3$］两种称量形进行测定，若被测组分Al的质量为0.1000g，则可分别得到0.1888g Al_2O_3和1.7040g $Al(C_9H_6NO)_3$。两种称量形式由称量误差所引起的相对误差分别为±1%和±0.1%。

四、重量分析法对沉淀剂的选择

1. 选用具有较好选择性的沉淀剂

所选的沉淀剂只能和待测组分生成沉淀，而与试液中的其他组分不起作用。例如：沉淀锆离子时，选用在盐酸溶液中与锆有特效反应的苦杏仁酸作沉淀剂，这时即使有钛、铁、钡、铝、铬等十几种离子存在，也不发生干扰。

2. 选用能与待测离子生成溶解度最小沉淀的沉淀剂

所选的沉淀剂应能使待测组分沉淀完全。例如：生成难溶的钡的化合物有$BaCO_3$、$BaCrO_4$、BaC_2O_4和$BaSO_4$。根据其溶解度可知，$BaSO_4$溶解度最小。因此以$BaSO_4$的形式沉淀Ba^{2+}比生成其他难溶化合物好。

3. 尽可能选用易挥发或经灼烧易除去的沉淀剂

这样沉淀中带有的沉淀剂即便未洗净，也可以借烘干或灼烧而除去。例如：沉淀Fe^{3+}时，选用氨水而不用NaOH作沉淀剂。

4. 选用溶解度较大的沉淀剂

这样可以减少沉淀对沉淀剂的吸附作用。例如：沉淀SO_4^{2-}时，应选$BaCl_2$作沉淀剂，而不用$Ba(NO_3)_2$。因为$Ba(NO_3)_2$的溶解度比$BaCl_2$小，$BaSO_4$吸附$Ba(NO_3)_2$比吸附$BaCl_2$严重。

目前有机沉淀剂应用较广泛。因为它具有较大的相对分子质量和选择性，形成的沉淀具有较小的溶解度，并具有鲜艳的颜色和便于洗涤的结构，其所形成的沉淀只需烘干即可称量。

知识点二 重量分析法对沉淀条件的选择

利用沉淀反应进行重量分析时，为了获得准确的分析结果，要求沉淀完全、纯净、易于过滤和洗涤。因此在重量分析中需要了解影响沉淀溶解度的因素，从而选择能减小沉淀溶解损失的条件；还需要了解沉淀形成过程中混入杂质的原因，来选择能获得纯净且易于分离和洗涤沉淀的条件。

一、影响沉淀溶解度的因素

重量分析中，要求沉淀反应进行完全，一般可根据沉淀溶解度的大小来衡量。通常要求被测组分在溶液中的残留量在0.0001g以内，但是很多沉淀不能满足这个条件。例如，在1 000mL水中，$BaSO_4$的溶解度为0.0023g。影响沉淀溶解度的因素有很多，如同离子效应、酸效应、盐效应、配位效应等，此外，温度、溶剂、沉淀的颗粒大小也对溶解度有影响。

（一）同离子效应

组成沉淀晶体的离子称为构晶离子。当沉淀反应达到平衡后，如果向溶液中加入适当过量的含有某一构晶离子的试剂或溶液，则沉淀的溶解度减小。这就是同离子效应。例如，在$BaCl_2$溶液中，加入过量的沉淀剂H_2SO_4，则可使$BaSO_4$沉淀的溶解度大为减小，使沉淀完全。通常，利用同离子效应，即加大沉淀剂用量，能使被测组分沉淀完全。但沉淀剂加得太多，有时可能引起盐效应、酸效应等，反而使沉淀的溶解度增大。一般情况下，沉淀剂过量50%~100%是合适的。如果沉淀剂不是易挥发的，则以过量20%~30%为宜。

（二）盐效应

实验结果表明，在KNO_3、$NaNO_3$等强电解质存在的情况下，$PbSO_4$、AgCl的溶解度比在纯水中大。这种由于加入了强电解质使沉淀溶解度增大的现象，称为盐效应。例如，$BaSO_4$沉淀在0.01mol/L KNO_3溶液中的溶解度比在纯水中增大约50%。由于盐效应的存在，利用同离子效应降低沉淀溶解度，应考虑盐效应的影响，即沉淀剂不能过量太多，否则将使沉淀的溶解度增大，不能达到预期的效果。

（三）酸效应

溶液的酸度对沉淀溶解度的影响称为酸效应。如CaC_2O_4在pH=2.00的溶液中的溶解度比在pH=4.00的溶液中的溶解度约大10倍。酸效应对于不同类型沉淀的影响情况不一样。通常，对于弱酸盐沉淀，例如CaC_2O_4、$CaCO_3$等，应在较低的酸度下沉淀。如果沉淀本身是弱酸，如硅酸（$SiO_2 \cdot nH_2O$），易溶于碱，则应在强酸性介质中进行沉淀。如果沉淀是强酸盐，如AgCl，在酸性溶液中进行沉淀时，溶液的酸度对沉淀的溶解度一般影响不大。但是对于硫酸盐沉淀，溶液的酸度太高时，沉淀的溶解度也随之增大。

（四）配位效应

当溶液中存在能与沉淀的构晶离子形成配合物的配位剂时，则沉淀的溶解度增大，称为配位效应。例如，用HCl沉淀Ag^+时，生成AgCl沉淀，若HCl太过量，则会形成$AgCl_2^-$、$AgCl_3^-$等配合物，使AgCl溶解度增加。所以沉淀剂不能过量太多，既要考虑同离子效应，也要考虑盐效应和配位效应。

（五）其他因素

1. 温度的影响

沉淀的溶解反应绝大部分是吸热反应。因此沉淀的溶解度一般随温度的升高而增大。

2. 溶剂的影响

无机物沉淀一般在水中的溶解度比在有机溶剂中大一些。常常在水溶液中加入乙醇、丙酮等有机溶剂来降低沉淀的溶解度。当采用有机沉淀剂时，所得沉淀在有机溶剂中的溶解度一般较大。

3. 沉淀颗粒大小的影响

同一种沉淀，晶体颗粒大，溶解度小；晶体颗粒小，溶解度大。

4. 形成胶体溶液的影响

胶体微粒很小，极易透过滤纸而引起损失，应防止形成胶体溶液。将溶液加热或加入大量电解质，对破坏胶体和促进胶凝作用较为有效。

二、影响沉淀纯度的因素

（一）沉淀的分类

沉淀按其物理性质的不同，可粗略地分为晶形沉淀和无定形沉淀两大类。

1. 晶形沉淀

晶形沉淀是指具有一定形状的晶体，其内部排列规则有序，结构紧密，颗粒较大，直径约为0.1~1μm，易沉降。如$BaSO_4$为典型的晶形沉淀。

2.无定形沉淀

无定形沉淀是指无晶体结构特征的一类沉淀，其内部排列杂乱无章，由许多疏松聚集在一起的微小沉淀颗粒组成，直径小于0.02μm，不能很好地沉降。如$Fe_2O_3 \cdot nH_2O$是典型的无定形沉淀。

凝乳状沉淀颗粒直径为0.02~0.1μm，介于晶形沉淀与无定形沉淀之间，性质也介于两者之间。如AgCl为凝乳状沉淀。

（二）沉淀的形成过程

在沉淀过程中，形成晶核后，溶液中的构晶离子向晶核表面扩散，并沉积在晶核上，使晶核逐渐长大，到一定程度时，成为沉淀微粒。这种沉淀微粒有聚集为更大的聚集体的倾向，这是聚集过程。同时，构晶离子又具有一定晶格排列而形成大晶粒的倾向，这是定向过程。聚集速度主要于溶液的相对过饱和度有关，相对过饱和度越大，聚集速度越大。定向速度主要与物质的性质有关，极性较强的盐类，一般具有较大的定向速度。如果聚集速度慢，定向速度快，则得到晶形沉淀；反之，则得到无定形沉淀。

（三）影响沉淀纯度的因素

1.共沉淀现象

当一种沉淀从溶液中析出时，溶液中的某些其他组分，在该条件下本来是可溶的，但它们却被沉淀带下来而混杂于沉淀之中，这种现象称为共沉淀现象。这是重量分析中误差的主要来源之一。例如，用硫酸沉淀Ba^{2+}时，若溶液中含有杂质$FeCl_3$，则生成$BaSO_4$沉淀时常夹杂$Fe_2(SO_4)_3$，沉淀灼烧后因含Fe_2O_3而显棕黄色。引起共沉淀的原因主要有三种。

（1）表面吸附引起的共沉淀　沉淀的表面会因吸附杂质而形成共沉淀现象。杂质浓度越大，沉淀表面的吸附量越大。同量的沉淀，颗粒越小，比表面积越大，与溶液的接触面越大，表面吸附的杂质也就越多。无定形沉淀的颗粒较小，比表面积较大，表面吸附现象严重。吸附作用是一个放热过程，当溶液温度升高时，沉淀吸附杂质的量减少。

（2）生成混晶引起的共沉淀　每种晶形沉淀，都有其一定的晶体结构。如果杂质离子的半径与构晶例子的半径相近，所形成的晶体结构相同，则它们极易形成混晶。如$BaSO_4$和$PbSO_4$。

（3）吸留引起的共沉淀　在沉淀过程中，当沉淀剂加入过快时，沉淀迅速长大，使得吸附在沉淀表面的杂质离子来不及离开，而被包夹在沉淀内部，引起共沉淀，这种现象称为吸留。

2. 后沉淀现象

后沉淀现象也称继沉淀现象。是指溶液中某些组分析出沉淀之后，另一种本来难以析出沉淀的组分，在该沉淀表面继续析出沉淀的现象。这种情况大多发生在该组分的过饱和溶液中。例如，在0.01mol/L Zn^{2+}的0.15mol/L HCl中，通入H_2S气体。根据计算，此时应该有ZnS沉淀析出。但由于形成了过饱和溶液，所以析出ZnS沉淀的速度非常慢。这时，于上述溶液中加入Cu^{2+}，通入H_2S后，首先析出CuS沉淀。此时CuS沉淀中夹杂ZnS的量并不显著。但是当沉淀放置一段时间后，便不断有ZnS沉淀在CuS沉淀表面析出。

三、沉淀条件的选择

（一）晶形沉淀的沉淀条件

为了形成颗粒较大的晶形沉淀，需选择合适的沉淀条件。

1. 在适当稀、热溶液中进行

在稀、热溶液中进行沉淀，可使溶液中相对过饱和度保持较低，有利于生成晶形沉淀。同时由于溶液稀，杂质的浓度减小，共沉淀现象减少，有利于得到纯净的沉淀。但对于溶解度较大的沉淀，要注意溶液不能太稀，同时在热溶液中沉淀完全后，应冷却后再过滤，以减少沉淀的溶解损失。

2.快搅慢加

在不断搅拌的同时缓慢滴加沉淀剂，可使沉淀剂迅速扩散，防止局部过浓而产生大量小晶粒。

3. 适当陈化

陈化是指沉淀完全后，将初生成的沉淀连同母液一起放置一段时间。在同样条件下，小晶粒的溶解度比大晶粒大。在同一溶液中，对大晶粒为饱和溶液时，对小晶粒则为未饱和，小晶粒就要溶解。这样，溶液中的构晶离子就在大晶粒上沉积，直至达到饱和。这时，对小晶粒又为未饱和，又要溶解。如此反复进行，小晶粒逐渐消失，大晶粒不断长大。陈化过程能使小晶粒溶解释放杂质，所形成的大晶粒吸附杂质的量减少，沉淀会变得更纯净。但是，对伴随有混晶共沉淀现象的沉淀，陈化作用不一定能提高纯度；对伴随有后沉淀现象的沉淀，不仅不能提高纯度，有时反而会降低纯度。加热和搅拌可加速陈化作用，缩短陈化时间。

（二）无定形沉淀的沉淀条件

对于无定形沉淀而言，关键是要破坏胶体，加速沉淀微粒的凝聚，便于过滤和减小杂质吸附。

1. 在浓、热的溶液中进行沉淀

在浓热溶液中，迅速加入沉淀剂并不断搅拌，得到的沉淀含水量少，体积较小，结构较紧密，容易过滤和洗涤，同时沉淀微粒也容易凝聚。但在浓溶液中，杂质的浓度也比较高，沉淀吸附杂质的量也较多。在沉淀完毕后，加入热水适当稀释，能使大部分吸附在沉淀表面的杂质离子转移到溶液中去。在热溶液中进行沉淀可防止生成胶体，减少沉淀表面对杂质的吸附。

2.在电解质存在下进行沉淀

电解质的存在，可促使带电荷的胶体粒子相互凝聚沉降，加快沉降速度，因此，电解质一般选用易挥发性的铵盐如NH_4NO_3或NH_4Cl等，它们在灼烧时均可挥发除去。有时在溶液中加入与胶体带相反电荷的另一种胶体来代替电解质，可使被测组分沉淀完全。例如测定SiO_2时，加入带正电荷的动物胶与带负电荷的硅酸胶体凝聚而沉降下来。

3. 不要陈化

沉淀完毕后，趁热过滤，不要陈化，因为沉淀放置后逐渐失去水分，聚集得更为紧密，使吸附的杂质更难洗去。

四、均匀沉淀法

通过化学反应过程，从溶液中缓慢地、均匀地产生出沉淀剂，使沉淀在整个溶液中缓慢地、均匀地析出，避免沉淀剂局部过浓现象的方法是均匀沉淀法。用均匀沉淀法得到的沉淀，颗粒较大，表面吸附杂质少，容易过滤和洗涤，但仍不能避免后沉淀和混晶共沉淀现象。

例如，用均匀沉淀法沉淀Ca^{2+}时，向含有Ca^{2+}的溶液中加入$H_2C_2O_4$溶液，由于溶液呈酸性，此时不能析出CaC_2O_4沉淀。向溶液中加入尿素，加热至90℃，尿素水解：

$$CO(NH_2)_2+H_2O \xlongequal{\quad} CO_2\uparrow+2NH_3$$

水解产生的NH_3在溶液中均匀分布。随着NH_3的不断产生，溶液的酸度逐渐降低，最后均匀而缓慢地析出CaC_2O_4沉淀，所得到CaC_2O_4沉淀为粗大的晶粒。

知识点三　重量分析结果计算

重量分析中，多数情况下获得的称量形式与被测组分形式不同，这就需要将分析天平称得的称量形式的质量换算成待测组分的质量。待测组分的摩尔质量与称量组分的摩尔质量之比是常数，通常称这个比值为换算因数（又称重量分析因数），以F表示。换算因数$F=\dfrac{M（待测组分）}{M（称量形式）}$几种常见物质的换算因数见表7-1。

【例7-1】用$BaSO_4$重量法测定黄铁矿中硫的含量时，称取试样0.1819g，最后得到$BaSO_4$沉淀0.4821g，计算试样中硫的质量分数。

解：已知$BaSO_4$相对分子质量为233.39；S相对原子质量为32.06。

$$BaSO_4 \longrightarrow S$$

则称量形式$BaSO_4$中S元素的质量为：

$$0.4821 \times \frac{32.06}{233.39} = 0.06622g$$

$$试样中硫的质量分数 = \frac{硫质量}{试样质量} \times 100\%$$

$$= \frac{0.06622}{0.1819} \times 100\%$$

$$= 36.40\%$$

上例中：$\frac{S相对原子质量}{BaSO_4相对分子质量} = \frac{32.06}{233.39} = 0.1374$

这个比值即为S对$BaSO_4$的换算因数。根据换算因数就可以算出硫的质量分数。

$$硫含量 = \frac{称量形式BaSO_4的质量 \times 换算因数}{试样黄铁矿的质量} \times 100\%$$

【例7-2】测定磁铁矿（不纯的Fe_3O_4）中铁的含量时，称取试样0.1666g，经溶解、氧化，使Fe^{3+}离子沉淀为$Fe(OH)_3$，灼烧后得Fe_2O_3质量为0.1370g，计算试样中Fe的质量分数。

解：已知$M(Fe) = 55.84g/mol$，$M(Fe_2O_3) = 159.69g/mol$

$$Fe_2O_3 \longrightarrow 2Fe$$

称量形式Fe_2O_3中Fe元素的质量为：

$$0.1370 \times \frac{2 \times 55.84}{159.69} = 0.09581g$$

$$铁的质量分数 = \frac{铁质量}{试样质量} \times 100\%$$

$$= \frac{0.09581}{0.1666} \times 100\%$$

$$= 57.51\%$$

上例中：$\frac{2Fe相对原子质量}{Fe_2O_3相对原子质量} = \frac{2 \times 55.84}{159.69} = 0.6994$

这个比值即为Fe对Fe_2O_3的换算因数，见表7-1。

表7-1 几种常见物质的换算因数

被测组分	沉淀形式	称量形式	换算因数
Fe	$Fe_2O_3 \cdot nH_2O$	Fe_2O_3	$2M(Fe)/M(Fe_2O_3)=0.6994$
Fe_3O_4	$Fe_2O_3 \cdot nH_2O$	Fe_2O_3	$2M(Fe_3O_4)/3M(Fe_2O_3)=0.9666$
P	$MgNH_4PO_4 \cdot 6H_2O$	$Mg_2P_2O_7$	$2M(P)/M(Mg_2P_2O_7)=0.2783$
P_2O_5	$MgNH_4PO_4 \cdot 6H_2O$	$Mg_2P_2O_7$	$M(P_2O_5)/M(Mg_2P_2O_7)=0.6378$
MgO	$MgNH_4PO_4 \cdot 6H_2O$	$Mg_2P_2O_7$	$2M(MgO)/M(Mg_2P_2O_7)=0.3622$
S	$BaSO_4$	$BaSO_4$	$M(S)/M(BaSO_4)=0.1374$

思考练习

一、名词解释

酸效应 共沉淀 混晶 均匀沉淀法 换算因数

二、填空题

1. 重量分析法是经典的化学分析法，准确度______。
2. 同离子效应________沉淀的溶解度。
3. 盐效应________沉淀的溶解度。
4.同一种沉淀，晶体颗粒大，溶解度________。
5.沉淀按形状不同可分为________沉淀和________沉淀。
6.同量的沉淀，颗粒越小，比表面积越大，与溶液的接触面越大，表面吸附的杂质也就越________。
7. 由于滤纸的致密程度不同，一般非晶形沉淀如氢氧化铁等应选用________滤纸过滤；粗晶形沉淀应选用________滤纸过滤；较细小的晶形沉淀应选用________滤纸过滤。
8.目前有机沉淀剂应用较广泛，原因之一是它具有较________的相对分子质量。
9. 晶形沉淀是指具有一定形状的晶体，其内部排列规则有序，结构________，颗粒较大。
10. 当沉淀剂加入过快时，沉淀迅速长大，使得吸附在沉淀表面的杂质离子来不及离开，而被包夹在沉淀内部，引起共沉淀，这种现象称为________。

三、选择题

1. 下列哪些要求不是重量分析对称量形式的要求（　　）。

A. 要稳定　　B. 颗粒要粗大

C. 相对分子质量要大　　D. 组成要与化学式完全符合

2. 以SO_4^{2-} 沉淀Ba^{2+}时，加入适量过量的SO_4^{2-} 可以使Ba^{2+}离子沉淀更完全。这是利用（　　）。

A. 同离子效应　　B. 酸效应　　C. 配位效应　　D. 异离子效应

3. 为了获得纯净而易过滤、洗涤的晶形沉淀，要求（　　）。

A. 沉淀时的聚集速率小而定向速率大　　B. 沉淀时的聚集速率大而定向速率小

C. 溶液中沉淀的相对过饱和程度要大　　D. 沉淀的溶解度要小

4. 在重量法分析中，为了生成结晶晶粒比较大的晶形沉淀，其操作要领可以归纳为（　　）。

A. 热、稀、搅、慢、陈　　B. 冷、浓、快

C. 浓、热、快　　D. 稀、冷、慢

5. 下列各条件中哪一个不是晶形沉淀所要求的沉淀条件（　　）。

A. 沉淀作用宜在较浓溶液中进行　　B. 应在不断地搅拌下加入沉淀剂

C. 沉淀作用宜在热溶液中进行　　D. 应进行沉淀的陈化

6. 下列哪条不是非晶形沉淀的沉淀条件（　　）。

A. 沉淀作用宜在较浓的溶液中进行　　B. 沉淀作用宜在热溶液中进行

C. 在不断搅拌下，迅速加入沉淀剂　　D. 沉淀宜放置过夜，使沉淀熟化

7. 重量法测定铁时，过滤$BaSO_4$沉淀应选用（　　）。

A. 快速定量滤纸　　B. 中速定量滤纸

C. 慢速定量滤纸　　D. 微孔玻璃坩埚

8. 用滤纸过滤时，玻璃棒下端（　　），并尽可能接近滤纸。

A. 对着一层滤纸的一边　　B. 对着滤纸的锥顶

C. 对着三层滤纸的一边　　D. 对着滤纸的边缘

9.直接干燥法测定样品中水分时，达到恒重是指两次称重前后质量差不超过（　　）。

A. 0.0002g　　B. 0.0020g　　C. 0.0200g　　D. 0.2000g

10. 只需烘干就可称量的沉淀，选用（　　）过滤。

A. 定性滤纸　　B. 定量滤纸

C. 无灰滤纸　　D. 微孔玻璃坩埚或漏斗

四、判断题

1. 根据同离子效应，在进行沉淀时，加入沉淀剂过量得越多，则沉淀越完全，所以沉淀剂过量越多越好。（　　）

2. 酸度对沉淀的溶解度影响不大。（　　）

3. 为了获得纯净的沉淀，洗涤沉淀时洗涤的次数越多，每次用的洗涤液越多，

则杂质含量越少，结果的准确度越高。（　　）

4. 重量分析法要求沉淀形式和称量形式相同。（　　）

5.在沉淀的形成过程中，如定向速度远大于聚集速度，则易形成晶形沉淀。（　　）

6. 加入沉淀剂越多，越有利于沉淀完全。（　　）

7. 重量分析中形成无定形沉淀时，放置一段时间，然后再过滤。（　　）

8. 在重量分析中恒重的定义是前后两次称量的质量之差不超过0.2mg。（　　）

9. 重量分析法应尽可能选用易挥发或经灼烧易除去的沉淀剂。（　　）

10.胶体微粒很小，极易透过滤纸而引起损失，沉淀时应防止形成胶体溶液。（　　）

五、简答与计算题

1. 简述利用沉淀反应进行重量分析的过程。
2. 重量分析对沉淀形式和称量形式的要求是什么？
3. 影响沉淀溶解度的因素有哪些？
4. 影响沉淀纯度的因素有哪些？
5. 沉淀如何分类，各有什么特点？
6. 简要说明晶形沉淀的沉淀条件。
7. 简要说明无定形沉淀的沉淀条件。
8. 简述倾泻法过滤的操作方法。
9. 计算下列各组的换算因数：

序号	称量形式	测定组分
1	$BaSO_4$	S
2	$Mg_2P_2O_7$	MgO
3	$PbCrO_4$	Cr_2O_3

10.黄铁矿中硫的质量分数为36.0%，用重量法测定硫，得到称量形式硫酸钡的质量为0.5000g，请问所称取黄铁矿的质量为多少克？

阅读与拓展

资料一　最早的定量分析

最早的定量分析是重量分析法。这方面奠基人是克拉普鲁特，他不仅创立一系列定量操作方法，如灼烧、恒重、干燥等，他还利用换算因子求得金属质量，同时引进重量百分比概念，应用这一概念帮助人们轻而易举地发现新的元素。另外一个对重量分析做出重大贡献的是贝采利乌斯。他发明各种分析仪器，如坩埚、干燥器、过滤器、水浴锅等，还发明了无灰滤纸。他强调漏斗的锥角应为60°，过滤时滤纸不能高出漏斗。贝采利乌斯还发明灵敏度达1mg的天平，使定量分析误差达到毫克水平。

资料二　从孤儿到化学大师

雅科比·贝采利乌斯1779年8月20日生于瑞典林彻平附近的韦斐松答村。他四岁丧父，母亲改嫁后不久也死去了。继父虽不富裕，但仍给七个孩子请了家庭教师。为了教育的目的，继父常组织郊游，小雅科比十分醉心于研究野外的动植物。继父对雅科比关于植物的精到的见解感到惊奇。

1793年，雅科比·贝采利乌斯进入中学，他学习不很努力，但对自然科学兴趣广泛。他搜集鸟类、昆虫和植物的标本，醉心于打猎，忘记了严格的校规。其间有一年，他停学做家庭教师以备足学费。1796年，他考入乌普萨拉大学医学院，他一边学习一边教课，这种艰苦的生活培养了他的意志和爱劳动的精神。为了教课，他开始学法语、德语和英语。1799年，20岁的贝采利乌斯读到了德文的《反燃素化学基础原理》，这本通俗易懂、面对事实的教科书使贝采利乌斯十分向往化学实验室的工作。由于化学成绩不好，他只好买通工友趁老师不在时进入实验室。一次，老师在他背后观察了他的操作，开始让他做一些简单的工作。贝采利乌斯回忆说："我对这类枯燥无味的实验很不满意，决定再也不请求指派我做实验了。其实，我还是继续到实验室去，甚至还制作了一些制剂，但……（老师）非常不喜欢我不声不响地工作并且从来不向他们提出任何问题。我竭力通过读书、思考、实验来解答自己的一切问题，不想去请教那些没有真才实学、把自己一知半解的知识给我做出要么是含糊其词的至少也是不能令人满意的回答的人。"

1802年，贝采利乌斯从医学院毕业后担任斯德哥尔摩大学助教。1803年，他与赫新格尔共同发现铈，这对于24岁的贝采利乌斯个人同样意义重大；1809年，他被选为瑞典科学院院士，1810年又被选为科学院院长；从1818年直至逝世，任瑞典科学院常任秘书。

贝采利乌斯在许多领域都有深刻的研究：

（1）发现了三种化学元素；

（2）提出适用于各种语言，沿用至今的元素符号表示法；

（3）测定了大约两千种化合物的组成；

（4）确定了很多化合物的化学式；

（5）发表了三张原子量表；

（6）创立了电化二元论，认为所有的化合物均由带正电和带负电的两种性质的微粒组成，微粒间作用力的强弱决定了化合物的性质和分类；

（7）发现同分异构现象，并以他对原子论的深刻理解，明确指出组成相同的两种化合物性质不同，是由于其内部原子的排列方式不同。这样，就把有机物内部结构的问题提了出来，启发更多的化学家思考、研究；

（8）他提出催化剂概念时的情景也类似。这一具有高度概括力的概念，使化学家们在统一的概念下思考不同催化反应的共同本质。

1822—1847年，贝采利乌斯编辑出版文摘性国际学术刊物《物理、化学进展年报》，共27期，对19世纪上半世纪世界化学的发展起了极大的组织与推动作用。在年报中，他对那个时代大科学家们的大多数著作做出公正的学术分析和评价。他鼓励并培养了一大批有才能的青年，同时以非常有力的评判封闭了无能之辈的道路。编辑年报，以及用几种语言和当时欧洲大部分知名学者通信，使贝采利乌斯的科学视野十分开阔，使他能把握当时科学发展的方向性问题。他勤于实验，精于实验，各国学者都以能向他学习实验方法为幸。他用他简陋的实验设备和丰富细腻的实验方法培养了不少有为的化学家。

实训操作

实训一 重量分析法基本操作

一、目的要求

学习样品的溶解、沉淀、过滤、洗涤、干燥和灼烧等基本操作。

二、仪器

（1）玻璃漏斗；

（2）烧杯；

（3）表面皿；

（4）洗瓶；

（5）定量滤纸；

（6）淀帚；

（7）瓷坩埚；

（8）电子天平；

（9）马弗炉；

（10）煤气灯；

（11）微孔玻璃漏斗；

（12）干燥器。

三、实训内容

重量分析的基本操作包括样品溶解、沉淀、过滤、洗涤、干燥和灼烧等步骤。

（一）溶解样品

样品称于烧杯中，沿杯壁加入溶剂，盖上表面皿，轻轻摇动，必要时可加热促其溶解，但温度不可太高，以防溶液溅失。如果样品需要用酸溶解且有气体放出时，应先在样品中加少量水调成糊状，盖上表面皿，从烧杯嘴处注入溶剂，待作用完了以后，用洗瓶冲洗表面皿凸面并使之流入烧杯内。

（二）沉淀

一般进行沉淀操作时，左手拿滴管，滴加沉淀剂，右手持玻璃棒不断搅动溶液，搅动时玻璃棒不要碰烧杯壁或烧杯底，以免划损烧杯。溶液需要加热，一般在水浴或电热板上进行，沉淀后应检查沉淀是否完全，检查的方法是：待沉淀下沉后，在上层清液中，沿杯壁加一滴沉淀剂，观察滴落处是否出现混浊，无混浊出现表明已沉淀完全，如出现混浊，需再补加沉淀剂，直至再次检查时上层清液中不再出现混浊为止。然后盖上表面皿。

（三）过滤和洗涤

1. 滤纸和漏斗的选择

重量分析常用定量滤纸或称无灰滤纸过滤。定量滤纸按孔隙大小分有快速、中速、慢速三种，按直径分有7、9、11cm等几种。要根据沉淀的性质选择合适的滤纸，如$BaSO_4$、$CaC_2O_4 \cdot 2H_2O$等细晶形沉淀，应选用“慢速”滤纸过滤；$Fe_2O_3 \cdot nH_2O$为胶状沉淀，应选用“快速”滤纸过滤；$MgNH_4PO_4$等粗晶形沉淀，应选用“中速”滤纸过滤。根据沉淀量的多少，选择滤纸的大小。用于重量分析的漏斗应该是长颈漏斗，颈长为15~20cm，漏斗椎体角应为60°，颈的直径要小些，一般为3~5mm，以便在颈内容易保留水柱，出口处磨成45°角。

并不是所有的沉淀都用滤纸过滤。有些沉淀不能和滤纸一起灼烧，因其易被还原，如氯化银沉淀。有些沉淀虽然不需灼烧，只需烘干即可称量如丁二肟镍沉淀、磷钼酸喹啉沉淀等，但也不能用滤纸过滤。因为滤纸烘干后，重量改变很多。在这种情况下，应该用微孔玻璃漏斗（坩埚）（见图7-1，图7-2）过滤。这种滤器的滤板是用玻璃粉末在高温熔结而成的，它的牌号规定以每级孔径的上限值前置以字母“P”表示。分析实验常用P_{40}和P_{16}号玻璃滤器，例如，过滤金属汞用P_{40}号，过滤高锰酸钾溶液用P_{16}漏斗式滤器，重量法测Ni用P_{16}号坩埚式滤器。

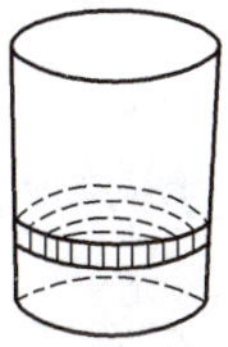

图7-1　微孔玻璃坩埚

图7-2　微孔玻璃漏斗

2. 滤纸的折叠

先将滤纸对折并按紧一半，然后再对折但不要按紧，把折成圆锥形的滤纸放入漏斗中。滤纸的大小应低于漏斗边缘0.5~1cm，若高出漏斗边缘，可剪去一圈。观察折好的滤纸是否能与漏斗内壁紧密贴合，若未贴合紧密可以适当改变滤纸折叠角度，直至与漏斗贴紧后把第二次的折边折紧。取出圆锥形滤纸，将半边为三层滤纸的外层折角撕下一块，这样可以使内层滤纸紧密贴在漏斗内壁上，撕下来的那一小块滤纸，保留作擦拭烧杯内残留的沉淀用。

3. 做水柱

滤纸放入漏斗后，用手按紧使之密合，然后用洗瓶加水润湿全部滤纸。用手指轻压滤纸赶去滤纸和漏斗壁间的气泡，然后加水至滤纸边缘，此时漏斗颈内应全部充满水，形成水柱。滤纸上的水已全部流尽后，漏斗颈内的水柱应仍能保住。这样，由于液体重力的作用可起抽滤作用，加快过滤速率。

若水柱做不成，可用手指堵住漏斗下口，稍掀起滤纸的一边，用洗瓶向滤纸和漏斗间的空隙加水，直到漏斗颈及椎体的一部分被水充满，然后边按紧滤纸边慢慢松开下面堵住出口的手指，此时水柱应该形成。如仍不能形成水柱，或水柱不能保持，而漏斗颈又确已洗净，则是因为漏斗颈太大。漏斗颈太大的漏斗，做不出水柱，应更换漏斗。

做好水柱的漏斗应放在漏斗架上，下面用一个洁净的烧杯盛接滤液。过滤过程中，可能有沉淀渗滤，或滤纸意外破裂，需要重新过滤，所以盛接滤液的烧杯要洁净。为了防止滤液外溅，一般都将漏斗颈出口斜口长的一侧贴紧烧杯内壁。漏斗位置的高低，以过滤过程中漏斗颈的出口不接触滤液为度。

图7-3　倾泻法过滤

4. 过滤及初步洗涤

采用“倾泻法”过滤（见图7-3），即倾斜静置烧杯，待沉淀下降后，先将上层清液倾入漏斗中，而不是一开始过滤就将沉淀和溶液搅混后过滤。过滤时，一手拿住玻璃棒，使它与滤纸近于垂直，玻璃棒下端接近三层滤纸的一边，但不和滤纸接触。另一只手拿住盛沉淀的烧杯，烧杯嘴靠着玻璃棒，慢慢将烧杯倾斜，使上层清液沿着玻璃棒流入漏斗中，随着溶液的流注，漏斗中液体的体积增加，至溶液达到滤纸高度的三分之二处，或使液面离滤纸上边缘约5mm时停止倾注，以免少量沉淀因毛细管作用越过滤纸上缘，造成损失。停止倾注时，可沿玻璃棒将烧杯嘴往上提，逐渐使烧杯直立，等玻璃棒和烧杯由相互垂直变为几乎平行时，将玻璃棒离开烧杯嘴而移入烧杯中。这样才能避免留在棒端及烧杯嘴上的液体流到烧杯外壁上去。玻璃棒放回原烧杯时，勿将清液搅混，也不要靠在烧杯嘴处，因烧杯嘴处沾有少量沉淀。如此反复操作，直到上层清液倾完为止。当烧杯内的液体较少而不便倾出时，可将玻璃棒稍向左倾斜，使烧杯倾斜角度更大些。

初步洗涤沉淀一般也采用倾泻法。将约20mL洗涤液沿烧杯内壁四周注入盛沉淀的烧杯中，充分搅拌洗涤后静止，待沉淀下沉后，倾注上层清液，如此洗4~5次。每次应尽可能把洗涤液倾倒尽，再加第二份洗涤液，随时检查滤液是否透明不含沉淀颗粒。

如果使用微孔玻璃漏斗过滤，在使用前先用强酸（盐酸或硝酸）处理，然后再用水洗净。这种滤器耐酸不耐碱。因此，这种滤器不可用强碱处理，也不适于过滤强碱溶液。洗涤时，通常用抽滤法（见图7-4）。在抽滤瓶瓶口配一块稍厚的橡皮垫，垫上挖一圆孔，将微孔玻璃漏斗插入圆孔中，抽滤瓶的支管和水泵相连接。先将强酸倒入微孔玻璃漏斗中，然后开水泵抽滤，当结束抽滤时，应先拔掉抽滤瓶支管上的胶管，再关闭水泵，否则水泵中的水会倒吸入抽滤瓶中。将已洗净、烘干且恒重的微孔玻璃漏斗置于干燥器中备用。过滤时，所用装置和洗涤时装置相同，在开动水泵抽滤下，用倾泻法过滤，其操作和上述用滤纸过滤相同，不同之处是在抽滤下进行。

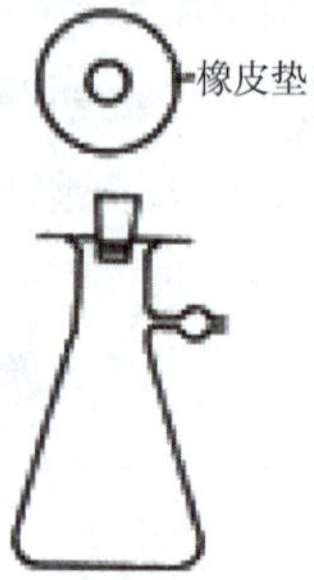

图7-4 抽滤装置

5. 转移

沉淀的转移，即将烧杯中的沉淀全部转移到滤纸上。沉淀用倾泻法洗涤后，在盛有沉淀的烧杯中加入少量洗涤液，搅拌混合，全部倾入漏斗中。如此反复2~3次，然后将玻璃棒横放在烧杯口上，玻璃棒下端比烧杯口长出2~3cm。左手食指按住玻璃棒，大拇指在前，其余手指在后，拿起烧杯，放在漏斗上方，倾斜烧杯使玻璃棒仍指向三层滤纸的一边。用洗瓶冲洗此烧杯壁上附着的沉淀，使之全部转移入漏斗中。最后用保存的小块滤纸擦拭玻璃棒，再放入烧杯中。用玻璃棒压住滤纸进行擦拭。擦拭后的滤纸块，用玻璃棒拨入漏斗中。用洗涤液再冲洗烧杯将残存的沉淀全部转入漏斗中（图7-5）。也可用淀帚（图7-6）擦洗烧杯上的沉淀，然后洗净淀帚。淀帚一般自制。剪一段乳胶管，一段套在玻璃棒上，另一端用橡胶胶水黏合，用夹子夹扁晾干即成。

图7-5　最后少量沉淀的洗涤

图7-6　淀帚

6. 洗涤

沉淀全部转入漏斗后，在滤纸上进行最后洗涤，以除尽全部杂质。用洗瓶由滤纸边缘稍下一些地方螺旋形向下移动冲洗沉淀，使沉淀集中于滤纸锥体底部，不可将洗涤液直接冲到滤纸中央沉淀上，以免沉淀外溅。采用“少量多次”的方法洗涤沉淀，即每次加少量洗涤液，洗后尽量沥干，再加第二次洗涤液，这样可提高洗涤效率。洗涤次数一般都有规定，例如洗涤8~10次；或者规定洗至流出液无Cl^-为止等。如要求洗至无Cl^-为止，则洗几次后。用小试管或小表皿接取少量滤液，用硝酸酸化的硝酸银溶液检查滤液中是否还有Cl^-，若无白色混浊，即可认为已洗涤完毕。否则需进一步洗涤。

（四）沉淀的干燥和灼烧

1. 准备工作

（1）坩埚的准备　沉淀的干燥和灼烧是在一个预先灼烧至质量恒定的坩埚中进行，因此，在沉淀的干燥和灼烧前，必须预先准备好坩埚。将坩埚洗净，小火烤干或烘干，编号（可用含Fe^{3+}或Co^{2+}的蓝墨水在坩埚外壁编号），然后在所需温度下，加热灼烧。灼烧可在高温电炉中进行。由于温度骤升或骤降常使坩埚破裂，最好将坩埚放入冷的炉膛中逐渐升高温度，或者将坩埚在已升至较高温度的炉膛口预热一下，再放入炉膛中。一般在800~950℃条件下灼烧半小时（新坩埚需灼烧1h）。从高温炉中取出坩埚时，应先使高温炉降温，然后将坩埚移入干燥器中，将干燥器连同坩埚一起移至天平室，冷却至室温（约需30min），取出称量。随后进行第二次灼烧，约15~20min，冷却和称量。如果前后两次称量结果只差不大于0.2mg，即可认为坩埚已达质量恒定，否则还需灼烧，直至质量恒定为止。灼烧空坩埚的温度必须与以后灼烧沉淀的温度一致。坩埚的灼烧也可以在煤气灯上进行。事先将坩埚洗净晾干，将其直立在泥三角上，盖上坩埚盖，但不要盖严，需留一小缝。用煤气灯逐渐升温，最后在氧化焰中高温灼烧，灼烧的时间和在高温电炉中相同，直至质量恒定。

（2）干燥器的准备　干燥器是具有磨口盖子的密闭厚壁玻璃器皿，常用以保存干坩埚、称量瓶、试样等物。它的磨口边缘涂一薄层凡士林，使之能与盖子密合。干燥器底部盛放干燥剂，最常用的干燥剂是变色硅胶和无水氯化钙，其上搁置洁净的带孔瓷板。坩埚等即可放在瓷板孔内。干燥剂吸收水分的能力是有一定限度的。例如硅胶，20℃时，被其干燥过的1L空气中残留水分为6×10^{-3}mg；无水氯化钙在25℃时，被其干燥过的1L空气中残留水分小于0.36mg。因此，干燥器中的空气并不是绝对干燥的，只是湿度较低而已。

使用干燥器应注意以下事项：

①干燥剂不可放得太多，以免玷污坩埚底部；

②搬移干燥器时，要用双手拿着干燥器两边，用大拇指紧紧按住盖子；

③打开干燥器时，不能往上掀盖，应用左手按住干燥器，右手小心地把盖子稍微推开，等冷空气徐徐进入后，才能完全推开，盖子必须仰放在桌子上；

④不可将太热的物体放入干燥器中；

⑤有时较热的物体放入干燥器中后，空气受热膨胀会把盖子顶起来。为了防止盖子被打翻，应当用手按住，不时把盖子稍微推开，以放出热空气；

⑥灼烧或烘干后的坩埚和沉淀，在干燥器内不宜放置过久，否则会因吸收一些水分而使质量略有增加；

⑦变色硅胶干燥时为蓝色（含无水Co^{2+}），受潮后变粉红色（含水合Co^{2+}）。可以在120℃烘受潮的硅胶待其变蓝色后反复使用，直至破碎不能用为止。

2. 沉淀的干燥和灼烧

坩埚准备好后即可开始沉淀的干燥和灼烧。

（1）沉淀的包裹　利用玻璃棒把滤纸和沉淀从漏斗中取出，折卷成小包，把沉淀包卷在里面。用图7-7所示方法，A. 保持滤纸的半圆形；B. 沿右端相距约为半径的三分之一处，把滤纸自右向左折起；C. 沿着与直径平行的直线把滤纸上边向下折起来；D. 最后自右向左将整个滤纸卷成小包；E. 完成。此时应特别注意，勿使沉淀有任何损失。如果漏斗上沾有些微沉淀，可用滤纸碎片擦下，与沉淀包卷在一起。

（2）沉淀的烘干和炭化　包好的沉淀可在恒温箱中干燥，也可用煤气灯加热烤干。把滤纸装进已质量恒定的坩埚内，使滤纸层较多的一边向上，可使滤纸灰化较易。用煤气灯加热烤干时，将坩埚斜置于泥三角上，盖上坩埚盖，

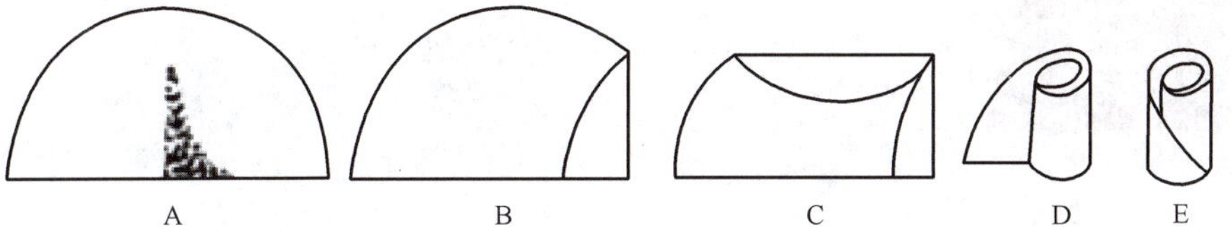

图7-7　过滤后滤纸的折卷

然后如图7-8所示，将滤纸烘干并炭化。坩埚盖半掩坩埚口，在坩埚盖下部用小火焰烘烤，借热空气流将滤纸和沉淀迅速烘干。沉淀烘干后，将火焰移向坩埚底部，小火加热至滤纸逐渐变为炭黑为炭化。在此过程中必须防止滤纸着火，否则会使沉淀飞散而损失。若已着火，应立即移开煤气灯，并将坩埚盖盖上，让火焰自熄。

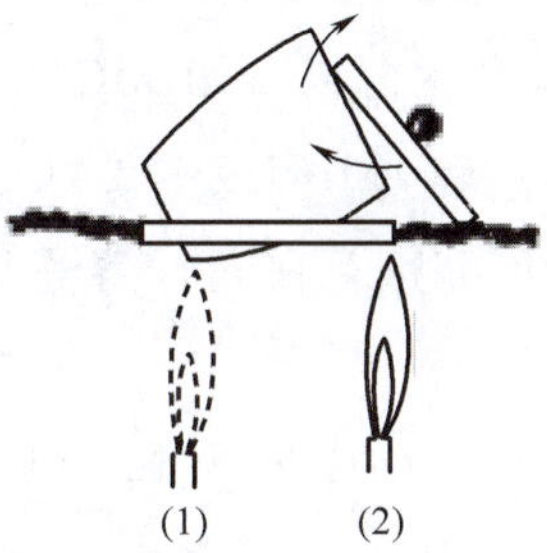

图7-8　沉淀的烘干（2）和炭化（1）

（3）沉淀的灰化　当滤纸炭化后，可逐渐提高温度，并随时用坩埚钳转动坩埚，把坩埚内壁上的黑炭完全烧去，将炭烧成二氧化碳而除去的过程叫灰化。灰化灼烧的目的是除去沉淀中的挥发性杂质和将沉淀形式转变成称量形式。待滤纸灰化后，将坩埚垂直地放在泥三角上，盖上坩埚盖（留一小空隙），于指定温度下灼烧沉淀，或者将坩埚放在高温电炉中灼烧。一般第一次灼烧时间为30~45min，第二次灼烧15~20min。每次灼烧完毕从炉内取出后，都需要在空气中稍冷至红热退去后，再移入干燥器中等沉淀冷却至室温后称量。然后再灼烧、冷却、称量，直至质量恒定。

微孔玻璃坩埚（或漏斗）只需烘干即可称量。一般将微孔玻璃坩埚（或漏斗）连同沉淀放在表面皿上，然后放入烘箱中，根据沉淀的性质确定烘干温度。一般第一次烘干时间要长些，约2h，第二次烘干时间可短些，约45min到1h，根据沉淀的性质具体处理。沉淀烘干后，取出坩埚（或漏斗），置干燥器中冷却至室温后称量。反复烘干、称量，直到质量恒定为止。

实训二 化学试剂$BaCl_2 \cdot 2H_2O$中钡含量的测定

一、目的要求

（1）了解测定 $BaCl_2 \cdot 2H_2O$中钡的含量的原理和方法。

（2）掌握晶形沉淀的制备、过滤、洗涤、灼烧及至恒重等的基本操作技术。

二、原理

称取一定量的$BaCl_2 \cdot 2H_2O$，用水溶解，加稀HCl溶液酸化，加热至微沸，在不断搅动下，慢慢地加入稀、热的H_2SO_4溶液，Ba^{2+}与SO_4^{2-}反应，形成晶形沉淀。沉淀经陈化、过滤、洗涤、烘干、炭化、灰化、灼烧后，以$BaSO_4$形式称量，可求出$BaCl_2 \cdot 2H_2O$中Ba的含量。

Ba^{2+}可生成一系列微溶化合物，如$BaCO_3$、$BaCrO_4$、$BaSO_4$等，其中以$BaSO_4$溶解度最小，100mL溶液中，100℃时溶解0.4mg，25℃时仅溶解0.25mg。当过量沉淀剂存在时，溶解度大为减小，一般可以忽略不计。

$BaSO_4$重量法一般在0.05mol/L左右盐酸介质中进行沉淀，这是为了防止产生$BaCO_3$沉淀以及防止生成$Ba(OH)_2$共沉淀。同时，适当提高酸度，增加$BaSO_4$在沉淀过程中的溶解度，以降低其相对过饱和度，有利于获得较好的晶形沉淀。

用$BaSO_4$重量法测定Ba^{2+}时，一般用稀H_2SO_4做沉淀剂，为了使$BaSO_4$沉淀完全，H_2SO_4必须过量。由于H_2SO_4在高温下可挥发除去，故沉淀带下来的H_2SO_4不致引起误差，因此沉淀剂可过量50%~100%。

$PbSO_4$、$SrSO_4$的溶解度均较小，Pb^{2+}、Sr^{2+}对钡的测定有干扰。NO_3^-、Cl^-等阴离子和K^+、Na^+、Ca^{2+}、Fe^{3+}等阳离子均可以引起共沉淀现象，故应严格掌握沉淀条件，减少共沉淀现象，以获得纯净的$BaSO_4$晶形沉淀。

三、仪器和试剂

1. 仪器

（1）电子天平；

（2）马弗炉；

（3）瓷坩埚；

（4）玻璃漏斗；

（5）定量滤纸；

（6）淀帚。

2. 试剂

（1）固体$BaCl_2 \cdot 2H_2O$（分析纯）；

（2）1mol/L H_2SO_4：量取5.54mL 98%浓H_2SO_4慢慢加入80mL蒸馏水中，再用蒸馏水稀释至100mL；

（3）0.1mol/L H_2SO_4：取1mL 1mol/L的H_2SO_4溶液倒入100mL蒸馏水中搅拌均匀；

（4）2mol/L HCl：量取5mL浓HCl，用25mL蒸馏水稀释，搅拌均匀；

（5）2mol/L HNO_3：量取137mL浓硝酸，再用蒸馏水稀释至1000mL；

（6）0.1mol/L $AgNO_3$：称取17.5g硝酸银，溶于1000mL水中，摇匀。溶液贮存于棕色瓶中。

四、实训内容

1. 称样及沉淀的制备

准确称取0.4~0.6g $BaCl_2 \cdot 2H_2O$试样，分别置于250mL烧杯中，加入约100mL水，3mL 2mol/L的HCl溶液搅拌溶解，加热至近沸。

再取4mL1mol/L H_2SO_4溶液于100mL烧杯中，加水30mL，加热至近沸，趁热将H_2SO_4溶液用小滴管逐滴的加入到热的钡盐溶液中，并用玻璃棒不断搅拌，直至H_2SO_4加完为止。待$BaSO_4$沉淀下沉后，于上层清液中加入1~2滴0.1mol/L H_2SO_4溶液，仔细观察沉淀是否完全。沉淀完全后，盖上表面皿（切勿将玻璃棒拿出杯外），放置过夜陈化。也可将沉淀放在水浴或沙浴上，保温40min，陈化。

2. 沉淀的过滤与洗涤

用慢速或中速滤纸倾泻法过滤。用稀H_2SO_4（1mL 1mol/L H_2SO_4加100mL水配成）洗涤沉淀3~4次，每次约10mL。然后，将沉淀定量转移到滤纸上，用淀帚由上到下擦拭烧杯内壁，并用折叠滤纸时撕下的小片滤纸擦拭杯壁，将此小片滤纸放于漏斗中，再用稀H_2SO_4洗涤4~6次，直至洗涤液中不含Cl^-为止（检查方法：用试管收集2mL滤液，加一滴2mol/L HNO_3酸化，加入2滴0.1mol/L $AgNO_3$，若无白色浑浊产生表示Cl^-已洗净）。

3. 空坩埚的恒重

将洁净的瓷坩埚放在（800±20）℃的马弗炉中灼烧至恒重（第一次灼烧40min，第二次后每次只灼烧20min。灼烧也可在煤气灯下进行）。

4. 沉淀的灼烧和恒重

将折叠的沉淀滤纸包置于已恒重的瓷坩埚中，经烘干、炭化、灰化后在（800±20）℃马弗炉中灼烧至恒重。计算$BaCl_2 \cdot 2H_2O$中Ba的含量。

五、数据记录与结果计算

1. 数据记录

内容	数据记录
$BaCl_2 \cdot 2H_2O$的质量m/g	
恒重的空坩埚质量m_1/g	
恒重的坩埚和$BaSO_4$的质量m_2/g	
恒重的$BaSO_4$的质量（m_2-m_1）/g	
$BaCl_2 \cdot 2H_2O$中Ba的含量/%	

2. 结果计算

$$BaCl_2 \cdot 2H_2O\text{中Ba的含量}=\frac{(m_2-m_1)\times F}{m}\times 100\%$$

式中 F——Ba对$BaSO_4$的换算因数，g；

m_2——恒重的坩埚和$BaSO_4$的质量，g；

m_1——恒重的空坩埚质量，g；

m——$BaCl_2 \cdot 2H_2O$的质量，g。

六、注意事项

（1）在滤纸炭化时，火焰不宜太高，防止着火，如遇滤纸着火，可用坩埚盖盖住，使坩埚内火焰熄灭，同时移去电炉，切不可用嘴吹。温度不宜升高太快，否则滤纸会生成整块的炭，需较长时间才能将其完全灰化。在炭化接近完全后，可加大火焰加热至全部灰化。

（2）滤纸灰化时空气一定要充足，要灰化到基本完全后，才能放入马弗炉（灼烧温度不能超过950℃，否则，可能有部分$BaSO_4$分解，使结果降低），否则$BaSO_4$易被滤纸的炭还原，影响结果准确度。

（3）实验中加入HCl增加了Cl^-的浓度，从而减小了Ba^{2+}的溶度积，使沉淀更完全，同时防止产生$BaCO_3$沉淀以及防止生成$Ba(OH)_2$共沉淀。在不断搅拌下，逐滴加入沉淀剂，主要是防止局部过浓现象，防止形成大量的晶核，并且在热溶液中进行，可以使沉淀的溶解度增加，降低相对过饱和度，有利于晶核成长为大颗粒晶体，同时也减少杂质的吸附现象。

（4）沉淀要在热溶液中进行时，沉淀的溶解度略有增加，这样可以降低溶液的过饱和度，以利于生成粗大的结晶颗粒，同时可以减少沉淀对杂质的吸附；过滤时，温度较高时溶解度增加，为了防止沉淀在热溶液中的损失，应当在沉淀作用完毕后，将溶液冷却至室温，然后过滤；陈化可以使小晶体消失，大晶粒不断长大。

（5）为了洗去沉淀表面所吸附的杂质和残留的母液，以得纯净的沉淀，需要洗涤沉淀，但洗涤不可避免地要造成部分沉淀的溶解。因此，洗涤沉淀要采用适当的方法以提高洗涤效率，尽可能地减少沉淀地溶解损失。所以同体积的洗涤液应分多次洗涤，每次用15~20mL洗涤液。

七、问题探究

（1）为什么要在稀热HCl溶液中且不断搅拌下逐滴加入沉淀剂$BaSO_4$?

（2）为什么要在热溶液中沉淀$BaSO_4$，但要在冷却后过滤？

（3）何为倾泻法过滤？洗涤沉淀时为什么用洗涤液和水都要少量多次？

（4）本实验为什么称取0.4~0.5g $BaCl_2 \cdot 2H_2O$试样？称样过多或过少有什么影响？

模块八　定量分析的一般步骤

学习目标

1. 掌握试样的采取和制备方法。
2. 掌握试样分解的溶解法、熔融法原理，了解烧结法、干式灰化法、湿式消化法。
3. 掌握分离干扰组分的沉淀分离法、溶剂萃取分离法、离子交换分离法、色谱分离法、挥发与蒸馏分离法等。
4. 了解选择分析方法的重要性，掌握选择分析方法的基本原则。
5. 了解评价分析结果的方法。
6. 掌握试样的定量分析的步骤及实验操作。

必备知识

物质的定量分析过程一般包括以下步骤：试样的采取和制备、试样的分解、测定方法的选择、干扰杂质的分离（或排除）、试样中各组分的定量测定、数据处理及分析测定结果的表示。

知识点一　试样的采取和制备

在实际分析中遇到的试样是多种多样的，其可呈气、液、固态，试样中组分分布的均匀差异很大。采取和制备试样的要求是：从大量的分析对象中采取和制备出少量的分析试样，分析试样必须保证能代表全部分析对象的平均组成，即分析试样必须有代表性。否则，分析结果再准确也是毫无意义的，甚至会酿成事故，给工业生产带来严重损失。

对于不同的分析对象，试样的采取和制备的方法各不相同，采样时应根据分析测定试样的性质、均匀程度、数量等来决定。

1. 气体试样的采取

气体样品的采集，要根据具体情况，采取相应的方法。一般常采用减压法、真空法等，将气体样品直接导入适当的容器；也可以用适当的液体溶剂吸收或固体吸附剂吸附富集气体。例如大气样品的采取，通常选择距地面50~180cm的高度用抽气泵采样，使所采集的样品与人的呼吸空气相同。对于烟道气、废气中某些有毒污染物的分析，可将气体样品采入空瓶或大型注射器中。

2. 液体试样的采取

装在大容器里的液体物料，在容器的不同深度取样后混合均匀即可作为分析试样。对于分装在小容器里的液体物料，应从每个容器里取样，然后混匀作为分析试样。

如采取水样时，应根据具体情况，采用不同的方法。当采取水管中或有泵水井中的水样时，取样前需将水龙头或泵打开，先放水10~15min，然后再用干净瓶子收集水样至满瓶即可。采取池、江、河中的水样时，采取不同水点、不同深度、不同位置多点取样，以便得到有充分代表性的样品。

3. 固体试样的采取和制备

（1）采样　金属材料、化工产品等固体物料，如果是特别均匀的，只要任意采取一部分即可。

组成很不均匀的分析对象多数是一些颗粒大小不均匀、组分混杂不齐的固体物料，如矿石、煤炭、土壤等，选取具有代表性的试样是一项复杂的工作。在取样时，应根据分析对象存放情况和颗粒大小，从不同部位（上、中、下、内、外等）和不同深度选择多个采样点，并按照适当的比率（大小不同的颗粒），采取许多份小样，合并集中为原始试样。采取试样的量一般按下面经验公式计算：

$$Q=Kd^2$$

式中　Q——须采取试样的最小质量，kg；

d——试样中最大颗粒的直径，mm；

K——经验常数，由实验测得。

例如，采取某一矿石的试样，若矿石的最大颗粒直径为10mm，K=0.12，则应采取试样的最小质量为：

$$Q = Kd^2=0.12\times 10^2=12\text{kg}$$

（2）制备　原始试样经过粉碎、过筛、混匀和缩分四个步骤才能制备成分析试样。其具体过程如下：原始试样经机械粉碎、研磨等方法处理后，获得细小颗粒，再经规定尺寸的分样筛筛分，对不能过筛的大颗粒应继续粉碎，直至全部通过筛子，切不可将粗粒弃去，然后再用手铲将其混匀。

混匀后的样品再用缩分法缩分。缩分是为了使试样量减少，且保证缩分后的试样不失去其代表性。常用的缩分法是“四分法”：即将粉碎、混匀后的试样堆成圆锥形，然后压平顶部，通过顶部中间分为四等份（划十字形），弃去任意对角的两份，留下另一对角的两份再重新混匀，这样试样就缩减了一半。如果保留的试样仍太多，可再进行粉碎和缩分，直至获得分析所需的用量为止。四分法如图8-1所示。

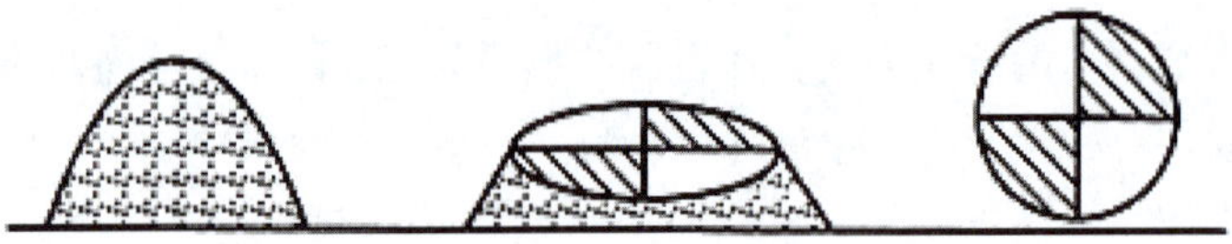

图8-1　四分法取样图

知识点二　试样的分解

定量化学分析一般都采用湿法分析，即先要将试样分解后使被测组分进入溶液，再进行测定。在分解试样时，有以下三点要求：

①试样分解必须完全，处理后的溶液中不得残留原试样的细屑或粉末；

②试样分解过程中待测组分不应挥发损失；

③试样分解过程中不应引入被测组分和干扰物质。

根据试样的性质和测定方法的不同，选择正确的试样分解方法，是保证分析工作顺利进行的重要一环。

一、溶解法

溶解法是采用适当的溶剂将试样溶解制成溶液的方法，这种方法比较简单、快速。常用的溶剂有水、酸和碱等。

1. 水溶法

溶于水的试样一般是可溶性盐类和其他可溶性物料，如硝酸盐、醋酸盐、铵盐、绝大多数的碱金属化合物、大部分的氯化物及硫酸盐等。对于不溶于水的试样，则采用酸或碱溶解。

2. 酸溶法

酸溶法是利用酸的酸性、氧化性、还原性及配位性，使试样溶解的方法。合金、部分金属氧化物、硫化物、碳酸盐矿物和磷酸盐矿物等常采用此法溶解。

常用的酸溶剂有盐酸（HCl）、硝酸（HNO_3）、硫酸（H_2SO_4）、磷酸（H_3PO_4）、高氯酸（$HClO_4$）、氢氟酸（HF）以及它们的混合酸。

混合酸比单一酸具有更强的溶解能力，在实际工作中经常使用，以提高溶解效率。如王水（用3份浓盐酸与1份浓硝酸混合制成）可溶解金、铂等贵重金属、合金、硫化汞等。常用的混合酸有王水、H_2SO_4–H_3PO_4、H_2SO_4–HNO_3、H_2SO_4–HF、H_2SO_4–$HClO_4$等。

3. 碱溶法

碱溶法是利用碳酸钠（Na_2CO_3）、氢氧化钠（NaOH）、过氧化钠（Na_2O_2）等碱性溶剂使试样溶解的方法。常用于溶解两性金属、合金及氧化物，如铝、锌及氧化铝、三氧化二砷等。

二、熔融法

熔融法是将试样与酸性或碱性固体熔剂混合，在高温下发生复分解反应，使试样中的全部组分转化为易溶于水或酸的化合物的方法。由于熔融时加入大量熔剂会给试液引入杂质，只有在采用溶解法不能分解试样时，才采用熔融法。熔融法分为酸熔法和碱熔法。

1. 酸熔法

酸熔法是使用酸性熔剂以分解碱性试样的方法。

常用的酸性熔剂有焦硫酸钾（$K_2S_2O_7$）和硫酸氢钾（$KHSO_4$）。在高温下分解产生的SO_3能与碱性氧化物反应。例如灼烧过的Fe_2O_3或Al_2O_3不溶于酸，但能被焦硫酸钾熔融。

$$Fe_2O_3+3K_2S_2O_7 \xlongequal{高温} Fe_2(SO_4)_3+3K_2SO_4$$

熔块易溶于水中。焦硫酸钾常用于分解碱性或中性氧化物矿石以及碱性或中性耐火材料。

2. 碱熔法

碱熔法是使用碱性熔剂分解酸性试样的方法。

常用的碱性熔剂有Na_2CO_3、K_2CO_3、NaOH、Na_2O_2和它们的混合熔剂等。它们可以分解硅酸盐、磷酸盐、铬铁矿石、钒合金、锌矿石、砷化物矿石、硫化物矿石等。碱熔法严重腐蚀瓷坩埚，故可选用铂、铁、镍、银等材质的坩埚进行熔融。

三、烧结法

烧结法又称半熔法，是使试样与固体熔剂混合，在低于熔点的温度下，加热至熔结（半熔物烧结成整块），使试样转化分解。

常用的固体混合熔剂有Na_2CO_3–ZnO或Na_2CO_3–MgO。烧结法常用于矿石或煤中硫的测定。用Na_2CO_3-ZnO熔剂烧结，使其中的硫转变成硫酸钠。这里Na_2CO_3起熔剂的作用，ZnO起疏松和通气的作用，以使空气中的氧将硫化物氧化为硫酸盐，用水浸取使硫酸根离子形成钠盐进入溶液中。

四、干式灰化法

干式灰化法是在一定温度和气氛下加热，使待测物质分解、灰化，留下的残渣再用适当的溶剂溶解。包括定温灰化法及氧瓶燃烧法两种形式。

1. 定温灰化法

将试样置于蒸发皿或坩埚中，在空气中于一定温度范围（400~700℃）加热分解、灰化，所得残渣用适当溶剂溶解后进行测定。常用于测定有机物和生物试样中的无机元素，如铬、铁、锌、锑、钠等。

2. 氧瓶燃烧法

将试样包在定量滤纸中，用铂丝固定，放入充满O_2的密闭烧瓶中燃烧，瓶内可用适当的吸收剂吸收燃烧产物，然后进行测定。常用于有机物中卤素、硫、磷、硼等元素的测定。

五、湿式消化法

湿式消化法是使用硝酸和硫酸或硫酸、硝酸与高氯酸混酸作为溶剂与试样一同加热煮沸分解。常用于有机物中卤素、硫、氮、磷等元素的测定。

湿式消化法的优点是速度快，缺点是因加入试剂而引入杂质。因此必须保证所加溶剂的纯度，否则会因溶剂的不纯而引入杂质。

不同的样品，采取、制备与分解的方法及过程是有一定的差异的，应根据具体样品参阅相关的国家标准或行业标准进行。符号“GB”代表强制性国家标准，“GB/T”代表推荐性国家标准，“ISO”代表国际标准。例如，化工样品可参考国家标准GB/T 6678—2003《化工产品采样总则》，食品样品可参考国家标准GB/T 5009.1—2003《食品卫生检验方法　理化部分　总则》。

知识点三　干扰组分的分离方法

在定量分析中，当试样比较简单，且彼此不干扰测定时，将试样分解后制成溶液，可直接测定被测组分。但在实际工作中，通常遇到的试样组成比较复杂，在测定时，彼此互相发生干扰，就必须在测定前选择适当的方法除去干扰物质。消除干扰比较简单的手段是控制分析条件、采用特效试剂提高方法的选择性或使用掩蔽剂，但是有些干扰采用这些方法不能使之消除，必须把待测组分与干扰组分分离。

分离必须达到使干扰组分减少至不干扰被测组分测定的程度，而且被测组分在分离过程中的损失，要小到其造成的分析误差在要求的允许误差范围之内。被测组分的损失，用回收率来（*R*）衡量。

$$\text{回收率}(R)=\frac{\text{分离后测得的被测组分量}}{\text{试样中被测组分的总量}}\times 100\% \qquad (8\text{-}1)$$

回收率越高越好。随着被测组分含量的不同，对回收率的要求也不同。对含量为1%以上的待测组分，一般要求回收率>99.9%；对含量为0.01%~1%的待测组分，要求回收率>99%；对含量<0.01%的痕量组分，要求回收率为90%~95%。

常用的分离方法有沉淀分离法、溶剂萃取分离法、离子交换分离法、色谱分离法、挥发和蒸馏分离法等。

一、沉淀分离法

沉淀分离法是利用沉淀反应选择性地沉淀某些离子，而其他离子则留于溶液中，从而达到分离的目的。沉淀分离法的主要依据是溶度积原理。

沉淀分离法可分为无机沉淀剂分离法、有机沉淀剂分离法和共沉淀分离法。

（一）无机沉淀剂分离法

1. 氢氧化物沉淀分离

大多数金属离子都能生成氢氧化物沉淀，氢氧化物沉淀的形成与溶液中[OH^-]有直接关系。由于各种氢氧化物沉淀的溶度积有很大差别，因此可以通过控制酸度使某些金属离子相互分离。常用的沉淀剂有NaOH、氨水、ZnO悬浮溶液等。

表8-1列出了常见金属离子沉淀为氢氧化物的pH。可通过控制溶液的pH达到分离的目的。

表8-1　常见金属离子沉淀为氢氧化物的pH（离子浓度*c*=0.01mol/L）

氢氧化物	开始沉淀时的pH	沉淀完全时的pH
$Sn(OH)_4$	0.5	1.3
$Sn(OH)_2$	1.7	3.7
$Fe(OH)_3$	2.2	3.5
$Al(OH)_3$	4.1	5.4
$Cr(OH)_3$	4.6	5.9
$Zn(OH)_2$	6.5	8.5

续表

氢氧化物	开始沉淀时的pH	沉淀完全时的pH
$Fe(OH)_2$	7.5	9.5
$Ni(OH)_2$	6.4	8.4
$Mn(OH)_2$	8.8	10.8
$Mg(OH)_2$	9.6	11.6

氢氧化物沉淀分离的选择性较差，且共沉淀现象严重，在应用中，应严格按照无定形沉淀条件进行沉淀分离，以改善沉淀性能及减少共沉淀。

2. 硫化物沉淀分离

许多金属离子都能形成硫化物沉淀，且这些硫化物的溶解度相差较大，控制溶液中硫离子的浓度，可使一些金属离子生成硫化物沉淀，从而与另一些在此条件下不能生成硫化物沉淀的金属离子彼此分离。

常用的沉淀剂是H_2S。将H_2S通入溶液，溶液中硫离子的浓度受溶液酸度的控制，酸度越小，硫离子浓度越大。因此，通过控制溶液酸度就可以控制硫离子浓度，从而达到分离金属离子的目的。例如，当pH=2时，通入H_2S可使Ag^+、Pb^{2+}、Cu^{2+}等沉淀析出，与Fe^{2+}、Mn^{2+}、Co^{2+}、Ni^{2+}分离；当pH=5~6时，Fe^{2+}、Zn^{2+}、Co^{2+}、Ni^{2+}等均沉淀析出，与Mn^{2+}分离。

控制溶液的酸度，大多采用缓冲溶液。

硫化物沉淀分离的选择性较差，共沉淀现象严重，分离效果也不理想。由于H_2S有毒、气味恶臭，所以应用不广泛，使用硫代乙酰胺代替H_2S较好。

（二）有机沉淀剂分离法

使用有机沉淀剂，可使许多金属离子生成难溶于水而易溶于有机溶剂的螯合物或离子缔合物沉淀，达到分离的目的。

常见的有机沉淀剂有：8–羟基喹啉、丁二酮肟、四苯硼酸钠、氯化四苯砷。

有机沉淀剂与无机沉淀剂比较具有以下优点：

（1）沉淀组成恒定只需烘干就可称重，沉淀物摩尔质量较大，有利于提高分析的准确度；

（2）具有较高的选择性　试剂种类繁多，性质各异，不同的沉淀需要选择不同的试剂；

（3）共沉淀现象少　沉淀对无机杂质吸附能力弱，易获得纯净沉淀，分离效果好。

有机沉淀剂分离法在实际工作中得到广泛应用。

（三）共沉淀分离法

利用共沉淀现象，以某种沉淀作载体，将一些待测的微量、痕量组分定量地沉淀下来，达到分离的目的。例如，天然水中痕量铅的测定，因含量太低，难以直接测定，可向水中加入Na_2CO_3及适量的Ca^{2+}，使水中的Ca^{2+}生成$CaCO_3$沉淀，则痕量的Pb^{2+}随$CaCO_3$共沉淀析出。然后将$CaCO_3$沉淀溶于少量酸中，则使Pb^{2+}与被测试液分离，而且提高了Pb^{2+}的浓度，实现测定。

共沉淀分离所用的共沉淀剂，也称载体，如生成的$CaCO_3$是载体，Pb^{2+}是被载体载带的离子，常用的共沉淀剂一般分为无机共沉淀剂和有机共沉淀剂两种。

无机共沉淀剂对微量组分的共沉淀作用主要是通过表面吸附或混晶等方式进行共沉淀分离的，多数是一些金属的氢氧化物和硫化物。常用的无机共沉淀剂有$Fe(OH)_3$、$Al(OH)_3$、$MnO(OH)_2$、$CaCO_3$、$BaSO_4$、$SrSO_4$等。

有机共沉淀剂对微量组分的共沉淀作用不是靠表面吸附或形成混晶，而是首先把无机离子（微量组分）转化为疏水化合物，然后用与其结构相似的有机共沉淀剂将其卸载下来。常用的有机共沉淀剂有辛可宁、动物胶、甲基紫、亚甲基蓝等。

二、溶剂萃取分离法

溶剂萃取分离法是根据物质在两种互不混溶的溶剂中分配特性不同而进行分离的方法。在一定条件下，向待分离物质的水溶液中加入与水不混溶的有机溶剂一起振荡，然后搁置分层，使一些组分进入有机相，另一些组分仍留在水相中，从而达到相互分离的目的。使物质从水相进入有机相的过程称为萃取。

通常把溶于水的物质称为亲水性物质，把难溶于水或不溶于水而易溶于有机溶剂的物质称为疏水性物质。

无机离子大多数是亲水性的，在用有机溶剂萃取前，先向溶液中加入某种试剂，使待萃取的离子转化为疏水性物质，然后再进行萃取，这种能将待萃取离子由亲水性转化为疏水性的试剂，称为萃取剂。能溶解疏水性物质的有机溶剂，称为萃取溶剂。

萃取过程的本质是将待分离组分由亲水性转化为疏水性，进入有机溶剂而与其他组分分离。

例如，Ni^{2+}在水中以水合离子$[Ni(H_2O)_6]^{2+}$形式存在，是亲水的，在pH=9的氨性溶液中加入丁二酮肟，使其与Ni^{2+}形成具有疏水性的螯合物——丁二酮肟镍，丁二酮肟就是萃取剂，生成的丁二酮肟镍易被有机溶剂（如$CHCl_3$）萃取，有机溶剂（如$CHCl_3$）就是萃取溶剂。

一般来讲，与水不相溶的有机溶剂均可作为萃取溶剂。如苯、环己烷、戊醇、氯仿、四氯化碳、醚、酮、酯、胺等都是萃取分离中常用的萃取溶剂。

萃取分离法具有以下特点：所用仪器设备简单（只需分液漏斗就行），操作简便、快速，既可用于分离有机物，又可用于分离无机物；不仅能用于常量组分的分离，而且在微量及痕量组分的分析中占有十分重要的地位。

三、离子交换分离法

离子交换分离法是利用离子交换树脂与溶液中的离子发生交换反应进行分离的方法。主要用于无机离子的分离，对在水中能离解的有机物也可分离，在干扰组分分离中广泛应用。

1. 离子交换树脂

离子交换树脂是具有网状结构的复杂的有机高分子聚合物。网状结构的骨架部分很稳定，不溶于酸、碱和一般的溶剂。在网状结构的骨架上有许多可被交换的活性基团。根据活性基团的不同，离子交换树脂可分为阳离子交换树脂和阴离子交换树脂两大类。

（1）阳离子交换树脂　在离子交换反应中能交换阳离子的树脂称为阳离子交换树脂。这类树脂都含有酸性活性基团，如$—SO_3H$、$—PO_3H_2$、—COOH、—OH等基团。基团上的氢离子能与溶液中的阳离子交换。根据活性基团离解产生氢离子能力的不同，又可分为强酸型和弱酸型阳离子交换树脂。

强酸型阳离子交换树脂含有磺酸基（$—SO_3H$），用RSO_3H表示；弱酸型阳离子交换树脂含有羧基（—COOH）或酚羟基（—OH），用RCOOH、ROH表示。

强酸型阳离子交换树脂具有很好的化学稳定性和较强的耐磨性，在酸性、碱性和中性溶液中都可以使用，应用较为广泛。弱酸型阳离子交换树脂的交换能力受溶液酸度影响较大，羧基在$pH>4$、酚羟基在$pH>9.5$时才能与离子进行交换。

（2）阴离子交换树脂　在离子交换反应中能交换阴离子的树脂称为阴离子交换树脂。这类树脂都含有碱性活性基团，如$—N(CH_3)_3^+$、$—NH_2$、$—N(CH_3)_2$，水化后基团上含有的OH^-与溶液中的阴离子发生离子交换作用。根据所含活性基团的碱性强弱，可分为强碱型和弱碱型阴离子交换树脂。

强碱型阴离子交换树脂，如$R—N(CH_3)_3OH$（水化后），在酸性、碱性溶液中都可使用。弱碱型阴离子交换树脂，如$R—NH_3OH$（水化后）等，在碱性溶液中无交换能力，只能在酸性和中性溶液中使用。

2. 离子交换分离操作

离子交换分离过程一般在离子交换柱中进行。实验室所用的离子交换柱可用普通玻璃加工而成或用滴定管代替，如图8-2所示。

首先选择合适的离子交换树脂，经浸泡处理后，装入交换柱中。装柱时，

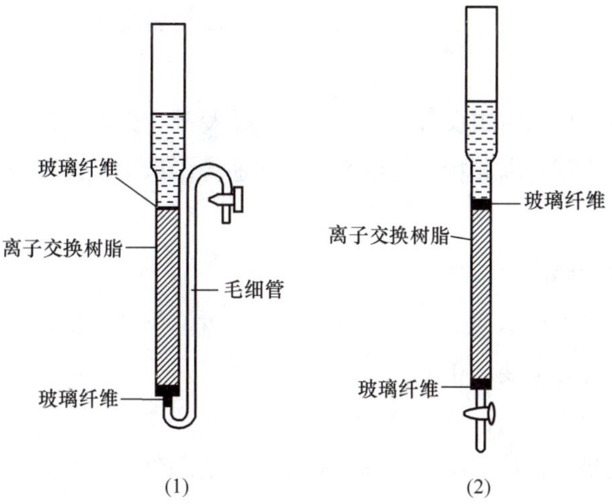

图8-2　离子交换柱

先在柱管底部装填少量玻璃纤维，柱管注满蒸馏水，倒入一定量的处理好的树脂，让其自然沉降到一定高度。最上端再装填适量玻璃纤维，做成交换柱装置。最后将待交换的溶液慢慢倾入交换柱上，控制适当的流速，进行交换，使待交换离子留在柱内的树脂上，不发生交换反应的物质随流出液流出，从而达到分离的目的。

3. 离子交换分离法的应用

（1）制备去离子水　天然水中常含有一些无机盐类，为了除去这些无机盐类以便将水净化，可将水通过强酸型阳离子交换树脂，除去各种阳离子后，再通过强碱型阴离子交换树脂，除去各种阴离子。

如以$CaCl_2$代表水中的盐类，过程如下。

首先用强酸型阳离子交换树脂除去水中的Ca^{2+}、Mg^{2+}等其他阳离子：

$$2R-SO_3H+Ca^{2+} = (R-SO_3)_2Ca+2H^+$$

再通过强碱型阴离子交换树脂，除去各种阴离子：

$$RN(CH_3)_3OH+Cl^- = RN(CH_3)_3Cl+OH^-$$

交换下来的H^+和OH^-结合成H_2O，这样就可以得到不含溶解盐的去离子水，它可代替蒸馏水使用。交换柱经再生后可以循环使用。

（2）干扰离子的分离　离子在离子交换树脂上的交换能力称为离子交换树脂对离子的亲和力。不同的离子在树脂上的亲和力不同，例如，在低浓度、常温下，价态为正一价的阳离子对于强酸型阳离子交换树脂的亲和力顺序是：

$$Li^+ < H^+ < Na^+ < K^+ < NH_4^+ < Rb^+ < Cs^+ < Tl^+$$

根据离子亲和力的差别，选用适当的洗脱剂可将性质相近的离子分离。例如欲分离Li^+、Na^+、K^+三种离子，将试液通过强酸型阳离子树脂交换柱，则三种离子均被交换在树脂上，然后用稀HCl洗脱，亲和力最小的Li^+先流出柱外，其次是Na^+，而亲和力最大的K^+最后流出来。若分别接取各段流出液，三种离子就被分离了。

离子交换分离法所用设备简单，操作也不复杂，交换容量可大可小，树脂可以反复再生使用，因此在工业生产及分析研究中应用相当广泛。

四、色谱分离法

色谱法又称层析法或色层法，是利用各组分的物理化学性质的差异，使各组分不同程度地分配在两相中。一相是固定相，另一相是流动相。由于各组分受到两相的作用力不同，从而使各组分以不同的速率移动，达到分离的目的。根据流动相的状态，色谱法又可分为液相色谱法和气相色谱法。

色谱分离法按操作的形式不同，可分为柱色谱法、纸色谱法和薄层色谱分离法。

（一）柱色谱法

将固体吸附剂（如氧化铝、硅胶、活性炭等）装填在管柱中，制备成色谱柱。将待分离的试液从柱上端加入，若试液中含有A、B两种组分，此时A和B被吸附剂吸附在柱的上端，形成一个色带。再用一种洗脱剂作为流动相来冲洗色谱柱，A和B组分遇到洗脱液后从吸附剂上被洗脱下来，但遇到新的吸附剂时又重新被吸附上去，因而在洗脱过程中A和B组分在固定相与流动相之间连续不断地发生解吸、吸附、再解吸、再吸附。由于吸附剂对A、B两组分的吸附能力不同，因而A和B组分就可以完全分开，形成两个环带，若两组分是有色的，则能看到两个色带。若继续冲洗，则A先被洗出，B最后被洗出，分别收集流出液，再用适当方法进行组分测定。

柱色谱分离过程如图8-3所示。

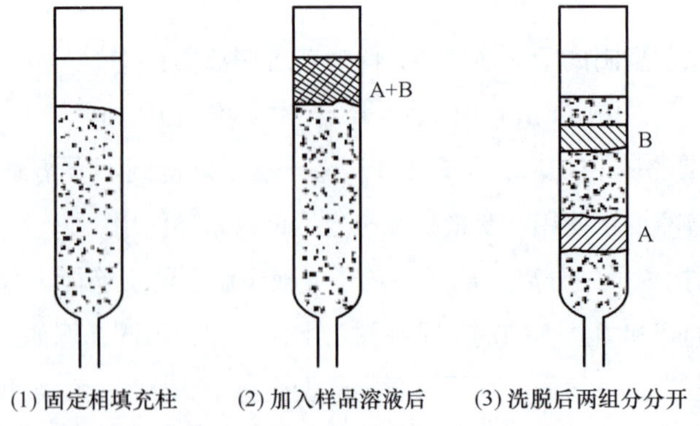

图8-3　柱色谱分离过程示意图

（二）纸色谱法

纸色谱法（简称PC）是利用滤纸作为载体进行色谱分离的方法。

滤纸纤维素吸附着的水分是固定相，沿着滤纸流动的有机溶剂是流动相（又称展开剂）。

纸色谱分离法如图8-4所示。先将滤纸放在含饱和水蒸气的空气中，滤纸吸收水分（一般在20%左右）作为固定相，在滤纸的下端点上欲分离的试液，然后挂在加盖的玻璃缸（色谱筒）内，让纸条下端浸入流动相中，但不要将点样点（又称“原点”）接触液面。流动相由于滤纸的毛细管作用，沿滤纸向上展开，当流动相接触到点在滤纸上的试样点（原点）时，试样中的各组分将随溶剂上升展开，由于固定相对各组分吸附能力的不同，各组分上升速度不同，一定时间后，溶剂前沿上升到接近滤纸条的上沿，各组分上升到不同的高度位置，形成斑点，达到组分间的分离。

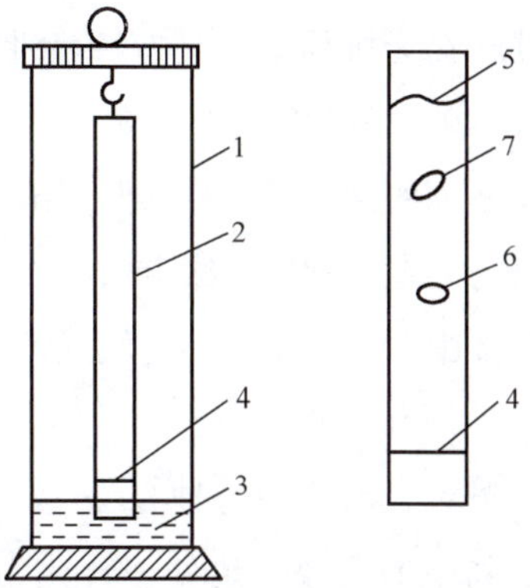

图8-4　纸色谱法示意图

1—色谱筒　2—滤纸条　3—展开剂

4—原点　5—溶剂前沿　6，7—斑点

纸色谱法设备简单，易于操作，应用范围广，既可用于有机物质、生化物质和药物的分析，又可用于无机物的分离，由于它需用的试样量很少（μg级），因而在贵重金属和微量元素的分离中发挥了很重要的作用，是一种微量分离法。

（三）薄层色谱法

薄层色谱法（简称TLC）是在纸色谱法的基础上发展起来的。它是将吸附剂（氧化铝、硅胶、纤维素粉等）铺在平滑的玻璃板上，铺成均匀的薄层作为固定相，以展开剂作流动相，被分离的组分就在薄层和展开剂之间不断地发生溶解、吸附、再溶解、再吸附的分配过程，从而达到分离的目的。如图8-5所示。

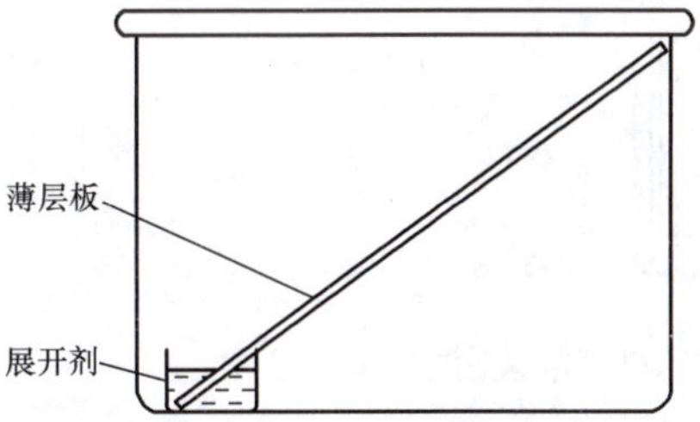

图8-5　薄层色谱装置

色谱分离法操作简便，不需要很复杂的设备，样品用量可大可小，既能用于实验室的分离分析，也适用于产品的制备和提纯；如果与有关仪器结合，可组成各种自动的分离分析仪器。因此，在医药卫生、环境保护、生物化学等领域中已成为经常使用的分离分析方法。

五、挥发和蒸馏分离法

挥发和蒸馏分离法是利用物质的挥发性的差异进行分离的一种方法，可以用于除去干扰组分，也可以使被测组分定量分出后再测定。

在无机物中，具有挥发性的物质并不多，因此这种方法选择性较高。例如，砷的氢化物，硅的氟化物，锗、砷、锑、锡的氯化物都具有挥发性。可控制不同的馏出温度将它们蒸出，用一合适的吸收液吸收，便可选用适宜的方法进行测定。例如，测定水中或食品等试样中的微量砷时，先用锌粒和稀硫酸将试样中的砷还原成砷化氢气体，经挥发和收集后，可用比色等方法进行测定。

在有机分析中，也常用挥发和蒸馏分离法，例如C、H、O、N、S等元素的测定，即采用这种方法。不管是无机物还是有机物中氮的测定，都是将化合物中的氮经一定处理转化为NH_4^+，然后在浓碱存在下将NH_3蒸出来并用酸吸收，然后测定。在环境监测中，如Hg、CN^-、SO_2、S^{2-}、F^-、酚类等有毒物质，都是用蒸馏分离法分离富集，然后选用适当的方法测定。图8-6为挥发酚和氰化物蒸馏装置示意图。

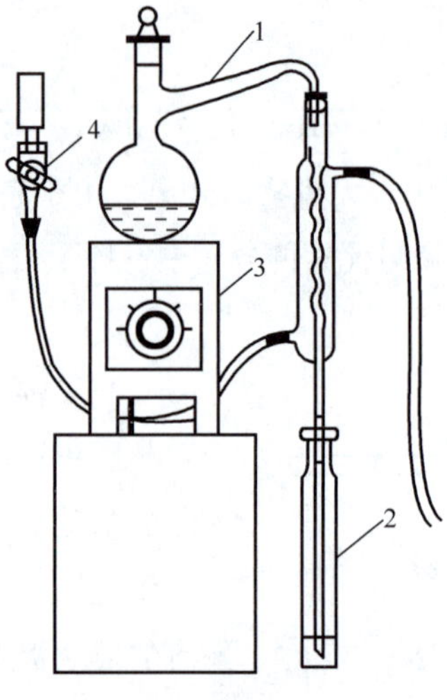

图8-6　测定挥发酚、氰化物蒸馏装置图

1—全玻璃蒸馏装置　2—接收瓶　3—电炉　4—水龙头

知识点四　测定方法的选择

在定量分析中，一种组分可用多种方法测定，例如铁的测定，就有氧化还原滴定法、配位滴定法、质量分析法、电位滴定法和分光光度法。要获得符合要求的测定结果，选用哪一种测定方法必须根据不同情况予以考虑。一般从以下几个方面进行测定方法的选择。

1. 根据测定的具体要求选择

首先要明确测定的目的和要求，确定测定组分、准确度以及要求完成测定的速度。例如对标样分析和成品分析，准确度是主要的。对高纯物质中痕量组分的测定，灵敏度是主要的。而对生产过程中的控制分析，速度便成为主要考虑的问题。例如，测定标准钢样中硫的含量时，一般采用准确度较高的重量法，而炼钢炉前硫的控制分析则采用分析速度快的燃烧容量法。所以应根据分析的目的要求选择适宜的分析方法。

2. 根据被测组分的性质选择

了解被测组分的性质，有助于选择合适的测定方法。例如酸、碱性物质首先考虑酸碱滴定法，被测物为金属离子时可用EDTA配位滴定法，有氧化性或还原性的物质可用氧化还原滴定法等。

3. 根据被测组分的含量范围选择

常量组分的测定，一般采用滴定分析法和重量分析法，其相对误差可达千分之几，能达到测定准确度的要求。测定微量组分应选用灵敏度比较高的仪器分析法，其相对误差一般在百分之几，虽然相对误差比较大，但已能满足微量分析的要求。

4. 根据共存组分的影响选择

在选择分析方法时，必须考虑共存组分对测定的影响，尽量采用选择性较好的分析方法。如果没有适宜的方法，则应改变测定条件，加入掩蔽剂以消除干扰，或通过分离除去干扰组分之后，再进行测定。

5. 根据实验室的条件选择

选择分析方法时，还要考虑实验室是否具备所需的条件。比如实验室现有仪器的精密度、灵敏度和试验所用的试剂、水的纯度，以及操作人员的技术水平等是否满足分析方法的要求。

总之，一个理想的分析方法应该是选择性高、检出限低、灵敏度高、准确度高、操作简便的方法。但在实际工作中，这样的方法难以找到，所以在选择分析方法时，我们必须根据试样的组成及其组分的性质和含量、测定的要求、存在的干扰组分和本单位实际情况，选择一个较为合适的分析方法。

知识点五 分析结果的评价

分析过程由于受各种因素的影响，不可避免地会有误差。所以，分析过程要进行质量控制，同时要采用有效的方法，评价分析结果的可靠性或质量。质量评价就是判断分析结果是否可取，找出误差的来源，并进行校正。

质量评价的方法有“实验室内”和“实验室间”的质量评价。

实验室内的质量评价包括：通过多次重复测定确定偶然误差；用标准物质或其他可靠的分析方法检验系统误差；互换仪器以发现仪器误差；交换操作者以发现操作误差；绘制质量控制图及时发现测定过程中的问题。

实验室间的质量评价是由权威机构或由一个中心实验室将已知准确组成的试样分发给各参加评价的实验室，考察各实验室的工作质量，评价这些实验室间是否有明显的系统误差。

思考练习

一、名词解释

四分法　酸溶法　碱溶法　熔融法　沉淀分离法　溶剂萃取分离法　离子交换分离法　色谱分离法　挥发与蒸馏分离法

二、填空题

1. 试样的采取和制备要求是________________________。
2. 对于不同的分析对象，试样的采取和制备的方法____________，采样时应该根据____________等决定。
3. 对于组成不均匀的固体物料，采取试样量的计算公式是________。
4. 固体试样经过________、________、________和________四个步骤才能制备成分析试样。
5. 酸熔法是指____________________。常用的酸性熔剂有________和________。
6. 碱熔法是指____________________。常用的碱性熔剂有________。
7. 无机物的分解方法有________、________、________。
8. 符号“GB”代表__________，“GB/T”代表__________，“ISO”代表________。
9. 常用的分离方法有________、________、________、________、和________。
10. 色谱分离法包括________、________和________三种。

三、选择题

1. 在国家行业标准的代号与编号GB/T 601—2002中，GB/T是指（　　）。

A. 强制性国家标准　　B. 推荐性国家标准

C. 推荐性化工部标准　　D. 强制性化工部标准

2. 萃取过程的本质可表达为（　　）。

A. 被萃取物质形成离子缔合物的过程

B. 被萃取物质在两相中分配的过程

C. 将被萃取物质由亲水性转化为疏水性的过程

D. 将被萃取物质由疏水性转化为亲水性的过程

3. 以下不是萃取剂的是（　　）。

A. 苯　　B. 氯仿　　C. 盐酸　　D. 四氯化碳

4. 采样的基本目的是从被测的总体物料中取得（　　）的样品。

A. 部分　　B. 任意　　C. 所有　　D. 有代表性

5. 欲分离Li^+、Na^+、K^+三种离子，将试液通过阳离子树脂交换柱，然后用稀HCl洗脱，则（　　）。

A. Li^+先流出柱外　　B. K^+先流出柱外

C. Na^+先流出柱外　　D. 三种离子同时流出柱外

6. 测定矿石中的硫，分解试样时采用的方法是（　　）。

A. 溶解法　　B. 烧结法　　C. 熔融法　　D. 干式灰化法

7. 分解有机物或生物试样应采用的方法是（　　）。

A. 水溶法　　B. 熔融法　　C. 烧结法　　D. 干式灰化法

8. 欲测定某水样中的挥发酚含量，分离富集挥发酚的方法是（　　）。

A. 沉淀分离法　　B. 蒸馏分离法

C. 离子交换分离法　　D. 溶剂萃取分离法

9. 测定天然水中的痕量铅，可采用（　　）使Pb^{2+}与被测试液分离。

A. 共沉淀分离法　　B. 有机沉淀剂分离法

C. 无机沉淀剂分离法　　D. 溶剂萃取分离法

10. 浓盐酸和浓硝酸以（　　）的比例混合而成的混酸称为“王水”。

A. 1∶1　　B. 1∶3　　C. 3∶1　　D. 3∶2

四、判断题

1. 采集矿石、煤炭、土壤等样品时，只要任意采取一部分即可。（　　）

2. 制备固体分析样品时，当部分采集的样品很难破碎和过筛，则该部分样品可以弃去不要。（　　）

3.无论均匀或不均匀物料的采集，都要求不能引入杂质，避免引起物料的变化。（　　）

4.四分法缩分样品，弃去相邻的两个扇形样品，留下另两个相邻的扇形样品。（　　）

5. 分析检验的目的是获得样本的情况，而不是获得总体物料的情况。（　　）

6. 分解有机物或生物样品，一般用干式灰化法或湿式消化法。（　　）

7. 去除天然水中的无机盐类，可将水先通过强酸型阳离子交换树脂，再通过强

碱型阴离子交换树脂。（　　）

8. 进行化学定量分析时，对所分离组分要求回收率大于99.9%。（　　）

9. 萃取过程的本质是将待分离组分由亲水性转化为疏水性，进入有机溶剂而与其他组分分离。（　　）

10. Na^+、K^+、Rb^+与阳离子交换树脂进行交换时，交换能力最大的是Rb^+。（　　）

五、简答与计算题

1. 物质的定量分析过程一般包括哪些步骤？
2. 试样的采取和制备的要求是什么？
3. 如何采取和制备组成不均匀的固体试样？
4. 分解试样有哪些要求？
5. 常用的分解试样的方法有哪些？
6. 用酸溶法分解试样时，常用的溶剂有哪些？
7. 常用的分离方法有哪些？简述这些方法的分离原理。
8. 简述柱色谱法、纸色谱法、薄层色谱法的操作方法。
9. 选择测定方法应注意哪些问题？
10. 实验室内的质量评价内容有哪些？

阅读与拓展

资料一　膜分离技术

膜分离技术是在20世纪初出现，20世纪60年代后迅速崛起的一门分离新技术。

膜分离技术是指在分子水平上不同粒径分子的混合物在通过半透膜时，实现选择性分离的技术。半透膜又称分离膜，膜壁布满小孔，根据孔径大小可以分为：微滤膜（MF）、超滤膜（UF）、纳滤膜（NF）、反渗透膜（RO）等；根据材料的不同，可分为无机膜和有机膜，无机膜主要是陶瓷膜和金属膜，其过滤精度较低，选择性较小。有机膜是由高分子材料做成的，如醋酸纤维素、芳香族聚酰胺、聚醚砜、聚氟聚合物等。

由于膜分离技术兼有分离、浓缩、纯化和精制的功能，又有高效、节能、环保、分子级过滤及过滤过程简单、易于控制等特征，它已经得到世界各国的普遍重视。在能源紧张、资源短缺的今天，产业界和科技界把膜技术视为21世纪工业技术改造中的一项极为重要的新技术。曾有专家指出：谁掌握了膜技术谁就掌握了化学工业的明天。

我国膜科学技术的发展是从1958年研究离子交换膜开始的。20世纪60年代进入开创阶段。1965年着手反渗透的探索，1967年开始的全国海水淡化会战，大大促进了我国膜科技的发展。70年代进入开发阶段。这时期，微滤、电渗析、反渗透和超滤等各种膜和组器件都相继研究开发出来，80年代在食品加工、海水淡化、纯水、超纯水制备、医药、生物、环保等领域得到了较大规模的开发和应用阶段。

目前，已在工业上大规模应用的有微滤、超滤、纳滤、反渗透、渗析等膜分离技术。在环境工程上膜分离技术可用于食品、生物发酵、染料等工艺废水处理，制浆造纸、纺织工业、脱脂废水处理，含油废水处理以及海水淡化等。另外还广泛用于医药、生物、化工、冶金、能源、石油、电子、仿生等领域，产生了巨大的经济效益和社会效益，已成为当今分离科学中最重要的手段之一。

资料二　微波萃取法

微波是指频率在300MHz至300kMHz的电磁波。微波萃取法是利用电磁场的作用使固体或半固体物质中的某些有机物成分与基体有效地分离，并能保持分析对象的原本化合物状态的一种分离方法。

微波萃取法包括试样粉碎、与溶剂混合、微波辐射、分离萃取液等步骤。微波的发生和试样的萃取都是在微波试样的制备系统中进行的，故微波萃取装置一般要求为带有功率选择和控温、控压、控时附件的微波制样设备。

微波萃取法具有以下特点：试剂用量少，节能，污染小；加热均匀，热效率较高；微波萃取过程易于控制；微波萃取无需干燥等预处理，简化了工艺，减少了投资；微波萃取的处理批量较大，萃取效率高，省时（与传统的溶剂提取法相比，可节省50%~90%的时间）；微波萃取的选择性较好，可使目标组分与基体直接分离开来，从而可提高萃取效率和产品纯度；微波萃取的结果不受物质含水量的影响，回收率较高。

基于以上特点，微波萃取法常被誉为“绿色提取工艺”。

微波萃取法的应用范围很广，应用于环境分析、食品分析、生化分析、化工分析及天然产物提取等领域。例如，提取土壤和沉积物中的多环芳烃、杀虫剂、除草剂、多种酚类化合物和其他中性、碱性有机污染物；提取食品中的微量组分，如蔬菜样品中的痕量金属、饮料中的调味剂、肉食品中的药物残留；提取植物中的精油或其他有用物质等。

实训操作

实训 碳酸钙含量的测定

一、目的要求

（1）掌握碳酸钙含量的测定原理、方法。

（2）巩固配位滴定的基本操作。

（3）掌握样品的称量、预处理、溶液的pH的调节和控制原理。

（4）学会做空白试验。

（5）学会使用滴定管校正值、溶液温度校正值进行结果的计算。

二、原理

用HCl溶液将碳酸钙溶解，其反应如下：

$$CaCO_3+2HCl = CaCl_2+H_2O+CO_2\uparrow$$

然后将溶液转移到容量瓶中定容配制成Ca^{2+}试样溶液。吸取一定量试样溶液，调节酸度至pH≥12，加入钙指示剂，钙指示剂与Ca^{2+}形成比较稳定的配离子，此时溶液呈酒红色；用EDTA溶液滴定试样溶液，当溶液由酒红色变纯蓝色，即为终点。反应原理如下：

钙指示剂（以H_3In表示），在水溶液中有如下离解平衡：

$$H_3In \rightleftharpoons 2H^+ + HIn^{2-}$$

在pH≥12的溶液中，HIn^{2-}与Ca^{2+}形成比较稳定的配离子$CaIn^-$，溶液呈酒红色：

$$Ca^{2+}+HIn^{2-} \rightleftharpoons CaIn^-+H^+$$

纯蓝色　　酒红色

当用EDTA溶液滴定时，由于EDTA能与Ca^{2+}形成比$CaIn^-$更稳定的配离子CaY^{2-}，因此近终点时，$CaIn^-$不断转化为CaY^{2-}，使钙指示剂释放出来，溶液由酒红色变为纯蓝色。

$$Ca^{2+}+H_2Y^{2-} \rightleftharpoons CaY^{2-}+2H^+$$

$$CaIn^-+H_2Y^{2-} \rightleftharpoons CaY^{2-} + HIn^{2-} + H^+$$

酒红色　　　　　　纯蓝色

试液中若存在Al^{3+}、Fe^{3+}则对测定有干扰，可在酸性条件下加入三乙醇胺或酒石酸钾钠进行掩蔽。

注：本实训方法参考国家职业技能鉴定《分析工》中级试题。

三、仪器和试剂

1. 仪器

（1）台秤；

（2）分析天平（或电子天平）；

（3）玻璃棒；

（4）称量瓶：40mm × 25mm；

（5）表面皿；

（6）60mL小滴瓶；

（7）量筒（5、50mL）；

（8）漏斗；

（9）250mL容量瓶；

（10）25mL移液管；

（11）洗耳球；

（12）250mL锥形瓶；

（13）胶头滴管；

（14）药匙；

（15）烧杯（250、500mL）；

（16）洗瓶；

（17）50mL酸式滴定管。

2. 试剂

（1）盐酸：1∶1溶液；

（2）氯化钠：固体试剂，分析纯；

（3）氢氧化钠：100g/L溶液；

（4）钙羧酸混合指示剂：将钙羧酸指示剂和氯化钠按1+99的比例置于研钵内充分研细，混匀，置于带磨口塞的广口瓶中备用（少量）；

（5）三乙醇胺：1+3溶液；

（6）乙二胺四乙酸二钠：浓度 c（EDTA）= 0.02mol/L标准溶液；

（7）碳酸钙试样：工业品，105~110℃条件下烘至恒重。

方法中所用试剂应为分析纯试剂；所用水应为蒸馏水或同等纯度的水；所用容量仪器等应校正；若温度不在20℃，结果需进行温度补正（仪器校正和温度补正值由实验室提供）。

四、实训内容

1. 碳酸钙试样测定试验

称量约0.6g在105~110℃条件下烘至恒重的碳酸钙试样（精确到

0.0002g）置于烧杯中，用少量水润湿，盖上表面皿，缓缓加入1＋1盐酸溶液至试样完全溶解，加50mL水，移入250mL容量瓶中（必要时可用中速滤纸过滤，滤液和洗液一并移入容量瓶），加水至刻度，摇匀。移取25.00mL试液置于250mL锥形瓶中，加5mL三乙醇胺溶液和25mL水，用100g/L的氢氧化钠溶液中和后加入少量钙羧酸混合指示剂，再用100g/L的氢氧化钠滴加至酒红色出现，并过量0.5mL，用乙二胺四乙酸二钠标准溶液（c=0.02mol/L）滴定至溶液由酒红色变为纯蓝色。平行测定三次。记录消耗EDTA标准溶液的体积。

2. 空白试验

在不加碳酸钙试样的情况下，按1的操作条件和步骤进行分析试验，平行测定三次。记录消耗EDTA标准溶液的体积。

五、数据记录与结果计算

1. 数据记录

内容 \ 次数		1	2	3
称量瓶和$CaCO_3$试样的质量/g				
倾倒后称量瓶和$CaCO_3$试样的质量/g				
试样$CaCO_3$的质量m/g				
EDTA标准溶液的浓度c（EDTA）/（mol/L）				
试样试验	滴定消耗EDTA溶液的体积/mL			
	滴定管校正值/mL			
	溶液温度补正值/（mL/L）			
	实际滴定消耗EDTA溶液的体积V_1/mL			
空白试验	滴定消耗EDTA溶液的体积/mL			
	滴定管校正值/mL			
	溶液温度补正值/（mL/L）			
	实际滴定消耗EDTA溶液的体积V_2/mL			
试样中被测组分含量/%				
平均值/%				
平行测定结果的极差/%				
极差与平均值之比/%				

2. 结果计算

以质量分数表示$CaCO_3$的含量：

$$CaCO_3含量（\%）=\frac{c(EDTA)(V_1-V_2)\times M(CaCO_3)\times 10^{-3}}{m\times\frac{25}{250}}\times 100$$

$$=\frac{c(EDTA)(V_1-V_2)\times M(CaCO_3)}{m}$$

式中　c（EDTA）——EDTA标准溶液的浓度，mol/L；

V_1——试样滴定消耗EDTA的体积，mL；

V_2——空白试验消耗EDTA的体积，mL；

m——试样的质量，g；

M（$CaCO_3$）——碳酸钙的摩尔质量，g/mol。

六、注意事项

（1）试样用少量水润湿是为了避免加入盐酸溶液时产生大量的二氧化碳，将试样粉末冲起，造成损失。

（2）由于EDTA与金属离子发生配位反应速度较慢，在滴定时速度要慢，边滴加边振荡摇匀，使反应充分，减少误差。

（3）钙指示剂的颜色变化与pH有关，在pH为12~13时与Ca^{2+}形成酒红色配合物，自身呈纯蓝色。所以要用氢氧化钠溶液调节溶液pH为12~13。

七、问题探究

（1）以HCl溶液溶解$CaCO_3$基准物时，操作应注意些什么？

（2）pH对配位反应有何影响？本实验中滴加氢氧化钠的目的是什么？

（3）如何消除金属离子的干扰？

附　录

一　弱酸和弱碱的离解常数（25℃）

名称	化学式	$K_{a(b)}$	$pK_{a(b)}$
硼酸	H_3BO_3	5.8×10^{-10}（K_{a_1}）	9.24
碳酸	H_2CO_3	4.2×10^{-7}（K_{a_1}）	6.38
		5.6×10^{-11}（K_{a_2}）	10.25
砷酸	H_3AsO_3	6.3×10^{-3}（K_{a_1}）	2.20
		1.0×10^{-7}（K_{a_2}）	7.00
		3.2×10^{-12}（K_{a_3}）	11.50
亚砷酸	$HAsO_2$	6.0×10^{-10}	9.22
氢氰酸	HCN	7.2×10^{-10}	9.14
铬酸	$HCrO_4^-$	3.2×10^{-7}（K_{a_2}）	6.50
氢氟酸	HF	7.2×10^{-4}	3.14
亚硝酸	HNO_2	5.1×10^{-4}	3.29
磷酸	H_3PO_4	7.6×10^{-3}（K_{a_1}）	2.12
		6.3×10^{-8}（K_{a_2}）	7.20
		4.4×10^{-13}（K_{a_3}）	12.36
亚磷酸	H_3PO_3	5.0×10^{-2}（K_{a_1}）	1.30
		2.5×10^{-7}（K_{a_2}）	6.60
氢硫酸	H_2S	5.7×10^{-8}（K_{a_1}）	7.24
		1.2×10^{-15}（K_{a_2}）	14.92
硫酸	HSO_4^-	1.2×10^{-2}（K_{a_2}）	1.99
亚硫酸	H_2SO_3	1.3×10^{-2}（K_{a_1}）	1.90

续表

名称	化学式	$K_{a(b)}$	$pK_{a(b)}$
		6.3×10^{-8} (K_{a_2})	7.20
硫氰酸	HSCN	1.4×10^{-1}	0.85
偏硅酸	H_2SiO_3	1.7×10^{-10} (K_{a_1})	9.77
		1.6×10^{-12} (K_{a_2})	11.80
甲酸（蚁酸）	HCOOH	1.8×10^{-4}	3.74
乙酸（醋酸）	CH_3COOH	1.8×10^{-5}	4.74
丙酸	C_2H_5COOH	1.3×10^{-5}	4.89
一氯乙酸	$CH_2ClCOOH$	1.4×10^{-3}	2.86
二氯乙酸	$CHCl_2COOH$	5.0×10^{-2}	1.30
三氯乙酸	CCl_3COOH	0.23	0.64
乳酸	$CH_3CHOHCOOH$	1.4×10^{-4}	3.86
苯甲酸	C_6H_5COOH	6.2×10^{-5}	4.21
邻苯二甲酸	$C_6H_4(COOH)_2$	1.1×10^{-3} (K_{a_1})	2.96
		3.9×10^{-6} (K_{a_2})	5.41
草酸	$H_2C_2O_4$	5.9×10^{-2} (K_{a_1})	1.22
		6.4×10^{-5} (K_{a_2})	4.19
苯酚	C_6H_5OH	1.1×10^{-10}	9.95
水杨酸	$C_6H_4OHCOOH$	1.0×10^{-3} (K_{a_1})	3.00
		4.2×10^{-13} (K_{a_2})	12.38
磺基水杨酸	$C_6H_3SO_3HOHCOOH$	4.7×10^{-3} (K_{a_1})	2.33
		4.8×10^{-12} (K_{a_2})	11.32
乙二胺四乙酸（EDTA）	H_6Y^{2+}	0.1 (K_{a_1})	0.90
	H_5Y^+	3.0×10^{-2} (K_{a_2})	1.60
	H_4Y	1.0×10^{-2} (K_{a_3})	2.00
	H_3Y^-	2.1×10^{-3} (K_{a_4})	2.67
	H_2Y^{2-}	6.9×10^{-7} (K_{a_5})	6.16
	HY^{3-}	5.5×10^{-11} (K_{a_6})	10.26
硫代硫酸	$H_2S_2O_3$	5.0×10^{-1} (K_{a_1})	0.30
		1.0×10^{-2} (K_{a_2})	2.00
苦味酸	$HOC_6H_2(NO_2)_3$	4.2×10^{-1}	0.38
乙酰丙酮	$CH_3COCH_2COCH_3$	1.0×10^{-9}	9.00
邻二氮菲	$C_{12}H_8N_2$	1.1×10-5	4.96

续表

名称	化学式	$K_{a(b)}$	$pK_{a(b)}$
8-羟基喹啉	C_9H_6NOH	9.6×10^{-6}（K_{a_1}）	5.02
		1.55×10^{-10}（K_{a_2}）	9.81
邻硝基苯甲酸	$C_6H_4NO_2COOH$	6.71×10^{-3}	2.17
氨水	$NH_3\cdot H_2O$	1.8×10^{-5}	4.74
联氨	H_2NNH_2	3.0×10^{-6}（K_{b_1}）	5.52
		7.6×10^{-15}（K_{b_2}）	14.12
苯胺	$C_6H_5NH_2$	4.2×10^{-10}	9.38
羟胺	NH_2OH	9.1×10^{-9}	8.04
甲胺	CH_3NH_2	4.2×10^{-4}	3.38
乙胺	$C_2H_5NH_2$	5.6×10^{-4}	3.25
二甲胺	$(CH_3)_2NH$	1.2×10^{-4}	3.93
二乙胺	$(C_2H_5)_2NH$	1.3×10^{-3}	2.89
乙醇胺	$HOCH_2CH_2NH_2$	3.2×10^{-5}	4.50
三乙醇胺	$(HOCH_2CH_2)_3N$	5.8×10^{-7}	6.24
六亚甲基四胺	$(CH_2)_6N_4$	1.4×10^{-9}	8.85
乙二胺	$H_2NCH_2CH_2NH_2$	8.5×10^{-5}（K_{b_1}）	4.07
		7.1×10^{-8}（K_{b_2}）	7.15
吡啶	C_6H_5N	1.7×10−9	8.77
喹啉	C_9H_7N	6.3×10^{-10}	9.20
尿素	$CO(NH_2)_2$	1.5×10^{-14}	13.82

二　几种常用缓冲溶液的配制

pH	配制方法
0	1mol/L HCl 或 HNO_3
1	0.11mol/L HCl 或 HNO_3
2	0.01mol/L HCl 或 HNO_3
3.6	$NaAc\cdot3H_2O$ 8g，溶于适量水中，加6mol/L HAc 134mL，稀释至 500mL
4.0	$NaAc\cdot3H_2O$ 20g，溶于适量水中，加6mol/L HAc 134mL，稀释至 500mL
4.5	$NaAc\cdot3H_2O$ 32g，溶于适量水中，加6mol/L HAc 68mL,稀释至 500mL
5.0	$NaAc\cdot3H_2O$ 50g，溶于适量水中，加6mol/L HAc 34mL,稀释至 500mL
5.7	$NaAc\cdot3H_2O$ 100g，溶于适量水中，加 6mol/L HAc 13mL，稀释至 500mL
7.0	NH_4Ac 77g,用水溶解后，稀释至500mL
7.5	NH_4Cl 60g，溶于适量水中，加 15mol/L $NH_3\cdot H_2O$ 1.4mL，稀释至 500mL
8.0	NH_4Cl 50g，溶于适量水中，加15mol/L $NH_3\cdot H_2O$ 3.5mL，稀释至 500mL

续表

pH	配制方法
8.5	NH_4Cl 40g，溶于适量水中，加15mol/L $NH_3 \cdot H_2O$ 8.8mL，稀释至500mL
9.0	NH_4Cl 35g，溶于适量水中，加15mol/L $NH_3 \cdot H_2O$ 24mL,稀释至500mL
9.5	NH_4Cl 30g，溶于适量水中，加15mol/L $NH_3 \cdot H_2O$ 65mL，稀释至500mL
10.0	NH_4Cl 27g，溶于适量水中，加15mol/L $NH_3 \cdot H_2O$ 175mL，稀释至500mL
10.5	NH_4Cl 9g，溶于适量水中，加 15mol/L $NH_3 \cdot H_2O$ 197mL，稀释至500mL
11.0	NH_4Cl 3g，溶于适量水中,加 15mol/L $NH_3 \cdot H_2O$ 207mL，稀释至500mL
12.0	0.01mol/L NaOH 或 KOH
13.0	0.1mol/L NaOH 或 KOH

三 常用酸碱溶液的相对密度和浓度

试剂名称	相对密度	浓度	
		g/100g	mol/L
盐酸	1.18~1.19	36~38	11.6~12.4
硝酸	1.39~1.40	65~68	14.4~15.2
硫酸	1.38~1.84	95~98	17.8~18.4
磷酸	1.69	85.0	14.6
高氯酸	1.68	70~72	11.7~12.0
冰醋酸	1.05	99~99.8	17.4
氢氟酸	1.13	40.0	22.5
氢溴酸	1.49	47.0	8.6
氨水	0.88~0.90	35~28	18~14.8

四 常用标准溶液保存期限

标准溶液	保存期限/月	标准溶液	保存期限/月
各种浓度的酸标准溶液	3	0.1mol/L $Na_2S_2O_3$	3
各种浓度的氢氧化钠溶液	2	0.05mol/L $Na_2S_2O_3$	2
0.1mol/L $AgNO_3$	3	0.1mol/L $FeSO_4$	3
0.1mol/L NH_4SCN	3	0.05mol/L $FeSO_4$	3
0.02mol/L $KMnO_4$	2	0.05mol/L Na_3AsO_3	1
0.02mol/L $KBrO_3$	3	0.05mol/L $NaNO_2$	0.5
0.05mol/L I_2	1	各种浓度EDTA溶液	3

五 金属离子与氨羧配位剂类配合物的稳定常数（18~25℃）

金属离子	lgK				
	EDTA	DCTA	DTPA	EGTA	HEDTA
Ag^{+}	7.32			6.88	6.71
Al^{3+}	16.3	19.5	18.6	13.9	14.3
Ba^{2+}	7.86	8.69	8.87	8.41	6.3
Be^{2+}	9.2	11.51			
Bi^{3+}	27.94	32.3	35.6		22.3
Ca^{2+}	10.69	13.20	10.83	10.97	8.3
Cd^{2+}	16.46	19.93	19.2	16.7	13.3
Co^{2+}	16.31	19.62	19.27	12.39	14.6
Co^{3+}	36				37.4
Cr^{3+}	23.4				
Cu^{2+}	18.80	22.00	21.55	17.71	17.6
Fe^{2+}	14.32	19.0	16.5	11.87	12.3
Fe^{3+}	25.1	30.1	28.0	20.5	19.8
Ga^{3+}	20.3	23.2	25.54		16.9
Hg^{2+}	21.7	25.00	26.70	23.2	20.30
In^{3+}	25.0	28.8	29.0		20.2
Li^{+}	2.79				
Mg^{2+}	8.7	11.02	9.30	5.21	7.0
Mn^{2+}	13.87	17.48	15.60	12.28	10.9
Na^{+}	1.66				
Ni^{2+}	18.62	20.3	20.32	13.55	17.3
Pb^{2+}	18.04	20.38	18.80	14.71	15.7
Pd^{2+}	18.5				
Sc^{3+}	23.1	26.1	24.5	18.2	
Sn^{2+}	22.11				
Sr^{2+}	8.73	10.59	9.77	8.50	6.9
Th^{4+}	23.2	25.6	28.78		
TiO^{2+}	17.3				
Tl^{3+}	37.8	38.3			
U^{4+}	25.8	27.6	7.69		
VO^{2+}	18.8	20.1			
Y^{3+}	18.09	19.85	22.13	17.16	14.78
Zn^{2+}	16.50	19.37	18.40	12.7	14.7
Zr^{4+}	29.5		35.8		
稀土元素	16~20	17~22	19		13~16

注：EDTA——乙二胺四乙酸；DCTA——1，2-二胺基环已烷四乙酸；DTPA——二乙基三胺五乙酸；EGTA——乙二醇二乙醚二胺四乙酸；HEDTA——*N*-*β*羟基乙基乙二胺三乙酸。

六　氧化还原电对的标准电极电位及条件电极电位

半反应	$\varphi^{\ominus}$/V	$\varphi^{\ominus'}$/V［介质］
$Li^{+}+e \rightleftharpoons Li$	-3.042	
$K^{+}+e \rightleftharpoons K$	-2.925	
$Ba^{2+}+2e \rightleftharpoons Ba$	-2.90	
$Sr^{2+}+2e \rightleftharpoons Sr$	-2.89	
$Ca^{2+}+2e \rightleftharpoons Ca$	-2.87	
$Na^{+}+e \rightleftharpoons Na$	-2.714	
$Mg^{2+}+2e \rightleftharpoons Mg$	-2.37	
$H_2AlO_3^{-}+H_2O+3e \rightleftharpoons Al+4OH^{-}$	-2.35	
$Al^{3+}+3e \rightleftharpoons Al$	-1.66	
$ZnO_2^{2-}+2H_2O+2e \rightleftharpoons Zn+4OH^{-}$	-1.216	
$Mn^{2+}+2e \rightleftharpoons Mn$	-1.182	
$Sn(HO)_6^{2-}+2e \rightleftharpoons HSnO_2^{-}+H_2O+3OH^{-}$	-0.93	
$Se+2e \rightleftharpoons Se^{2-}$	-0.92	
$2H_2O+2e \rightleftharpoons H_2+2HO^{-}$	-0.828	
$Zn^{2+}+Ze \rightleftharpoons Zn$	-0.763	
$AsO_4^{3-}+3H_2O+2e \rightleftharpoons H_2AsO_3^{-}+4OH^{-}$	-0.67	-0.21［$c(HClO_4)$=1mol/L］
$SO_3^{2-}+3H_2O+4e \rightleftharpoons S+6OH^{-}$	-0.66	
$2SO_3^{2-}+3H_2O+4e \rightleftharpoons S_2O_3^{2-}+6OH^{-}$	-0.58	
$Fe^{2+}+2e \rightleftharpoons Fe$	-0.440	-0.40［$c(HCl)$=5mol/L］
$Cr^{3+}+e \rightleftharpoons Cr^{2+}$	-0.41	-0.40［$c(HCl)$=5mol/L］
$Cd^{2+}+2e \rightleftharpoons Cd$	-0.403	
$Se+2H^{+}+2e \rightleftharpoons H_2Se$	-0.40	
$As+3H^{+}+3e \rightleftharpoons AsH_3$	-0.38	
$In^{3+}+3e \rightleftharpoons In$	-0.345	-0.47［$c(Na_2CO_3)$=1mol/L］
$Co^{2+}+2e \rightleftharpoons Co$	-0.277	
$V^{3+}+e \rightleftharpoons V^{2+}$	-0.255	-0.21［$c(HClO_4)$=1mol/L］
$Ni^{2+}+2e \rightleftharpoons Ni$	-0.246	
$Sn^{2+}+2e \rightleftharpoons Sn$	-0.136	-0.16［$c(HClO_4)$=1mol/L］
		-0.20［$c(HCl)$=1mol/L］
$Pb^{2+}+2e \rightleftharpoons Pb$	-0.126	-0.14［$c(HClO_4)$=1mol/L］

续表

半反应	$\varphi^{\ominus}$/V	$\varphi^{\ominus'}$/V [介质]
		−0.29 [$c(H_2SO_4)$=1mol/L]
$2H^+ + 2e \rightleftharpoons H_2$	0.000	−0.005 [$c(HCl,HClO_4)$=1mol/L]
$S_4O_6^{2-} + 2e \rightleftharpoons 2S_2O_3^{2-}$	0.08	
$TiO^{2+} + 2H^+ + e \rightleftharpoons Ti^{3+} + H_2O$	0.1	0.04 [$c(H_2SO_4)$=1mol/L]
$S + 2H^+ + 2e \rightleftharpoons H_2S$（气）	0.141	
$Sn^{4+} + 2e \rightleftharpoons Sn^{2+}$	0.154	0.14 [$c(HCl)$=1mol/L]
$Cu^{2+} + e \rightleftharpoons Cu^+$	0.159	
$SO_4^{2-} + 4H^+ + 2e \rightleftharpoons H_2SO_3 + H_2O$	0.17	
$AgCl + e \rightleftharpoons Ag + Cl^-$	0.2223	0.228 [$c(KCl)$=1mol/L]
$Hg_2Cl_2 + 2e \rightleftharpoons 2Hg + 2Cl^-$	0.2676	0.242饱和KCl
		0.282 [$c(KCl)$=1mol/L]
		0.334 [$c(KCl)$=0.1mol/L]
$BiO^+ + 2H^+ + 3e \rightleftharpoons Bi + H_2O$	0.32	
$VO^{2+} + 2H^+ + e \rightleftharpoons V^{3+} + H_2O$	0.337	
$Cu^{2+} + 2e \rightleftharpoons Cu$	0.337	
$O_2 + 2H_2O + 4e \rightleftharpoons 4OH^-$	0.401	0.42 [$c(H_2SO_4)$=0.5mol/L]
$H_2SO_3 + 4H^+ + 4e \rightleftharpoons S + 3H_2O$	0.45	
$HgCl_4^{2-} + 2e \rightleftharpoons Hg + 4Cl^-$	0.48	
$Cu^+ + e \rightleftharpoons Cu$	0.52	
$I_2 + 2e \rightleftharpoons 2I^-$	0.5345	
$I_3^- + 2e \rightleftharpoons 3I^-$	0.545	
$H_3AsO_4 + 2H^+ + 2e \rightleftharpoons H_3AsO_3 + H_2O$	0.559	0.557 [$c(HCl, HClO_4)$=1mol/L]
$MnO_4^- + e \rightleftharpoons MnO_4^{2-}$	0.564	
$MnO_4^- + 2H_2O + 3e \rightleftharpoons MnO_2 + 4OH^-$	0.588	
$2HgCl_2 + 2e \rightleftharpoons Hg_2Cl_2 + 2Cl^-$	0.63	
$O_2 + 2H^+ + 2e \rightleftharpoons H_2O_2$	0.682	
$BrO^- + H_2O + 2e \rightleftharpoons Br^- + 2OH^-$	0.76	
$Fe^{3+} + e \rightleftharpoons Fe^{2+}$	0.771	0.68 [$c(H_2SO_4)$=1mol/L]
		0.700 [$c(HCl)$=1mol/L]

续表

半反应	$\varphi^{\ominus}/V$	$\varphi^{\ominus'}/V$ [介质]
		0.732 [$c(HClO_4)$=1mol/L]
$Hg_2^{2+}+2e \rightleftharpoons 2Hg$	0.793	0.274 [$c(HCl)$=1mol/L]
		0.674 [$c(H_2SO_4)$=1mol/L]
		0.776 [$c(HClO_4)$=1mol/L]
$Ag^{+}+e \rightleftharpoons Ag$	0.7995	0.228 [$c(HC)$=1mol/L]
		0.77 [$c(H_2SO_4)$=1mol/L]
		0.792 [$c(HClO_4)$=1mol/L]
$Hg^{2+}+2e \rightleftharpoons Hg$	0.854	
$Cu^{2+}+I^{-}+e \rightleftharpoons CuI$	0.86	
$ClO^{-}+H_2O+2e \rightleftharpoons Cl^{-}+2OH^{-}$	0.89	
$2Hg^{2+}+2e \rightleftharpoons Hg_2^{2+}$	0.920	0.907 [$c(HClO_4)$=1mol/L]
$NO_3^{-}+3H^{+}+2e \rightleftharpoons HNO_2+H_2O$	0.94	0.92 [$c(HNO_3)$=1mol/L]
$V(OH)_4^{+}+2H^{+}+e \rightleftharpoons VO^{2+}+3H_2O$	1.00	1.02 [$c(HCl，HClO_4)$=1mol/L]
$HNO_2+H^{+}+e \rightleftharpoons NO+H_2O$	1.00	
$NO_2+H^{+}+e \rightleftharpoons HNO_2$	1.07	
$Br_2+2e \rightleftharpoons 2Br^{-}$	1.087	1.05 [$c(HCl)$=4mol/L]
$2IO_3^{-}+12H^{+}+10e \rightleftharpoons I_2+6H_2O$	1.195	
$MnO_2+4H^{+}+2e \rightleftharpoons Mn^{2+}+2H_2O$	1.23	1.24 [$c(HClO_4)$=1mol/L]
$O_2+4H^{+}+4e \rightleftharpoons 2H_2O$	1.229	
$Ti^{3+}+2e \rightleftharpoons Ti^{+}$	1.26	0.77 [$c(HCl)$=1mol/L]
$Cr_2O_7^{2-}+14H^{+}+6e \rightleftharpoons 2Cr^{3+}+7H_2O$	1.33	1.00 [$c(HCl)$=1mol/L]
		1.025 [$c(HClO_4)$=1mol/L]
		1.15 [$c(H_2SO_4)$=4mol/L]
$Cl_2+2e \rightleftharpoons 2Cl^{-}$	1.3595	
$BrO_3^{-}+6H^{+}+6e \rightleftharpoons Br^{-}+3H_2O$	1.44	
$ClO_3^{-}+6H^{+}+6e \rightleftharpoons Cl^{-}+3H_2O$	1.45	
$PbO_2+4H^{+}+2e \rightleftharpoons Pb^{2+}+2H_2O$	1.455	
$HClO+H^{+}+2e \rightleftharpoons Cl^{-}+H_2O$	1.49	
$MnO_4^{-}+8H^{+}+5e \rightleftharpoons Mn^{2+}+4H_2O$	1.51	1.45 [$c(HClO_4)$=1mol/L]
		1.27 [$c(H_3PO_4)$=8mol/L]

续表

半反应	$\varphi^{\ominus}$/V	$\varphi^{\ominus'}$/V［介质］
$2BrO_3^- + 12H^+ + 10e \rightleftharpoons Br_2 + 6H_2O$	1.5	
$2HBrO + 2H^+ + 2e \rightleftharpoons Br_2 + 2H_2O$	1.59	
$Ce^{4+} + e \rightleftharpoons Ce^{3+}$	1.61	1.61［c(HNO_3)=1mol/L］
		1.70［c($HClO_4$)=1mol/L］
		1.44［c(H_2SO_4)=1mol/L］
		1.28［c(HCl)=1mol/L］
$2HClO_4 + 2H^+ + 2e \rightleftharpoons Cl_2 + 2H_2O$	1.63	
$MnO_4^- + 4H^+ + 3e \rightleftharpoons MnO_2 + 2H_2O$	1.679	
$H_2O_2 + 2H^+ + 2e \rightleftharpoons 2H_2O$	1.77	
$Co^{3+} + e \rightleftharpoons Co^{2+}$	1.84	1.85［c(HNO_3)=4mol/L］
$S_2O_8^{2-} + 2e \rightleftharpoons 2SO_4^{2-}$	2.01	
$O_3 + 2H^+ + 2e \rightleftharpoons O_2 + H_2O$	2.07	
$F_2 + 2e \rightleftharpoons 2F^-$	2.87	

七 难溶化合物的溶度积常数

化合物	K_{sp}	化合物	K_{sp}
Ag_3AsO_4	1.0×10^{-22}	Hg_2Cl_2	1.3×10^{-18}
AgBr	5.0×10^{-13}	HgC_2O_4	1.0×10^{-7}
$AgBrO_3$	5.50×10^{-5}	Hg_2CO_3	8.9×10^{-17}
AgCl	1.8×10^{-10}	$Hg_2(CN)_2$	5.0×10^{-40}
AgCN	1.2×10^{-16}	Hg_2CrO_4	2.0×10^{-9}
Ag_2CO_3	8.1×10^{-12}	Hg_2I_2	4.5×10^{-29}
$Ag_2C_2O_4$	3.5×10^{-11}	HgI_2	2.82×10^{-29}
$Ag_2Cr_2O_4$	1.2×10^{-12}	$Hg_2(IO_3)_2$	2.0×10^{-14}
$Ag_2Cr_2O_7$	2.0×10^{-7}	$Hg_2(OH)_2$	2.0×10^{-24}
Ag_2CrO_4	2.0×10^{-12}	HgSe	1.0×10^{-59}
AgI	8.3×10^{-17}	HgS(红)	4.0×10^{-53}
$AgIO_3$	3.1×10^{-8}	HgS(黑)	1.6×10^{-52}
AgOH	2.0×10^{-8}	$MgCO_3$	3.5×10^{-8}
Ag_3PO_4	1.4×10^{-16}	$Mg(OH)_2$	1.8×10^{-11}
Ag_2S	6.3×10^{-50}	$MnCO_3$	1.8×10^{-11}

续表

化合物	K_{sp}	化合物	K_{sp}
$AgSCN$	1.0×10^{-12}	$Mn(OH)_4$	1.9×10^{-13}
Ag_2SO_3	1.5×10^{-14}	MnS(粉红)	2.5×10^{-10}
Ag_2SO_4	1.4×10^{-5}	MnS(绿)	2.5×10^{-13}
Ag_2Se	2.0×10^{-64}	$NiCO_3$	6.6×10^{-9}
Ag_2SeO_3	1.0×10^{-15}	$PbBr_2$	4.0×10^{-5}
Ag_2SeO_4	5.7×10^{-8}	$PbCl_2$	1.6×10^{-5}
$AlPO_4$	6.3×10^{-19}	$PbCO_3$	7.4×10^{-14}
Al_2S_3	2.0×10^{-7}	$PbCrO_4$	2.8×10^{-13}
$Au(OH)_3$	5.5×10^{-46}	$CaCO_3$	2.8×10^{-9}
$AuCl_3$	3.2×10^{-25}	$CaC_2O_4\cdot H_2O$	4.0×10^{-9}
$BaCO_3$	5.1×10^{-9}	CaF_2	2.7×10^{-11}
BaC_2O_4	1.6×10^{-7}	$Ca(OH)_2$	5.5×10^{-6}
$BaCrO_4$	1.2×10^{-10}	$Ca_3(PO_4)_2$	2.0×10^{-29}
$Ba_3(PO_4)_2$	3.4×10^{-23}	$CaSO_4$	3.16×10^{-7}
$BaSO_4$	1.1×10^{-10}	$CaSiO_3$	2.5×10^{-8}
$CoCO_3$	1.4×10^{-13}	$CdCO_3$	5.2×10^{-12}
CoC_2O_4	6.3×10^{-8}	$CdC_2O_4\cdot 3H_2O$	9.1×10^{-8}
$CuBr$	5.3×10^{-9}	$Cd_3(PO_4)_2$	2.5×10^{-33}
$CuCl$	1.2×10^{-6}	CdS	8.0×10^{-27}
$CuCN$	3.2×10^{-20}	$PbSO_4$	1.6×10^{-8}
$CuCO_3$	2.34×10^{-10}	$PbSe$	7.94×10^{-43}
CuI	1.1×10^{-12}	$PbSeO_4$	1.4×10^{-7}
$Cu(OH)_2$	4.8×10^{-20}	$Pd(OH)_2$	1.0×10^{-31}
$Cu_3(PO_4)_2$	1.3×10^{-37}	$Pd(OH)_4$	6.3×10^{-71}
Cu_2S	2.5×10^{-48}	PdS	2.03×10^{-58}
CuS	6.3×10^{-36}	$ZnCO_3$	1.4×10^{-11}
$FeCO_3$	3.2×10^{-11}	$Fe(OH)_3$	4.0×10^{-38}
$Fe(OH)_2$	8.0×10^{-16}	FeS	6.3×10^{-18}

八　不同浓度标准溶液的温度补正值

单位：mL/L

温度/℃	0～0.05 mol/L 的各种水溶液	0.1~0.2 mol/L 的各种水溶液	0.5mol/L HCl溶液	1mol/L HCl溶液	0.5mol/L（$\frac{1}{2}H_2SO_4$）溶液0.5mol/L NaOH溶液	0.5mol/L H_2SO_4溶液1mol/L NaOH溶液
5	+1.38	+1.7	+1.9	+2.3	+2.4	+3.6
6	+1.38	+1.7	+1.9	+2.2	+2.3	+3.4
7	+1.36	+1.6	+1.8	+2.2	+2.2	+3.2
8	+1.33	+1.6	+1.8	+2.1	+2.2	+3.0
9	+1.29	+1.5	+1.7	+2.0	+2.1	+2.7
10	+1.23	+1.5	+1.6	+1.9	+2.0	+2.5
11	+1.17	+1.4	+1.5	+1.8	+1.8	+2.3
12	+1.10	+1.3	+1.4	+1.6	+1.7	+2.0
13	+0.99	+1.1	+1.2	+1.4	+1.5	+1.8
14	+0.88	+1.0	+1.1	+1.2	+1.3	+1.6
15	+0.77	+0.9	+0.9	+1.0	+1.1	+1.3
16	+0.64	+0.7	+0.8	+0.8	+0.9	+1.1
17	+0.50	+0.6	+0.6	+0.6	+0.7	+0.8
18	+0.34	+0.4	+0.4	+0.4	+0.5	+0.6
19	+0.18	+0.2	+0.2	+0.2	+0.2	+0.3
20	0.00	0.00	0.00	0.00	0.00	0.00
21	-0.18	-0.2	-0.2	-0.2	-0.2	-0.3
22	-0.38	-0.4	-0.4	-0.5	-0.5	-0.6
23	-0.58	-0.6	-0.7	-0.7	-0.8	-0.9
24	-0.80	-0.9	-0.9	-1.0	-1.0	-1.2
25	-1.03	-1.1	-1.1	-1.2	-1.3	-1.5
26	-1.26	-1.4	-1.4	-1.4	-1.5	-1.8
27	-1.51	-1.7	-1.7	-1.7	-1.8	-2.1
28	-1.76	-2.0	-2.0	-2.0	-2.1	-2.4
29	-2.01	-2.3	-2.3	-2.3	-2.4	-2.8
30	-2.30	-2.5	-2.5	-2.6	-2.8	-3.2

续表

温度/℃	0~0.05 mol/L 的各种水溶液	0.1~0.2 mol/L 的各种水溶液	0.5mol/L HCl溶液	1mol/L HCl溶液	0.5mol/L ($\frac{1}{2}H_2SO_4$) 溶液0.5mol/L NaOH溶液	0.5mol/L H_2SO_4溶液1mol/L NaOH 溶液
31	-2.58	-2.7	-2.7	-2.9	-3.1	-3.5
32	-2.86	-3.0	-3.0	-3.2	-3.4	-3.9
33	-3.04	-3.2	-3.3	-3.5	-3.7	-4.2
34	-3.47	-3.7	-3.6	-3.8	-4.1	-4.6
35	-3.78	-4.0	-4.0	-4.1	-4.4	-5.0
36	-4.10	-4.3	-4.3	-4.4	-4.7	-5.3

注：①本表数值是以20℃为标准温度以实测法测出。

②表中带有“+”“-”号的数值是以20℃为分界。室温低于20℃的补正值均为“+”，高于20℃的补正值均为“-”。

③本表的用法：如1L硫酸溶液［$c(\frac{1}{2}H_2SO_4)$=1mol/L］由25℃换算为20℃时，其体积修正值为-1.5mL，故40.00mL换算为20℃时的体积为$V(20℃)=(40.00-\frac{1.5}{1000}\times 40.00)$mL=39.94mL。

九 常见化合物的摩尔质量

化合物	摩尔质量 M/(g/mol)	化合物	摩尔质量 M/(g/mol)
AgBr	187.77	$Ca_3(PO_4)_2$	310.18
AgCl	143.32	$CaSO_4$	136.14
AgCN	133.89	$CdCO_3$	172.42
AgSCN	165.95	$CdCl_2$	183.82
$AlCl_3$	133.34	CdS	144.47
Ag_2CrO_4	331.73	$Ce(SO_4)_2$	332.24
AgI	234.77	CH_3COOH	60.05
$AgNO_3$	169.87	$CoCl_2$	129.84
$AlCl_3\cdot 6H_2O$	241.43	$Co(NO_3)_2$	182.94
$Al(NO_3)_3$	213.00	CoS	90.99
$Al(NO_3)_3\cdot 9H_2O$	375.13	$CoSO_4$	154.99

续表

化合物	摩尔质量 M/(g/mol)	化合物	摩尔质量 M/(g/mol)
Al_2O_3	101.96	$CO(NH_2)_2$	60.06
$Al(OH)_3$	78.00	$CrCl_3$	158.36
$Al_2(SO_4)_3$	342.14	$Cr(NO_3)_3$	238.01
$Al_2(SO_4)_3 \cdot 18H_2O$	666.41	$CuCl$	99.00
As_2O_3	197.84	$CuCl_2$	134.45
As_2O_5	229.84	$CuCl_2 \cdot 2H_2O$	170.48
As_2S_3	246.03	$CuSCN$	121.62
$BaCO_3$	197.34	CuI	190.45
BaC_2O_4	225.35	$Cu(NO_3)_2$	187.56
$BaCl_2$	208.24	$Cu(NO_3) \cdot 3H_2O$	241.60
$BaCl_2 \cdot 2H_2O$	244.27	CuO	79.54
$BaCrO_4$	253.32	Cu_2O	143.09
BaO	153.33	CuS	95.61
$Ba(OH)_2$	171.34	$CuSO_4$	159.06
$BaSO_4$	233.39	$CuSO_4 \cdot 5H_2O$	249.68
$BiCl_3$	315.34	$FeCl_2$	126.75
$BiOCl$	260.43	$FeCl_2 \cdot 4H_2O$	198.81
CO_2	44.01	$FeCl_3$	162.21
CaO	56.08	$FeCl_3 \cdot 6H_2O$	270.30
$CaCO_3$	100.09	$Fe(NO_3)_3$	241.86
CaC_2O_4	128.10	$Fe(NO_3)_3 \cdot 9H_2O$	404.00
$CaCl_2$	110.99	FeO	71.85
$CaCl_2 \cdot 6H_2O$	219.08	Fe_2O_3	159.69
$Ca(NO_3)_2 \cdot 4H_2O$	236.15	Fe_3O_4	231.54
$Ca(OH)_2$	74.09	$Fe(OH)_3$	106.87
FeS	87.91	KBr	119.00
Fe_2S_3	207.87	$KBrO_3$	167.00
$FeSO_4$	151.91	KCl	74.55
$FeSO_4 \cdot 7H_2O$	278.01	$KClO_3$	122.55
$Fe(NH_4)_2(SO_4)_2 \cdot 6H_2O$	392.13	$KClO_4$	138.55
H_3AsO_3	125.94	KCN	65.12

续表

化合物	摩尔质量 M / (g/mol)	化合物	摩尔质量 M / (g/mol)
H_3ASO_4	141.94	KSCN	97.18
H_3BO_3	61.83	K_2CO_3	138.21
HBr	80.91	K_2CrO_4	194.19
HCN	27.03	$K_2Cr_2O_7$	294.18
HCOOH	46.03	$K_3Fe(CN)_6$	329.25
H_2CO_3	62.02	$K_4Fe(CN)_6$	368.35
$H_2C_2O_4$	90.04	$KFe(SO_4)_2 \cdot 12H_2O$	503.24
$H_2C_2O_4 \cdot 2H_2O$	126.07	$KHC_4H_4O_6$	188.18
$H_2C_4H_4O_6$	150.09	$KHC_8H_4O_4$	204.22
HCl	36.46	$KHSO_4$	136.16
HF	20.01	KI	166.00
HIO_3	175.91	KIO_3	214.00
HNO_2	47.01	$KMnO_4$	158.03
HNO_3	63.01	KNO_3	101.10
H_2O	18.015	KNO_2	85.10
H_2O_2	34.02	K_2O	94.20
H_3PO_4	98.00	KOH	56.11
H_2S	34.08	K_2SO_4	174.25
H_2SO_3	82.07	$MgCO_3$	84.31
H_2SO_4	98.07	$MgCl_2$	95.21
$Hg(CN)_2$	252.63	$MgCl_2 \cdot 6H_2O$	203.30
$HgCl_2$	271.50	MgC_2O_4	112.33
Hg_2Cl_2	472.09	MgO	40.30
HgI_2	454.40	$Mg(OH)_2$	58.32
$Hg_2(NO_3)_2$	525.19	$Mg_2P_2O_7$	222.55
$Hg(NO_3)_2$	324.60	$MgSO_4 \cdot 7H_2O$	246.47
HgO	216.59	$MnCO_3$	114.95
HgS	232.65	$MnCl_2 \cdot 4H_2O$	197.91
$HgSO_4$	296.65	MnO	70.94
Hg_2SO_4	497.24	MnO_2	86.94
$KAl(SO_4)_2 \cdot 12H_2O$	474.38	MnS	87.00

续表

化合物	摩尔质量 M/(g/mol)	化合物	摩尔质量 M/(g/mol)
$MnSO_4$	151.00	$NaOH$	40.00
$MnSO_4 \cdot 4H_2O$	223.06	Na_3PO_4	163.94
NO	30.01	Na_2S	78.04
NO_2	46.01	Na_2SO_3	126.04
NH_3	17.03	Na_2SO_4	142.04
CH_3COONH_4	77.08	$Na_2S_2O_3$	158.10
$NH_2OH \cdot HCl$(盐酸羟氨)	69.49	$Na_2S_2O_3 \cdot 5H_2O$	248.17
NH_4Cl	53.49	P_2O_5	141.95
$(NH_4)_2CO_3$	96.09	$PbCO_3$	267.21
$(NH_4)_2C_2O_4$	124.10	PbC_2O_4	295.22
$(NH_4)_2C_2O_4 \cdot H_2O$	142.11	$PbCl_2$	278.10
NH_4SCN	76.12	$PbCrO_4$	323.19
NH_4HCO_3	79.06	$Pb(CH_3COO)_2$	325.29
$(NH_4)_2MoO_4$	196.01	PbI_2	461.01
NH_4NO_3	80.04	$Pb(NO_3)_2$	331.21
$(NH_4)_2HPO_4$	132.06	PbO	223.20
$(NH_4)_2S$	68.14	PbO_2	239.20
$(NH_4)_2SO_4$	132.13	PbS	239.30
Na_3AsO_3	191.89	$PbSO_4$	303.30
$Na_2B_4O_7$	201.22	SO_3	80.06
$Na_2B_4O_7 \cdot 10H_2O$	381.37	SO_2	64.06
$NaCN$	49.01	$SbCl_3$	228.11
$NaSCN$	81.07	Sb_2O_3	291.50
Na_2CO_3	105.99	SiF_4	104.08
$Na_2CO_3 \cdot 10H_2O$	286.14	SiO_2	60.08
$Na_2C_2O_4$	134.00	$SnCl_2$	189.60
CH_3COONa	82.03	$SnCl_2 \cdot 2H_2O$	225.63
$CH_3COONa \cdot 3H_2O$	136.08	$SnCl_4$	260.50
$NaCl$	58.44	$SrCO_3$	147.63
$NaClO$	74.44	SrC_2O_4	175.64
$NaHCO_3$	84.01	$ZnCO_3$	125.39

续表

化合物	摩尔质量 M/(g/mol)	化合物	摩尔质量 M/(g/mol)
$Na_2HPO_4 \cdot 12H_2O$	358.14	$UO_2(CH_3COO)_2 \cdot 2H_2O$	424.15
$Na_2H_2C_{10}H_{12}O_8N_2$ (EDTA二钠盐)	336.21	$ZnCl_2$	136.29
$NaNO_2$	69.00	$Zn(NO_3)_2$	189.39
$NaNO_3$	85.00	ZnO	81.38
Na_2O	61.98	ZnS	97.44
Na_2O_2	77.98	$ZnSO_4$	161.54

十　元素相对原子质量（2005年）

原子序数	名称	元素符号	相对原子质量	原子序数	名称	元素符号	相对原子质量
1	氢	H	1.00794	21	钪	Sc	44.955912
2	氦	He	4.002602	22	钛	Ti	47.867
3	锂	Li	6.941	23	钒	V	50.9415
4	铍	Be	9.012182	24	铬	Cr	51.9961
5	硼	B	10.811	25	锰	Mn	54.938045
6	碳	C	12.017	26	铁	Fe	55.845
7	氮	N	14.0067	27	钴	Co	58.933195
8	氧	O	15.9994	28	镍	Ni	58.6934
9	氟	F	18.9984032	29	铜	Cu	63.546
10	氖	Ne	20.179	30	锌	Zn	65.409
11	钠	Na	22.98976928	31	镓	Ga	69.723
12	镁	Mg	24.3050	32	锗	Ge	72.64
13	铝	Al	26.981538	33	砷	As	74.92160
14	硅	Si	28.0855	34	硒	Se	78.96
15	磷	P	30.973762	35	溴	Br	79.904
16	硫	S	32.065	36	氪	Kr	83.798
17	氯	Cl	35.453	37	铷	Rb	85.4678
18	氩	Ar	39.948	38	锶	Sr	87.62
19	钾	K	39.0983	39	钇	Y	88.90585
20	钙	Ca	40.078	40	锆	Zr	91.224

续表

原子序数	名称	元素符号	相对原子质量	原子序数	名称	元素符号	相对原子质量
41	铌	Nb	92.90638	67	钬	Ho	164.93032
42	钼	Mo	95.94	68	铒	Er	167.259
43	锝	Tc	98.9062	69	铥	Tm	168.93421
44	钌	Ru	101.07	70	镱	Yb	173.04
45	铑	Rh	102.90550	71	镥	Lu	174.967
46	钯	Pd	106.42	72	铪	Hf	178.49
47	银	Ag	107.8682	73	钽	Ta	180.94788
48	镉	Cd	112.411	74	钨	W	183.84
49	铟	In	114.818	75	铼	Re	186.207
50	锡	Sn	118.710	76	锇	Os	190.23
51	锑	Sb	121.760	77	铱	Ir	192.217
52	碲	Te	127.60	78	铂	Pt	195.084
53	碘	I	126.90447	79	金	Au	196.966569
54	氙	Xe	131.293	80	汞	Hg	200.59
55	铯	Cs	132.9054519	81	铊	Tl	204.3833
56	钡	Ba	137.327	82	铅	Pb	207.2
57	镧	La	138.90547	83	铋	Bi	208.98040
58	铈	Ce	140.116	84	钋	Po	[208.9824]
59	镨	Pr	140.90765	85	砹	At	[209.9871]
60	钕	Nd	144.242	86	氡	Rn	[222.0176]
61	钷	Pm	[145]①	87	钫	Fr	[223]
62	钐	Sm	150.36	88	镭	Re	[226]
63	铕	Eu	151.964	89	锕	Ac	[227]
64	钆	Gd	157.25	90	钍	Th	232.03806
65	铽	Tb	158.92535	91	镤	Pa	231.03588
66	镝	Dy	162.500	92	铀	U	238.02891

注：带有［ ］的是半衰期最长同位素的相对原子质量。

参考文献

1. 杜克生.分析化学及其实验技术.北京：中国轻工业出版社，2013.

2.翁连海，吕平.食品检验工技能（初级、中级、高级）国家职业技能鉴定培训教程.北京：机械工业出版社，2014.

3. 赵晓华.无机及分析化学.北京：中国轻工业出版社，2012.

4. 龚淑华.无机及分析化学.北京：中国农业出版社，2013.

5. 高岐，任健敏.无机及分析化学.北京：化学工业出版社，2010.

6. 董元彦.无机及化学分析.北京：科学出版社，2011.

7. 邢文卫，陈艾霞编.分析化学.第二版.北京：化学工业出版社，2007.

8. 邢文卫，李炜编.分析化学实训.第二版. 北京：化学工业出版社，2007.

9. 武汉大学.分析化学.第四版.北京：高等教育出版社，2000.

10. 陶仙水.分析化学.北京：化学工业出版社，2005.

11. 姜洪文.分析化学.第三版.北京：化学工业出版社，2009.

12. 蒋云霞.分析化学.北京：中国环境科学出版社，2007.

13. 王充.化学基础与分析技术.北京：科学出版社，2013.

14. 尚华.化学分析.北京：中国纺织出版社，2013.

15. 张英.分析化学.北京：高等教育出版社，2009.

16. 胡斌.化工分析.北京：化学工业出版社，2008.

17. 周玉敏.分析化学.第二版.北京：化学工业出版社，2008.

18. 杜克生.分析化学及其实验技术.北京：中国轻工业出版社，2013.

19. 劳动和社会保障部培训就业司职业技能鉴定中心.分析工(中级).北京: 地质出版社，2000.

20.劳动和社会保障部培训就业司职业技能鉴定中心.国家职业标准汇编（第一分册）.北京：中国劳动社会保障出版社，2003.

21. 卢小曼等.分析化学.北京：中国医药科技出版社，1999.
22. 陈焕光等.分析化学实验.第二版.广州：中山大学出版社，1998.
23. 马汉军等.食品添加剂.北京：科学出版社，2014.
24. 胡育筑，孙毓庆.分析化学（上册）.第三版.北京：科学出版社，2011.
25. 胥朝禔，杨兵.分析化学.第三版.北京：化学工业出版社，2008.
26. 鲁润华，张春荣，周文峰.分析化学实验.北京：化学工业出版社，2012.
27. 武汉大学.分析化学实验.第四版.北京：高等教育出版社，2000.
28. 刘珍.化验员读本化学分析上册.第三版.北京：化学工业出版社，1998.
29. 华中师范大学等.分析化学.第二版.北京：高等教育出版社，2000.
30. 蔡自由，黄月君.分析化学.第二版.北京：中国医药科技出版社，2013.